# SKIZZEN UND VORARBEITEN.

VON

J. WELLHAUSEN.

ZWEITES HEFT.

DIE COMPOSITION DES HEXATEUCHS.

BERLIN.
DRUCK UND VERLAG VON GEORG REIMER.
1885.

# DIE COMPOSITION DES HEXATEUCHS.

Jahrbücher für Deutsche Theologie 1876 XXI. S. 392 sqq. 531 sqq.
1877 XXII. S. 407 sqq.

Das Thema bedarf keines Vorwortes, nur über die angewandte XXI
Signierung der Quellen habe ich mich zu verantworten. Ich habe 392
mich nicht an Dillmann angeschlossen, denn wenn er die s. g. Grundschrift (ältere Elohist, Buch der Ursprünge) mit A, den Elohisten (s. g. jüngere E.) mit B, den Jahvisten mit C bezeichnet, so ist darin ein stillschweigendes Praejudiz über die Altersfolge der Quellen eingeschlossen, welches diese Bezeichnung von vornherein verhindert, allgemein gebraucht zu werden. So wie Dillmann selbst sich nicht bei den Zeichen seines Vorgängers Schultz beruhigt, sondern dessen B zu C, C zu B macht, so wird ein anderer Dillmann's C zu A und A zu C machen wollen; dies Princip ist also unpraktisch und richtet Verwirrung an. Ich habe für die s. g. Grundschrift das Zeichen Q gewählt, als Abkürzung für Vierbundesbuch (quatuor), welchen Namen ich als den passendsten für sie vorschlage; den anderweitigen vom letzten Redactor (R) damit vereinigten Stoff insgesamt (= das jehovistische Geschichtsbuch) habe ich JE bezeichnet und darin den Jahvisten und Elohisten als J und E unterschieden. Mein Verhältnis zu den Vorgängern wird aus der Abhandlung selbst sich ergeben, an dieser Stelle bemerke ich bloss, dass meine Untersuchungen, die ich für die Genesis im Winter 1872/73 und für den übrigen Pentateuch im Winter 1874/75 geführt habe, abgeschlossen vorlagen, als die sorgfältige Schrift Kayser's über das vorexilische Buch der israelitischen Urgeschichte und Dillmann's gediegener Commentar über die Genesis erschienen und mir zu Gesicht kamen.

## I. Die Genesis.

### Die Urgeschichte der Menschheit. Gen. 1—11.

Die Quelle Q wird übereinstimmend folgendermassen ausgeschieden: a) Geschichte des Himmels und der Erde 1,1 —2,4a.

b) Geschichte Adam's Kap. 5 (ausg. V. 29). c) Geschichte Noah's 6, 9—22. 7, 11 — 8, 5 (ausg. 7, 12. 16c. 17. 22sq. 8, 2b.) 8, 13—19. 9, 1—17. 9, 28sq. d) Geschichte der Söhne Noah's Kap. 10 (mit be-
393 deutenden Ausnahmen), Geschichte Sem's 11, 10—26 und Geschichte Therah's 11, 27—32 (ausg. V. 29). Dies ist ein vollständiger, klarer und geschlossener Zusammenhang, erhalten bis auf die Titel der einzelnen Abschnitte.

Was übrig bleibt (JE), das darf seit Hupfeld als anerkannt gelten, sind nicht einzelne lose Geschichten und Zusätze, die in den Zusammenhang von Q ergänzend eingefügt sind und erst dadurch Halt gewonnen haben, sondern ein anderweitiger, selbstständiger Erzählungsfaden, der von dritter Hand mit Q zusammengearbeitet ist. Aber dieser Faden wird einesteils von R nicht so intact gelassen wie Q und ist auf der anderen Seite an sich selbst nicht so glatt und einfach wie Q, sondern von complicierterer Beschaffenheit.

1. Die Thätigkeit des Redactors besteht vornehmlich in der geschickten Ineinanderschiebung der Quellen, wobei er ihren Inhalt möglichst unverkürzt, den Wortlaut und die Ordnung der Erzählung möglichst unverändert lässt. Aber nicht immer kann er so ohne eigene Eingriffe verfahren. Zuweilen macht er Zusätze, etwa um einen Widerspruch zu beseitigen oder einen Spalt zu verdecken, z. B. Gen. 7, 6—9. Ein ander Mal nimmt er eine Verstellung in der einen Quelle vor, um sie dem Zusammenhange der anderen anzupassen, z. B. 7, 16c: und Jahve schloss hinter ihm zu, was in JE ursprünglich etwa hinter 7, 7 stand, wegen der Zusammenarbeitung mit Q aber unmöglich vor V. 13sqq. gebracht werden konnte. Endlich — und das ist die Hauptsache — hat R auch allerlei Verkürzungen und Auslassungen vorgenommen. Wie seine Eingriffe in Gen. 1—11 überhaupt auf Kosten von JE geschehen — Q wird zu Grunde gelegt, JE ihr eingepasst —, so betreffen auch die Auslassungen meist diese Quelle.

Die Hauptstücke der Erzählung folgen Gen. 1—11 in JE eben so aufeinander wie in Q: drei Epochen vermittelt durch zwei Uebergangsperioden. Also a) der Anfang der Weltgeschichte b) von Adam bis Noah c) die Sündflut d) von Noah bis Abraham, wozu dann als dritte Epoche, die aber über Kap. 1 — 11 schon hinaus fällt, die Berufung Abraham's kommt. Das erste Stück nun ist in

vollem Umfang aus JE mitgeteilt 2, 4b—3, 24; aber bereits im zweiten fehlt gegenwärtig der Uebergang auf Noah, der doch in JE ebensowohl der Held der Sündflut ist wie in Q. Neben der Genealogie 4, 16—22, die auf Lamech und seine drei Söhne ausläuft, muss noch eine andere in JE gestanden haben, die von Adam auf Noah und seine drei Söhne führte und durch Kap. 5 (aus Q) ver- 394
drängt wurde. Der Schluss derselben ist uns in 5, 29, eingesprengt in Q, erhalten, der Anfang vielleicht in den Versen 4, 25 sq., die man gegenwärtig dem R zuschreibt, die aber, wenn sie auch von anderer Vorstellung und Sprache ausgehen als 4, 16—24, doch sehr wohl zu JE gehören können. Daraus dass R, um von 4, 24 zu 5, 1 einen Uebergang zu gewinnen, zu einem ähnlichen Einsatz gezwungen worden wäre, folgt nicht, dass er 4, 25 sq. nicht schon vorfand; er würde nicht über das Notwendige hinausgegangen sein, nicht die Etymologie und nicht das merkwürdige ‚iste coepit invocare nomen Domini‘ hinzugefügt haben. Bedeutende Einbussen hat der Zusammenhang von JE auch im dritten Stück erlitten. Die beiden zunächst auf einander folgenden Abschnitte aus JE 6, 1—8 und 7, 1—5 schliessen nicht zusammen; ausgelassen ist in der Mitte die Eröffnung über das drohende Strafgericht an Noah, wovon 6, 8 nur noch der Ansatz zu erkennen ist, und der Bau der Arche — natürlich weil beides inzwischen aus Q mitgeteilt worden war 6, 9—22. Nach 7, 1—5 trifft man erst 8, 6—12 wieder auf ein solides Stück von JE, dazwischen sind zwar manche Fragmente daraus hie und da eingestreut, aus denen sich aber schwerlich das Ganze reconstruieren lässt. „Und Noah that ganz wie ihm Jahve geboten (7, 5), und Noah ging mit seinen Söhnen, seinem Weibe und seiner Söhne Weibern hinein in die Arche vor dem Wasser der Flut (V. 7), und Jahve schloss hinter ihm zu (V. 16c). Und nach sieben Tagen kam das Wasser der Flut auf Erden (V. 10), und der Regen trat ein auf Erden vierzig Tage und vierzig Nächte (V. 12), und die Flut war vierzig Tage auf Erden, und das Wasser stieg und hob die Arche auf, dass sie vom Boden sich erhob (V. 17). Alles was Lebensodem in der Nase hatte, von allen Wesen des Festlandes, kam um (V. 22). Und er tilgte alle Existenz auf dem Lande vom Menschen an bis zu den Tieren und Würmern und den Vögeln des Himmels, und sie wurden von der Erde getilgt, und nur Noah blieb übrig mit denen in der Arche (V. 23). Und nach vierzig Tagen (8, 6a) da hörte der Regen vom Himmel auf (V. 2b),

und Noah öffnete u. s. w. (V. 6sqq.)[1]." Dies genügt zwar sachlich, aber nicht formell, z. B. hat der Satz 7, 23 kein Subject. Zwischen 8, 6—12 und dem nächsten jehovistischen Stück 8, 20—22 fehlt
395 jedenfalls die Nachricht vom Auszug aus der Arche, die aus Q gegeben wird. Zur Annahme aller dieser Lücken zwingt der Zusammenhang. Es gibt aber auch episodische Züge, die unbeschadet des Zusammenhanges fehlen können, und auch Auslassungen von dergleichen Angaben in JE werden, in Collisionsfällen mit Q, vorgekommen sein; sie sind nur nicht nachweisbar. Wahrscheinlich ist z. B., dass nicht blos in Q, sondern auch in JE, einer Schrift, die in den Localitäten viel genauer ist, der Ort angegeben war, wo die Arche landete.

Dem vierten Hauptstück von Q, den Tholedoth b'ne Noah, entspricht in JE zunächst der Abschnitt 9, 18—27, der nur, weil Noah hier noch am Leben ist, vor 9, 28sq. treten und also in dem Titel Tholedoth Noah aufgenommen werden musste. Weiter aber gab es wie in Q auch in JE an dieser Stelle eine Völkertafel, aus welcher nicht bloss 10, 8—12, sondern noch manche andere Bruchstücke in Kap. 10 enthalten sind. Ich werde das etwas ausführlicher nachweisen müssen.

Folgendes ist das sehr hervortretende Schema, in welches Q den ethnologischen Stoff C. 10 einordnet:

Dies sind die Tholedoth der Söhne Noah's, Sem, Ham und Japheth . . . V. 1.

a. Söhne Japheth's: . . . V. 2sqq. Dies sind die Söhne Japheth's[2]), von denen die Inseln der Völker ausgebreitet sind, in ihren Ländern, je nach ihren Sprachen, nach ihren Arten, in ihren Völkern. V. 5.

b. Söhne Ham's: . . . V. 6sqq. Dies sind die Söhne Ham's, nach ihren Arten, nach ihren Zungen, in ihren Ländern, in ihren Völkern. V. 20.

c. Söhne Sem's: . . . V. 22sqq. Dies sind die Söhne Sem's, nach ihren Arten, nach ihren Zungen, in ihren Ländern, nach ihren Völkern. V. 31.

---

[1]) Allerlei wird hiervon noch dem Redactor zuzuschreiben sein, besonders in V. 7. 10b. 12a., auch Teile von V. 23, vgl. 6, 7.

[2]) Diese Worte sind am Anfang von V. 5 herzustellen, sowohl nach der Aehnlichkeit des Schema's, als um das Misverständnis zu verhüten, dass bloss von den zuletzt aufgeführten Söhnen Javan's hier die Rede sein sollte.

Dies sind die Geschlechter der Söhne Noah's, nach ihrer Abstammung, in ihren Völkern, und von ihnen sind die Völker auf Erden ausgebreitet nach der Sündflut. V. 32.

In dieses Schema von Q passt nun, auch abgesehen von 10, 8—12, nicht alles, was gegenwärtig in Kap. 10 enthalten ist. Wenn
man das Uebrige vergleicht, so ist V. 22 darauf berechnet, die 396
dritte Abtheilung in Q zu eröffnen und duldet den V. 21 nicht vor sich. Es sind vielmehr V. 21 und V. 22 zwei einander ausschliessende Parallelen, beides Köpfe des folgenden Abschnittes; man darf sie nicht hinter einander, sondern nur neben einander stellen.

In V. 21 ist Eber so sehr der wichtigste unter den Söhnen Sem's, dass er sogar gleichbedeutend mit Sem selber ist und sich ähnlich zu ihm verhält wie Machir zu Manasse. Dagegen V. 22. 23 tritt Eber nicht bloss nicht unter den übrigen Söhnen Sem's hervor, sondern er wird nicht einmal dazu gezählt; nach 11, 14 (Q) ist er erst sein Urenkel.

Diese Beobachtung führt weiter dazu, V. 21 unmittelbar mit V. 25sqq. zu verbinden, wo Sem eben so wie dort weiter nichts als die Gesamtheit der Söhne Eber's ist. „Sem aber hatte auch Nachkommen, er ist der Vater aller Söhne Eber's, der ältere Bruder Japheth's. Und dem Eber wurden zwei Söhne geboren, der eine hiess Phaleg und der andere Joktan . . . . (V. 21. 25—30).“ Nach Q hat Eber hier gar nichts zu thun, er gehört nicht in die Genealogie der Gojim (V. 5. 32), sondern als Mittelglied in die Israels. Zu Q gehört nur V. 22. 23; V. 24 aber ist eine Naht des R (materiell aus 11, 14 entnommen), welche ihrerseits auch wieder die Thatsache zweier verschiedenen Lappen beweist.

Nunmehr kann ich mich auch auf den Widerspruch berufen, in welchem 10, 25—30 unzweifelhaft zu V. 7 (= Q) stehen: hier werden die südarabischen Stämme von Kus, dort von Eber abgeleitet. Weiter auf die Differenz der Sprache. Durch לשם ילד, לעבר ילד werden V. 21. 25 eben so sehr untereinander verbunden, wie von Q geschieden, welche Quelle nie diese Ausdrücke gebraucht, vielmehr stets ובני V. 2. 3. 6. 7. 20. 22. 23. Ebenso ist ילד (V. 26) zwar wohl dem R zuzutrauen, der Vorstellungen und Ausdrücke beider Quellen kennt und verbindet, aber Q gebraucht beständig dafür הוליד. Von allen Seiten bestätigt sich das Ergebnis, dass im Verzeichnis der Söhne Sem's 10, 22. 23 = Q; 10, 21. 25—30 = JE; 10, 24 = R.

Nicht anders steht die Sache bei den Söhnen Ham's V. 6—20. Nur V. 6. 7. 20 gehören zu Q, V. 8—19 dagegen zu JE. Von V. 8—12 wird das allgemein zugegeben — in welcher Verbindung soll aber dies Stück gestanden haben? Mit 11, 1—9 es in Zusammenhang zu bringen, ist unmöglich. Vielmehr ist 10, 13—19
397 die formelle Fortsetzung vom 10, 8—12; vgl. וכוש ילד V. 8, ומצרים ילד V. 13, וכנען ילד V. 15 gegen ובני V. 6. 7. 20 (Q). Beachtenswert ist auch die Parallele des Schlusses V. 19 mit V. 30, der Ausdruck נפצו V. 18 (gegen נפרדו 10, 5. 32) und באכה V. 19. — Nur der erste Abschnitt 10, 2—4 ist bloss aus Q erhalten. Dass aber Japheth auch in JE nicht fehlte, erhellt aus V. 21 und besonders aus 9, 18sq. Denn diese Verse, die in den Zusammenhang von Q nicht passen und durch die Sprache (vgl. 9, 19 mit 10, 5. 32) von ihr sich scheiden, sind nicht anders zu verstehen wie als Anfang der jehovist. Völkertafel [1]), an sie schloss sich möglicherweise der zweite Teil von 10, 1 vgl. 10, 21. 25.

Es liegt somit in Kap. 10 eine Parallele aus Q und JE vor. Q ist im Schema und wohl auch im Inhalt vollständig erhalten, V. 1—5. 6. 7. 20. 22. 23. 31. 32. Für Sem scheint auch JE vollständig erhalten V. 21. 25—30, mit Anfangs- und Schlussformel V. 21. 30; bei Ham fehlt der Anfang, der ähnlich wie V. 21 gelautet haben wird, da der Schluss V. 19 dem V. 30 analog ist; Japheth ist gänzlich fortgefallen. Der Redactor hat nicht bloss weggeschnitten, sondern auch zugesetzt. Wir erkannten bereits V. 24 als Naht von seiner Hand, vielleicht gehen die Worte V. 14 ‚de quibus egressi sunt Philisthim‘ auf ihn zurück, wenn sie nicht, worauf ihre Stellung führt, blosse Randglosse sind. Es wäre möglich, dass R z. B. V. 16—18 noch diesen oder jenen Namen zugesetzt hätte, um die Zahl der Namen auf siebzig zu bringen — wenn nur das Factum, dass hier siebzig Völker aufgezählt sind, sicher wäre.

Die Genealogie der Heiden Gen. 10 hat die der Söhne Abraham's Gen. 11 zur notwendigen Ergänzung. In 12, 1 setzt JE voraus, dass man wisse, wer Abraham sei und woher er stamme, muss also zwischen ihm und Eber einen Zusammenhang hergestellt haben; mit anderen Worten — ein Analogon von 11, 10ff. ist auch für JE unentbehrlich. Eine positive Spur, dass ein solches

[1]) Ueber das Verhältnis von 9, 20—27 zu 9, 18sq. s. unten.

vorhanden gewesen, ist in 10, 25 enthalten: Eber hat zwei Söhne, Phaleg und Joktan. Phaleg ist der wichtigere; wenn nun 10, 26—30 nur Joktan abgehandelt wird, so erklärt sich das nur daraus, dass eben Phaleg zur Fortführung der Hauptlinie (auf Abraham) aufgehoben wird. Will man Vermutungen über den Inhalt der jehovist. Genealogie aufstellen, so ist jedenfalls sicher, dass sie von Sem auf
Eber Phaleg überging und die zwei Glieder Arpaksad Selah nicht 398
hatte. Sie scheint siebengliedrig gewesen zu sein; in diesem Falle würde Nahor der Grossvater zu streichen sein, der in JE unbekannt ist. Ein Rest der jehovist. Nachrichten über Abraham's Herkunft ist wohl 11, 29[1]).

2. Der Zusammenhang, der auf diese Weise für JE hergestellt wird, ist zwar wohl ein lückenloser und vollständiger, aber kein gradläufiger und einfacher. JE ist nicht wie Q ein Werk einheitlicher Conception, sondern durch mehr als eine Phase und mehr als eine Hand gegangen, ehe es seine gegenwärtige Gestalt erlangte. An sich schliessen allerdings heterogene Bestandteile die Einheit und Ursprünglichkeit eines schriftlichen Zusammenhanges nicht aus; es ist möglich, dass schon die erste Aufzeichnung der mündlichen Tradition allerlei in Verbindung brachte, was in keiner innerlichen Verwandtschaft stand. Die Ueberlieferung im Volksmund kennt nur einzelne Geschichten, die wohl aus gleichem Vorstellungskreise erwachsen, aber doch nicht zum Plan eines Ganzen geordnet sind; erst wer die einzelnen Erzählungen aufschreibt, bringt auch Plan und Zusammenhang hinein — es ist nun denkbar, dass die einzelnen Stücke der Ordnung, in die sie gebracht werden, sich nicht alle auch innerlich fügen. Aber mit dieser Erklärung kommt man für die inneren Disharmonien der Erzählung in JE nicht aus, sie betreffen grossenteils schon Zusammenhänge, keine einzelnen Geschichten.

Es lässt sich namentlich eine Schicht in JE erkennen und scheiden, welche von der Sündflut und von Noah nichts weiss. Hierzu gehört jedenfalls Gen. 2. 3. Gen. 4, 16—24. Gen. 11, 1—9, vielleicht noch weniges Andere. Ich werde zunächst zu zeigen ver-

---

1) Darauf führt die Redeweise בת הרן אבי מלכה ואבי יסכה, vgl. 10, 21. 22, 21. Milka ist für JE wichtig und wird in Q nie erwähnt. Auch Jiska kommt jedenfalls in Q nicht vor, während man das für JE nicht behaupten kann, deren ursprüngliche Bestandteile uns keineswegs vollständig mitgeteilt sind. In Q folgte ursp. 11, 28. 31 sq.; V. 30 stand vor 16, 3.

suchen, dass Gen. 2—4 ursprünglich ohne 4, 1—16a und ohne 4, 26sq. 5, 29 existierte.

Während 4, 1—15[1]) Kain Ackermann gewesen, nun aber,
399 wie Adam aus dem Garten zum Acker, so er weiter vom Acker zur Wüste fortgeflucht ist (ארור מן האדמה V. 11, trotz V. 14 von wenigen ganz verstanden) und dort ein wildes Nomadenleben führt, ist und bleibt er V. 16sqq., was er nach dem Vorgehenden aufhören soll zu sein, wird der erste Städtebauer und der Vater aller sesshaften Kultur. Der Widerspruch ist fundamental und betrifft die ganze Anschauung, V. 16sqq. hat V. 1—15 nicht zur Voraussetzung. Umgekehrt hängt V. 1—15 auf allen Punkten von V. 16sqq. ab und ist aus dort gegebenen Motiven entsponnen, namentlich aus dem Liede Lamech's von der Blutrache. Kain erschien darin als notorischer Totschläger, an wem anders konnte er seinen Blutdurst auslassen, als an seinem Bruder? Abel der Hirt ist eine Reminiscenz an Jabal den Hirten, den Bruder Thubal-Kain's 4, 20. Die Strafe des Brudermordes V. 11sq. 14 hat ihren Anhalt teils in der bestimmten Angabe, dass Kain in Nod wohnt, d. i. in dem Lande, wo man als nad lebt, unstet und flüchtig, teils in der allgemeinen Vorstellung, dass der Parricida flüchtig wird, von den Furien verfolgt, nirgends vor der Blutrache sicher — obwohl dann auch seine Tötung wieder gerächt wird (V. 13—15, deutlich Auslegung von V. 24 mit irriger passiver Auffassung des Reflexivums יקם). Der eigentliche Grundtrieb der ganzen Neubildung ist vielleicht, wie Ewald vermutet, ein gewisses lokales Misverständnis der alten Elemente. In 4, 16sqq. wohnt Kain im fernen Osten in einer Gegend, die offenbar den Israeliten wildfremd ist, und baut dort eine Stadt, die gleichfalls über den geographischen Horizont der Hebräer hinausliegt. In 4, 1—15 ist die Wüste, welcher appellative Begriff dem Eigennamen Nod untergelegt wird, gegenwärtig Kain's Heimat, ursprünglich aber wohnte er im Lande. Schon aus dem allgemeinen Gegensatz merkt man, dass dem Erzähler Verhältnisse seiner Zeit vorschweben. In der Adama ist es sicher, ausserhalb derselben, d. h. in der von Räubern durchzogenen Wüste, kann einen jeder totschlagen; nur die Blutrache, zwar an

[1]) Die Abgrenzung ist an beiden Endpunkten nicht ganz genau, 4, 16a gehört noch zu 4, 1—15, andererseits sind in 4, 1 Bestandteile benutzt, die ursprünglich zu 4, 16—24 gehörten und nach dem Muster von 4, 17 auszuscheiden sind.

sich grässlich aber doch ein göttliches Institut für die Wüste, sichert vor gänzlicher Ausrottung. Aber der Gegensatz ist gar nicht so ganz allgemein, unwillkürlich schiebt sich dem Begriffe der Adama das heilige Land unter, wo Jahve wohnt; indem Kain aus dem Lande vertrieben wird, wird er auch vom Angesicht Jahve's vertrieben, was sich nur nach Massgabe von 1. Sam. 26, 19. Gen. 46, 4 verstehen lässt. Wenn nun die Adama Palästina ist, so wird dadurch auch die Wüste bestimmt, es ist die dem Alten Testament fast allein bekannte im Süden Judäa's. Da 400
wohnte ein alter Nomadenstamm Kain: ohne Frage hat der Erzähler von 4, 1—15 diesen mit dem Urvater der Menschheit zusammen geworfen; sehr gegen die Meinung der älteren Tradition[1]).

Wie zu 4, 16—24, verhält sich 4, 1—15 auch zu Kap. 2 und 3; 4, 1—15 hat zwar viel mit Kap. 2. 3 zu thun, aber Kap. 2. 3 nichts mit Kap. 4, 1—15. Das folgt vor allem aus 4, 7 vgl. mit 3, 16, der Vf. von 3, 16 kann nicht sein eigenes Wort in ganz anderem Sinne, als er es gemeint hat, citieren, es ist geschmacklos das anzunehmen. Ausserdem heisst חוה in Kap. 2. 3 vielmehr האשה, und es bedurfte einer künstlichen Klammer, um diese Kapp. mit 4, 1—15 zu verbinden, nämlich des Einsatzes 3, 20. Man denkt sich nach 3, 17—19 den Menschen betrübt und niedergeschmettert dastehen, erwartend, was Gott weiter mit ihm handeln werde V. 21—24; statt dessen nimmt er inzwischen Gelegenheit, sein Weib Eva zu nennen, wozu an dieser Stelle wirklich kein Anlass vorlag, wenn es nicht eben die Absicht eines Bearbeiters war, das Stück 4, 1—15 vorzubereiten. Also: Kap. 2sq. 4, 16b—24 bestanden ursprünglich ohne 4, 1—16a, aber dieses Stück setzt seinerseits die beiden anderen und zwar verbunden voraus; 4, 16sqq. ist die alte Fortsetzung zu Kap. 2. 3, die mit dem Sündenfall begonnene Kultur macht hier weitere Fortschritte.

---

[1]) Ich behaupte nicht, dass der Name des Nomadenstammes mit dem des Urvaters überhaupt nichts gemein habe. Die Namen Gen. 4. 5 kehren mehrfach in späteren Gentilicien wieder, ausser Kain noch Jered und Henoch. Verwandt sind auch Mehalelel und Jehalelel, Methuselah und Suthela. Am leichtesten würde sich das erklären, wenn Henoch u. s. w. verklungene Gottesnamen wären. Denn häufig tragen Personen, Völker und Städte den Namen ihres Gottes. Assur ist die Stadt, das Volk und der Gott. Wie die Assurith der Asera, so entspricht Assur dem Aser. Ein anderer israelitischer Stamm, der wie ein Gott heisst, ist Gad. Auch Edom ist eine Gottheit, vgl. Obed-Edom.

Mit 4, 1—15 hängt die zweite Genealogie in JE, die von Adam auf Noah führte und jetzt nur restweise erhalten ist, genau zusammen; Kain, der Brudermörder, konnte nicht der Stammvater Noah's und des ganzen gegenwärtigen Menschengeschlechtes werden, wenn nicht jedes gesunde Gefühl tödlich verletzt werden sollte. Dass 4, 25sq. und 5, 29 mit 4, 16—24 eigentlich nichts zu schaffen hat, ist übrigens ohnehin klar und anerkannt: letztere Genealogie beabsichtigt nicht einen Seitenzweig, sondern den ganzen Stamm darzustellen, eben so wie die identische in Q (Kap. 5).

401 Wie nun damit die äussere Brücke abgebrochen wird, welche Gen. 4, 16—24 mit der Geschichte von Noah und der grossen Flut verbindet, so herrscht auch nicht der mindeste innere Zusammenhang zwischen den beiden Stücken. Vielmehr widerspricht 4, 16—24 dem Kap. 6sqq. Erzählten. Statt Noah: Sem Ham Japheth erscheint hier Lamech: Jabal Jubal Thubal. Dabei dann noch die höchst charakteristische Verschiedenheit, dass Sem Ham Japheth die Menschen nach Völkern, Jabal Jubal Thubal nach Ständen einteilt. Und unstreitig ist Kap. 4, 16sqq. die Meinung, die Genesis der gegenwärtigen Kultur zu erzählen, nicht der verschollenen, die durch die Sündflut abgebrochen wurde. Thubal-Kain ist der Vater der gegenwärtigen Schmiede, nicht der vorsündflutlichen, Jubal der der gegenwärtigen Hirten; darum stehen sie auch am Ende der Genealogie und eröffnen die zweite Periode, die mit der Sem Ham Japheth's parallel ist.

Auf's schönste wird das Gefundene bestätigt durch 11, 1—9. Diese Erzählung hat zwar ähnliche Absicht und Bedeutung wie Kap. 10, ist aber nicht die Fortsetzung dieses Kapitels und hängt vor allem mit Kap. 6—9 auf keine Weise zusammen. Nach Kap. 10 sind wir, wenn wir die oben für JE angesprochenen Stücke in Betracht ziehen[1]), schon so weit, dass die Erde von sehr verschiedenen Völkern und Zungen eingenommen wird; nun werden wir plötzlich 11,1 in eine Zeit zurückversetzt, wo alle Welt Eine Sprache und Eine Zunge war. War das etwa die Zeit, als Noah's Familie noch die einzige Bevölkerung der Erde ausmachte? mit anderen Worten: geht Kap. 11, 1—9 hinter Kap. 10 zurück und schliesst an Kap. 6—9? Offenbar nicht, alle Welt 11, 1 ist nicht Sem Ham und Japheth,

[1]) aber auch, wenn man bloss 10, 8 – 12 zu JE weist, stellt sich die Sache nicht anders. Man muss mehr als ein Auge zu drücken, um 11, 1—9 als Fortsetzung von 10, 8—12 betrachten zu können.

und die Menschenmenge, die, um sich durch künstliche Mittel zu concentrieren, eine Stadt baut und einen Turm, und die dann in verschiedene Völker gespalten wird, besteht aus mehr als einer Familie. Es liegt eine ganz andere Anschauungsweise vor, als sich aus den Prämissen von Kap. 6—9 ergeben würde; der Erzähler weiss nichts von der Sündflut, die von aller Welt nur die Familie Noah's übrig gelassen hat. Oder hat man 11, 1 an einen Zeitpunkt zu setzen, der so weit nach der Flut fällt, dass inzwischen aus der Familie wieder ein grosses Volk erwachsen ist? Anschluss an die 402
Vorstellung von Noah und seinen drei Söhnen wird dadurch doch nicht erreicht. Denn wenn die letzteren sich hinterdrein zu einer Familie vereinigen und daraus weiter ein einheitliches Volk entsteht, welches dann durch höhere Gewalt plötzlich in mehrere Sprachen geklüftet wird, so ist die ganze Bedeutung von Sem Ham und Japheth, als Teilungsprincip der Völkerwelt, aufgehoben. Die Teilung der Völker geht Gen. 6—10 auf genealogischem, natürlichem Wege vor, Gen. 11 auf übernatürlichem Wege durch unmittelbares Eingreifen Gottes.

Die Fortsetzung von Kap. 6—10 kann Gen. 11, 1—9 nicht sein, dagegen sehr wohl die von Gen. 2—4, und mit der Möglichkeit ist in diesem Fall, da Kap. 11, 1—9 jedenfalls in einem grösseren Zusammenhang gestanden hat, auch die Thatsächlichkeit erwiesen. An Gen. 2. 3 erinnert der ganze den Stoff beherrschende Gedanke; die Verse, die die Pointe aussprechen, 11, 6 und 3, 22 haben in Inhalt und Form ein unverkennbar gleiches Gepräge[1]). Mit Gen. 4, 16—24 hat 11, 1—9 vor allem das fehlende Wissen um die Sündflut gemein. Ausserdem ist bereits bemerkt, dass Lamech's drei Söhne nicht drei verschiedene Völker oder Rassen, sondern drei verschiedene Stände darstellen, notwendigerweise des selben Volkes, denn kein Volk besteht aus lauter Musikern oder Schmieden — dies liefert die Prämisse zu 11, 1: siehe Ein Volk, und alle haben Eine Sprache. Endlich mache ich aufmerksam auf die

[1]) Siehe, der Mensch ist wie unser einer geworden zu wissen Gutes und Böses, und nun, dass er nicht seine Hand ausstrecke und nehme auch vom Baume des Lebens und esse und lebe ewiglich 3, 22. Siehe, Ein Volk und alle haben sie Eine Sprache, und dies ist nur der Anfang ihres Thuns, und nun, es wird ihnen nichts zu schwer sein, was sie sich unterfangen; auf, lasst uns herniederfahren und ihre Sprache verwirren 11, 6. Τὸ θεῖον πᾶν ἐστι φθονερόν.

Worte 11, 2 da sie aufbrachen aus Osten; denn anders kann man בנסעם מקדם nicht verstehen. Der Schauplatz von Kap. 6—9 ist jedenfalls nicht östlich von Babylon. Dagegen ist Eden im fernen Ost gedacht, das Land Nod mit der Stadt Henoch in nächster Nähe davon; von diesem Osten aufbrechend kommen die Menschen 11, 2 nach der babylonischen Ebene.

Dass auch ohne die Flut eine gute Folge zwischen den drei Stücken Kap. 2. 3, Kap. 4, 16—24, Kap. 11, 1—9 herrscht, braucht
403 kaum nachgewiesen zu werden. Es sind die drei Stationen auf dem Wege, den das Menschengeschlecht in der Kultur vorwärts und in der Gottesfurcht rückwärts schreitet [1]). Dem entspricht ein lokaler Fortschritt von Osten nach Westen, Eden Nod Babel sind die drei Urheimaten der idealen, vorgeschichtlichen, und urgeschichtlichen Menschheit. — Es wäre möglich, dass das gegenwärtig nur als stark überarbeitetes Fragment erhaltene Stück 6, 1—4 einst vor 11, 1—9 und im Zusammenhang damit gestanden hätte; ebenso ist es auch denkbar, dass Teile von Kap. 10 ursprünglich hinter 11, 1—9 gefolgt wären, aber nachweisen lässt sich beides nicht.

3. In der Sündflutgeschichte selber (Kap. 6—10) scheint eine zweite Hand von der ersten unterschieden werden zu können. Ein Nachtrag in JE ist jedenfalls die Geschichte 9, 20—27. Vergleicht man V. 25sqq. mit V. 24, so sind hier die drei Söhne Noah's: Sem Japheth Kanaan, in dieser Reihenfolge. Das ist eine deutliche Differenz gegen 9, 18sq. und den Tenor von JE. Dass V. 22 חם אבי und V. 18 וחם הוא אבי כנען eingesetzt ist, kann zur Verselbigung Kanaan's und Ham's nichts helfen; es bleibt dabei, dass V. 24—27 Kanaan der Bruder Sem's und Japheth's und der jüngste Sohn Noah's ist, und dass darnach auch V. 22sq. von ihm und nicht von Ham die Rede ist. Die Abweichung von der herrschenden Vorstellung beruht übrigens nicht bloss in dem verschiedenen Namen des einen Sohnes. Wie es scheint, wohnen in 9, 20—27 die drei Noachiden alle in Palästina; Kanaan ist die vorisraelitische Bevölkerung, Sem [2]), der Herr Kanaan's und Verehrer Jahve's, ist

[1]) Ganz anders Gen. 4, 2—15. Hier geht die Sünde nicht mit steigender Kultur Hand in Hand, sondern Kain sinkt zurück in die Unkultur. Auch Habel der Hirt, vor Jabal, dem Vater der Hirten, befremdet.

[2]) Vielleicht bedeutet בני שם eigentlich nichts weiteres als die herrschende Klasse im Gegensatz zu den Ureinwohnern, welche Iob. 30, 8 בני בלי שם genannt werden. Vgl. den Namen der Arier.

Israel selber, Japheth, gleichfalls Herr Kanaan's und inmitten Sem's wohnend, kann eigentlich nur die Philister bezeichnen — womit natürlich ihrem pelasgischen oder indoeuropaeischen Ursprung nicht das Wort geredet sein soll. — Ein fernerer Nachtrag scheint in 10, 16—18a anerkannt werden zu müssen. Die Grenze des Kanaaniters wird V. 19 so angegeben: von Sidon bis Gaza, von da bis zum Toten Meere, von da bis nach Dan, der bekannten Grenzstadt im Norden (statt לשע lies לֵשָׁה oder לֵשָׁם, wie die Consonanten לשם richtig auszusprechen sind, Lokalformen von לַיִשׁ). 404
Die sämtlichen Völker nun in V. 17 und V. 18a fallen nördlich über diese Grenze hinaus nnd stehen hier also schwerlich von Haus aus; durch V. 17 und V. 18a wird aber auch dem V. 16 präjudiciert. — Ebenfalls ein ursprünglich fremdes Element, aber ganz anderer Natur, gleichsam ein unverdauter Brocken ist 6, 1—4, am Schluss stark glossiert (V. 3b. V. 4). Nicht das sündliche Verderben der Menschheit, sondern eine Verrückung der Weltordnung und ihrer Grenzen, welche Schuld der Dämonen ist, veranlasst hier das göttliche Strafgericht. Noch andere Spuren ungleichartiger Bestandteile kommen in der Flutgeschichte von JE vor, z. B. der Rabe neben der Taube. Ursprünglich waren das jedenfalls sich ausschliessende Variationen der selben Erzählung, es ist aber möglich, dass sie schon bei der ersten Aufzeichnung der mündlichen Ueberlieferung zusammengestellt wurden.

Das Endergebnis ist: JE hat eine in mehreren Stadien verlaufene Geschichte hinter sich und ist das Product eines längeren schriftlichen Processes. Als ursprünglicher Kern lässt sich Kap. 2. 3. Kap. 4, 16—24. Kap. 11, 1—9 ansehen. Hiermit ward dann die Erzählung von der Flut verbunden Kap. 6—10, von einem Bearbeiter, der sie wohl schon schriftlich vorfand, möglicher-, jedoch nicht wahrscheinlicherweise im Zusammenhange eines grösseren Geschichtswerkes. Diesem Bearbeiter wird man zugleich die Einsetzung einiger von den kleineren Stücken zuschreiben müssen, die nie literarisch selbstständig, sondern immer nur wie Parasiten auf fremdem Stamm existiert haben, jedenfalls von 4, 25sq. 5, 29. 4, 1—15. 10, 16—18a. Andere „Ergänzungen" hat man keinen Grund, ihm ab- oder zuzusprechen; sie mögen zu anderen Zeiten von anderer Hand eingetragen sein. Das Einzelne lässt sich nicht ausmachen, aber die Hauptsache steht fest: es hat nicht bloss ein Zusammenarbeiten grosser Zusammenhänge stattgefunden, sondern in diese Zusammenhänge, sei es vor, oder mit, oder nach ihrer Vereinigung, sind vielfach kleinere unselbstständige Stücke aufgenommen worden, teils mehr gelehrten und theoretischen, teils auch volkstümlichen Ursprungs. Denn die mündliche Ueberlieferung, nachdem sie einmal auf Schrift gebracht war, stand doch nicht plötzlich still, sondern entwickelte sich, nunmehr in Wechselwirkung mit der Schrift, noch weiter und nahm auch ganz neue Stoffe von aussen auf, die dann demnächst wiederum literarisch fixiert wurden.

Aber festhalten muss man, dass JE bereits den literarischen Process, aus dem sie hervorging, hinter sich hatte und abgeschlossen
405 vorlag, als sie durch den letzten Redactor (R) mit Q verbunden wurde. Im Vergleich zu Q ist JE als ein Ganzes, als eine Einheit zu behandeln, Q ward nicht mit einer der früheren Ausgaben oder gar den ursprünglichen Quellen von JE zusammengearbeitet, sondern mit der Ausgabe letzter Hand. Alle Teile von JE, so verschiedener Herkunft sie sind, haften doch viel fester unter sich zusammen, als mit Q, sind durch Vorstellungen Ausdrücke und Stil unter sich verwandt und von Q geschieden. Darum ist es auch in der Natur der Sache begründet, dass man zuerst nur zwei Fäden der Erzählung in Gen. 1—11 erkannt hat, Q und JE, und erst allmählich auch in JE selbst ein complicierteres Gespinnst zu erkennen beginnt. Man hat alle Ursache, diese Zwieteilung festzuhalten, auch nachdem sich ergeben hat, dass JE nicht in dem Sinne wie Q ein einheitliches Werk ist.

## Abraham und Isaak. Gen. 12—26.

Der Urgeschichte der Menschheit würde genau genommen die Erzvätersage als Ganzes zur Seite gesetzt werden müssen, aber dadurch entstünde eine zu ungleichmässige Verteilung des Stoffs. Abraham alleine zu behandeln empfiehlt sich nicht, weil sich die Kritik der Vergleichung des Kap. 26 mit Kap. 21 und Kap. 12 nicht entschlagen kann; doch kommt Isaak hier nur als kinderloser Mann in Betracht, die Geschichte von Esau und Jakob gehört in's nächste Kapitel.

1. In Q wird die Patriarchengeschichte im Vergleich zu der Urgeschichte sehr stiefmütterlich behandelt. Am meisten wird noch über Abraham erzählt, als den eigentlichen Repräsentanten der Periode und Contrahenten des ihr entsprechenden Bundes,

aber im Vergleich zu JE ist auch das nur recht dürftig. Es verbot sich daher für den Redactor ganz von selbst, die Quelle Q hier eben so zu Grunde zu legen wie Kap. 1—11, doch scheint er sie fast ganz unverkürzt, wenn auch mit z. T. etwas verrenkten Gliedern, mitgeteilt zu haben. Zu Anfang fehlt die Ueberschrift dies sind die Tholedoth Abraham's und darnach vielleicht der Befehl auszuwandern, der aus JE 12, 1—4a gegeben wird. Dann folgen 12, 4b. 5. 13, 6. 11b. 12. 19, 29. 11, 30. 16, 3. 15. 16. 17, 1—27. 21, 2b. 3—5. 23, 1—20. 25, 7—11a. 12—17. Nöldeke macht auf eine Lücke aufmerksam, Q habe ohne Zweifel an Lot, der ja an und für sich keine Bedeutung habe, auch die beiden Völker Moab und Ammon angeschlossen.

Früher wies man dem Vierbundesbuche noch mehrere grosse 406
Stücke aus der Geschichte Abraham's zu, namentlich Kap. 20—22, weil darin der Gottesname Elohim vorherrscht. Aber abgesehen hiervon haben sie, wie Hupfeld zur Anerkennung gebracht hat, nichts mit Q gemein. Nach Q ist Ismael bei Isaaks Geburt 14 Jahre alt, bei seiner Entwöhnung also, die drei Jahr später anzusetzen ist, 17 Jahr — nun denke man sich in 21, 9sqq. den Ismael als 17 jährigen Menschen! Er ist vielmehr ein spielendes Kind (מצחק V. 9, meist misverstanden), wird seiner Mutter auf die Schulter gelegt (V. 14: ואת הילד שם על שכמה), und in der Verzweiflung von ihr abgeworfen (V. 15) kann er sich selbst gar nicht helfen. Gleiche Unzuträglichkeiten, die bereits Isaak Peyrerius bemerkt hat, ergeben sich, wenn man Kap. 20 versucht in den Zusammenhang von Q aufzunehmen. Hat man nun ein Recht, diese Kapitel zu JE zu rechnen? In Stoff Vorstellungen und Sprache sind sie jedenfalls dieser Traditionsschicht durchaus homogen, wie schon ein oberflächlicher Vergleich zwischen Kap. 20. 21 und Kap. 26. 16 lehrt. Aber wie allseitig zugestanden wird, kann der Haupterzähler in JE, dem Kap. 12. 13. 16. 18. 19. 24. 26 a potiori angehören, die Kapitel 20—22 nicht verfasst haben; er kann sie auch nicht, wie Nöldeke meint (a. O. S. 23) vorgefunden und benutzt, in sein Werk aufgenommen haben. Denn er hätte dann doch seine eigene Erzählung, die er ja als Autor und Concipient frei zu gestalten die Macht hatte, mit Rücksicht auf die aufzunehmenden fremden Stücke einrichten müssen, so dass diese hineinpassten; aber ganz das Gegenteil ist der Fall. Ein schlechterer Platz liesse sich für Kap. 20, um es dem Faden von JE einzufügen, kaum ausfindig machen als

seine jetzige Stelle hinter Kap. 18sq.; ärger können sich keine Pendants stossen und im Wege stehen, als Kap. 21, 9sqq. und Kap. 16; seltsamer könnte der jehovistische Haupterzähler nicht verfahren, als dass er beinah alle Geschichten, die er einem fremden Werke entlehnt, vorher oder nachher noch einmal in ausführlichster Weise frei mit seinen eigenen Worten berichtet[1]). Aber doch hat Nöldeke im Grunde nicht so unrecht. Die Kapitel 20—22 sind in der Tat zunächst in den Zusammenhang der durch Kap. 16. 18sq. 24. 26 repräsentierten Quelle aufgenommen und damit, bereits ehe Q hin-
407 zutrat, zu einem Werke verbunden worden, freilich nicht von dem ursprünglichen Erzähler von Kap. 16sqq. selber, sondern von der Hand eines Dritten, der auf diese Weise der Compilator von JE wurde. JE ist hier aus zwei parallelen und von einander unabhängigen Erzählern zusammengewirkt, die man nach den von ihnen gebrauchten Gottesnamen passend den Elohisten (Kap. 20—22) und den Jahvisten (z. B. Kap. 16. 18sq.) nennen und mit E und J bezeichnen kann. Wie wir die Composition mit JE signieren, so können wir den Componenten als den Jehovisten bezeichnen, da ja Jehovi die Consonanten von Jahve mit den Vocalen von Elohim vereinigt. Der Name passt auch darum, weil der Jahvist (J) von dem Zusammenarbeiter zu Grunde gelegt, der Elohist (E) eingearbeitet ist. Indem ich mich anschicke, diese Behauptungen näher zu begründen, werde ich zunächst versuchen, sowohl in E als in J Spuren von Ueberarbeitung nachzuweisen, die z. T. direct dem Zwecke dienen, eine Zusammenstellung der beiden Quellen zu ermöglichen.

2. Die bisher für den Elohisten angesprochenen Stücke sind Kap. 20. 21. 22, mit Ausnahme der zu Q gehörigen Reste 21, 2b—5[2]). Dass diese Kapitel sui generis sind, geht einesteils daraus hervor, dass sie weder dem Vierbundesbuche, noch dem Jahvisten, der Hauptquelle von JE, angehören; andererseits werden sie auch durch gemeinschaftliche positive Eigenschaften verbunden. Ausser dem Namen Elohim für Jahve und Ama für Shiphcha kommt in dieser Hinsicht Folgendes vorzugsweise in Betracht. Gott erscheint des Nachts im Traume, um Befehl zu geben 20, 3. 6. 21, 12 (wegen

---

[1]) Nur die Geburt Isaak's berichtet er allerdings nicht, aber da widerspricht der von anderweit hergenommene Bericht mehrfach seiner eigenen Ankündigung.

[2]) 21, 2a gehört wegen לזקניו (V. 7) schwerlich zu Q; wenigstens sind dann Bestandteile von E und Q darin verschmolzen.

V. 14) 22, 1 (wegen V. 3); der den Befehl erhalten hat, steht des
Morgens früh auf, ihn auszurichten 20, 8. 21, 14. 22, 3. Der Engel
Gottes begegnet dem Menschen nicht, wie beim Jahvisten, sondern
er ruft vom Himmel 21, 17. 22, 11. Die Scene, d. i. der Ort wo
Abraham wohnt, ist nicht Hebron, sondern Beerseba, schon Kap. 20,
obwohl da der Name noch nicht genannt werden kann, der erst 21,
31 gegeben wird, und auch Kap. 22. Die einzelnen Abschnitte der
Erzählung werden durch ziemlich lockere Verbindungsformeln an
einander gereiht, ויהי בעת ההיא 21, 22 und ויהי אחר הדברים
האלה 22, 1. 20 vgl. 15, 1. 39, 7. 40, 1. 48, 1, sonst recht selten. Ob- 408
wohl allerdings jetzt hinter Kap. 20 der Faden abreisst, indem Kap. 21
Voraussetzungen macht, die zwischen Kap. 20 und 21 (d. h. aus E)
nicht mitgeteilt sind, ist es doch nicht zweifelhaft, dass E ursprünglich einen für sich bestehenden Zusammenhang dargestellt und nur durch den Bearbeiter verschiedene Glieder desselben eingebüsst hat. Es giebt keinen anderen Grund, warum der Bearbeiter Kap. 20 und Kap. 21. 22 so zusammenstellt, als weil er sie eben in einer eigenen, selbständigen Schrift zusammen vorfand.

Ein positives Eingreifen des Compilators in diese Stücke zeigt sich zunächst 20, 18, in einem glossatorischen Zusatz, der sich durch den Namen יהוה verräth. Dieser Gottesname lässt auch 21, 1 die fremde Hand erkennen. Dem Jahvisten, d. i. dem Verfasser von Kap. 18sq., gehört der Vers schwerlich an, er hat mit dem ganzen Bericht über Isaak's Geburt nichts zu thun, da nach seiner Ankündigung 18, 14 dabei ein abermaliger Besuch Jahve's und zwar in Hebron, nicht in Beerseba, zu erwarten ist. Man wird also 21, 1 besser der dritten Hand zuschreiben, welche den von ihr verschuldeten Riss zwischen Kap. 20 und Kap. 21 an den Rändern (20, 18. 21, 1) etwas ausputzt: möglicherweise mit Benutzung elohistischen Materials, vgl. 21, 1 mit 30, 22. Ex. 2, 27sq. Der Name יהוה erscheint wieder 21, 33; auch hier hilft er uns auf die Spur einer Ueberarbeitung. In V. 32 heisst es am Schluss: „Abimelech und sein Hauptmann Phichol standen auf und kehrten um in's Land der Philister.“ Aber der Elohist lässt Abraham und Abimelech in Kap. 20 an dem selben Orte wohnen, dem nachmaligen Beerseba, und auch 21, 22 ist dies die Meinung, hier dagegen scheint es, als ob sie nicht einmal in dem selben Lande wohnten. Auch fällt der Ausdruck Land der Philister an sich auf, bis dahin ist er nirgends gebraucht. Vergleichen wir dagegen die

Parallele aus J Kap. 26, so heisst dort Abimelech von vornherein der König der Philister, und da 26, 23 erzählt wird, dass er von anderswoher zu Abraham gekommen sei, so versteht es sich, dass er 26, 26 wieder fortgeht; in Kap. 26 wohnen sie eben nicht am selben Orte. Also geht 21, 32b auf einen Bearbeiter zurück, der von Kap. 26 entnommene Voraussetzungen auf Kap. 21 übertrug. Die Probe für die Richtigkeit dieser Beobachtung ist, dass erst nach dem Wegfall von V. 32b der folgende Vers sein notwendiges Subjekt bekommt. „Darum nannte er den Namen des Ortes Beerseba, weil sie dort geschworen und einen Bund geschlossen hatten in Beerseba.
409 Und er pflanzte eine Tamariske in Beerseba und rief dort den Namen El's des Alten an.“ Der Ausdruck Land der Philister macht auch V. 34 verdächtig, der sonst gleichgiltigen Inhalts ist.

Sehr deutlich zeigt sich die überarbeitende Hand des Jehovisten in 22, 1—19, wie u. a. Nöldeke gesehen hat. Vor allem ist V. 15—18 sein Zusatz, ohne Originalität, voll von Reminiscenzen (sogar נאם יי), erkenntlich schon an dem שנית V. 15, welches an Jos. 5, 2 שנית und an 1. Sam. 11, 14 נחדש erinnert. Der Jehovist ist auch V. 11—14 thätig gewesen, aber nur in geringfügigen Aenderungen. Denn der Inhalt ist ganz elohistisch, vgl. V. 11 mit 21, 17 und dagegen 16, 7. 18, 1sqq. 19, 1sqq. aus J, ferner V. 14 mit V. 8, wo der Name durch אלהים יראה vorbereitet wird. Die wichtigste Aenderung ist durch sehr zarte Mittel bewirkt und lässt sich nur ahnen. Sie besteht in dem Verwischen der Lokalität, wo die Scene spielt, deren genaue Bezeichnung sonst bei den Patriarchengeschichten eine Hauptsache ist. Nach der jüdischen Tradition soll es Jerusalem gewesen sein, aber das ist wegen V. 4 nicht die ursprüngliche Meinung. Nach der samaritanischen der Garizim. Das würde passen, Sichem ist etwa drei Tagereisen von Beerseba entfernt, die hohen Berge, zwischen denen es liegt, kann man von weitem sehen, nach einer jahvistischen Parallele baut Abraham zu Sichem einen Altar ליי הנראה אליו 12, 7. Jedoch hat vermutlich schon der Bearbeiter Jerusalem zum Schauplatz machen wollen; in V. 14b scheint diese Meinung zu Grunde zu liegen und eben so in der Erweiterung V. 15—18: handelte es sich um die Inaugurierung des heiligsten Ortes, so war es billig die Verheissung hier in feierlicher Weise zu wiederholen. Mit dieser Tendenz hängt dann auch wohl der Name המריה zusammen. Zwar ist das keine direkte Bezeichnung des Tempelberges, denn

der hat in der alten Zeit nie so geheissen, und wenn die Späteren ihn Moria nannten, so geschah das auf Grund der traditionellen Deutung unserer Stelle. Aber schon um die Entstehung dieser ziemlich alten Deutung (2. Chr. 3, 1) zu erklären, wird man doch annehmen müssen, dass ein indirekter Hinweis auf die Tenne Arauna's, wo auch David den Engel sah, mit המריה gegeben werden sollte. Der Elohist hat sicher nicht הַמֹּרִיָּה geschrieben, er muss V. 2 einen Landesnamen genannt haben, denn er will nicht den bestimmten Punkt angeben, den Gott vielmehr näherer Bestimmung vorbehält, sondern die allgemeine Sphäre zur vorläufigen
Orientierung Abraham's — es muss also auch eine bekannte Ge- 410
gend gewesen sein, vielleicht אֶרֶץ חֲמֹרִים, wo Sichem lag[1]). Die Lesung המריה machte vor Allem das Nomen proprium unkenntlich und gestattete eine auf V. 14 יהוה יראה bezügliche appellative Auffassung des Wortes, welche die Deutung auf Jerusalem zwar nicht forderte, aber offen hielt. Die Rücksicht auf diese Etymologie von Moria scheint auch der Grund zu sein, warum der Bearbeiter den Gottesnamen in V. 11—13 beharrlich in Jahve corrigierte.

Spuren dieser selben überarbeitenden Hand lassen sich nun auch in J erkennen; insbesondere lässt es sich wahrscheinlich machen, dass in Kap. 16 und 26, 13ff. Zusätze angebracht sind in der Absicht, diese Erzählungen mit den Parallelen aus E (Kap. 21) einigermassen verträglich zu machen. In Kap. 16 rühren V. 8—10 vom Jehovisten her. Der 10. Vers ist von Einem geschrieben, der V. 11 bereits kannte; diese Ordnung ist ganz unnatürlich und schwerlich aus der ursprünglichen Conception entsprungen. Der 9. Vers giebt der Magd den Rat: התעני, dagegen V. 11 heisst es: Jahve hat auf dein עני gehört, d. h. er will dich davon befreien. Nach V. 8—10 soll Hagar zu Hause gehen, also auch dort gebären und ihr Kind aufziehen; aber V. 11. 12 gehen von der Anschauung aus, dass Ismael in der Wüste und fern von Abraham aufwächst. Es wäre doch der Mühe wert gewesen zu berichten, dass Hagar, dem Befehl V. 8—10 folgend, wirklich zu ihrer Herrin zurückgekehrt sei — das geschieht indes V. 11 sqq. keineswegs. Dazu erwäge man die stilistische Form: und er sprach, V. 8, und der

[1]) Die Correktur המורה würde sich schon deshalb in einer ganz verkehrten Richtung bewegen, weil kein Ort, sondern ein Land hier angegeben werden soll.

Engel des Herrn sprach zu ihr, V. 9, und der Engel des Herrn sprach zu ihr, V. 10, und der Engel des Herrn sprach zu ihr, V. 11. So hat der Jahvist, der beste Erzähler in der ganzen Bibel, nicht geschrieben. Ich glaube also: nach J blieb Hagar in der Wüste und genas bei dem Brunnen Lachai Roi eines Knaben, des Wüstensohnes Ismael. Den Schluss machte vielleicht 25, 18 „und er wohnte von Havila (im O.) bis nach Sur (im W.)[1])“. Die Verse 16, 8—10 aber sind vom Jehovisten eingesetzt, um die späterhin aus E zu erzählende Austreibung Ismaels aus dem Vaterhause (21, 9sqq.) zu ermöglichen. — In Kap. 26 zeigt sich Rücksichtnahme auf die elohistische Parallele 21, 22sqq. in V. 18 und V. 15. Beide Verse unterbrechen den originalen Zusammen-
111 hang und widersprechen ihm. Denn 26, 19sqq. nennt Isaak die Brunnen zum ersten Male, nach Veranlassungen die sich eben in dem Augenblicke darboten; er gräbt sie also auch zum ersten Male; seine Knechte „entdecken“ das Wasser V. 19. Es steht nicht im Einklange damit, wenn es V. 18 heisst: „Isaak grub die Wasserbrunnen wieder auf, die man in seines Vaters Abraham Tagen gegraben hatte und die die Philister nach Abraham’s Tode verschüttet hatten, und er legte ihnen die selben Namen bei, wie sein Vater sie genannt hatte.“ Besonders beim Schluss, der von dem Brunnen bei Beerseba handelt V. 23—33, ist es klar, dass der Erzähler gar keine Ahnung davon hat, dass diese ganze Geschichte sich auch schon an dem selben Orte zwischen Abraham und dem Philisterfürsten abgespielt habe. Auch bemerke man, dass es im Gegensatz zu V. 18 den Geraritern in V. 19sqq. gar nicht einfällt, die Brunnen Isaak’s zu verschütten, sondern sie wollen sie selber haben. Nach alle dem ist der 18. Vers ein auf 21, 22sq. Bezug nehmender harmonistischer Einsatz, der auf eine ziemlich kindliche Weise die Brunnen Abraham’s durch Zuschütten aus der Welt schaffen will, damit sie Isaak noch einmal graben kann. Mit V. 18 fällt natürlich auch V. 15, dieser Vers scheint noch später eingesetzt zu sein, da V. 18 ihn nicht voraussetzt, sondern seinen Inhalt wiederholt.

Zu diesen Spuren, welche beweisen, dass E und J gemeinschaftlich von dritter Hand zusammengefügt und überarbeitet sind,

---

[1]) עד שור אשר על פני מצר<br>באכה אשורה על פני } Dublette.

füge ich ein letztes Beispiel hinzu, wo möglicherweise ein gewisses Ineinander von E und J zu constatieren ist, nämlich Kap. 15. Der Zusammenhang dieses Kapitels ist brüchig und zwar lässt sich eine Hauptfuge wahrnehmen zwischen V. 1—6 und V. 7—21. In V. 1—6 ist es Nacht — vgl. die Sterne V. 5, das Gesicht V. 1, wenn auch die Form des Traumes sich wenig fühlbar macht; dagegen ist es V. 7 sqq. zuerst Tag, dann wird es dunkel V. 12 und endlich tritt die Nacht ein V. 17. Während man bei V. 1—6 zur Not noch die Form der Vision (V. 1) festhalten kann, ist das V. 7—21 völlig unmöglich. Damit hängt ein Unterschied der Offenbarungsweise zusammen, V. 1—6 ist sie ziemlich vermittelt, V. 17. 18 von handgreiflicher Unmittelbarkeit. Am stärksten fällt die Discrepanz auf beim Uebergange V. 6: V. 7. 8. Nachdem in V. 6 Abraham's Glaube belobt und ihm hochangerechnet worden ist, lässt er sich V. 8, auf eine weitere Verheissung Gottes, also vernehmen: „Woran soll ich das merken, dass ich das Land in Besitz nehmen werde?" Dabei ist auch auf den verschiedenen Gebrauch von ירש V. 7 sq. und V. 3 sq. Gewicht zu legen. Es scheint, 412
dass in V. 1—6 ein durch den Jehovisten überarbeitetes Stück von E vorliege. Dafür spricht negativ, dass der Jahvist, Kap. 24, den Namen des Eliezer nicht kennt, so wenig wie den der Amme Rebekka's, den gleichfalls der Elohist nennt, positiv, dass die Offenbarung durch ein Nachtgesicht geschieht und dass die Uebergangsformel אחר הדברים האלה gebraucht wird. Weitergehend könnte man versuchen, V. 7—21 für J in Anspruch zu nehmen. Jedoch ist das nur mit starken Einschränkungen möglich. V. 7 müsste stark überarbeitet sein, אֲנִי und Ur Kasdim sind nicht jahvistisch. V. 13—16 ist eine Art Incubation, die auf alle Fälle dem ursprünglichen Zusammhang fremd ist. Es ist eine Clausel, die eigentlich nur nach V. 17. 18 Sinn hat und die dort gegebene bestimmte Verheissung des Landes Kanaan antecipiert. Zunächst muss doch, auch nach V. 8, das Versprechen selbst gewährleistet werden, darnach versteht sich erst der Zusatz, dass es aber nicht sehr bald, sondern erst nach langer Zeit in Erfüllung gehen werde, wenn nämlich die Schuld der gegenwärtigen Bewohner des Landes reif sei. Die Ausleger haben denn auch gewöhnlich den Sinn der Worte V. 13—16 gar nicht recht verstanden und nicht gemerkt, dass hier eine Einschränkung zu V. 17 sq. gegeben werden solle. Zusatz wird ebenfalls V. 19—21 sein, aber gleichgiltiger und unschuldiger Natur.

Was übrig bleibt, könnte dem Jahvisten angehören (vgl. 15, 18 mit 24, 7) und würde sich in diesem Fall an 13, 18 anschliessen [1]). Nachdem Abraham in Hebron das Ziel seiner Wanderschaft erreicht und dort einen Altar gebaut hat, würde ganz passend diese Hauptstätte durch eine göttliche Erscheinung eingeweiht werden, die ihm den einstigen Besitz des ganzen heiligen Landes, in dem er eben festen Fuss gefasst hat, gewährleistet. Diese Verheissung würde zugleich die in Kap. 16. 18sq. nachfolgende bedingen und veranlassen, so dass 15, 7sq. auch nach der Seite hin ausgezeichneten Anschluss in J hätte. Mit völliger Zuversicht würde ich die beiden Hälften von Kap. 15 an E und J verteilen, wenn ich in der überarbeitenden Hand den Jehovisten erkennen könnte. Aber V. 13—16 und V. 7 verrät in Sprachgebrauch (רכוש, שיבה טובה) und Vorstellung (Ur Kasdim) Verwandtschaft mit dem Vierbundesbuch.

113 3. In der Hauptsache ist JE eine Composition aus diesen beiden parallelen Geschichtsbüchern. Dabei ist J zu Grunde gelegt und aus E das mitgeteilt, was sich in J entweder überhaupt nicht oder nicht so fand. Die Stücke Kap. 20—22, die zum grossen Teile in J wiederkehren, verdanken ihre vollständige Aufnahme hauptsächlich dem Umstande, dass sie in E von Abraham statt wie in J von Isaak erzählt wurden — zum Glück für uns, denn namentlich aus diesen Erzählungen ersehen wir, wie ungemein ähnlich die beiden Geschichtsbücher gewesen sein müssen. Mit diesen beiden einfachen Factoren kommt man aber auch hier nicht zur Erklärung von JE aus; man muss auch hier jenen Trieb der Wucherung zu Hilfe nehmen, vermöge dessen der Stamm, oder besser ein Stamm, in verschiedenen Phasen einzelne neue Schösse trieb. Ich werde dies zu erweisen suchen, indem ich die einzelnen Kapitel von Gen. 12 an der Reihe nach durchgehe. Dabei werde ich zugleich Anlass nehmen, auf Lücken des Zusammenhanges in JE aufmerksam zu machen, die sich am Schlusse des Abschnittes fühlbar machen.

In Kap. 12 ist die Erzählung von der Wanderung nach Aegypten, V. 10—20, ein späterer Einsatz. Ich schliesse das zunächst daraus,

---

[1]) Nur der tiefe Schlaf V. 12 passt nicht zu V. 17. 18, aber auch nicht einmal recht zu V. 12b, dagegen wohl zu V. 13—16. Uebrigens spricht für J auch die genaue Angabe der Tageszeit, die eins der charakteristischen Merkmale ist.

dass die Bezugnahme darauf in 26, 1—5 nicht vom Jahvisten selber herrührt, sondern wie auch z. B. Delitzsch anerkennt, dort von späterer Hand nachgetragen ist. Es folgt aber auch aus inneren Gründen. In 12, 10—20 ist Abraham allein, im Zusammenhang des Jahvisten aber ist Lot noch bei ihm. Schon in alter Zeit ist diese Unebenheit empfunden worden, und ein grosser Teil der griechischen Bibelhandschriften setzt darum V. 20 die Worte zu: καὶ Λωτ μετ' αὐτοῦ. Wichtiger ist Folgendes. Wie vor 12, 10—20, so befinden wir uns auch hinterher in Kap. 13 in Bethel, und dort in Bethel trennen sich Abraham und Lot. Hätte 12, 10—20 ursprünglich hier gestanden, so wäre gar kein Grund gewesen, den Abraham statt nach seinem dauernden Aufenthaltsorte in Hebron wieder nach Bethel zurückwandern zu lassen; die Trennung von Lot konnte eben so gut hier wie dort vor sich gehen. Bloss um Anschluss an die Erzählung des Jahvisten zu erreichen, der zwischen 12, 8 und 13, 4 den Schauplatz nicht verändert, muss Abraham wieder zurück nach Bethel und sich dort von seinem Bruder scheiden. In 13, 4 sind wir genau so weit wie in 12, 8, und selbst die Worte von 12, 8 werden 13, 4 wiederholt. Der Jahvist liess Abraham gradeswegs über Sichem und Bethel nach Hebron
wandern, er hatte auch in diesem Fall keine Dublette, sondern 414
erzählte die Gefährdung der Stammmutter nur einmal und zwar von Isaak's Weib, Kap. 26. In den Versen 12, 9. 13, 1. 3. 4 ist die Naht zu erkennen, wodurch der Einsatz dem ursprünglichen Bestande aufgeheftet wurde.

Gründe, die, von einer allgemeinen Anschauung hergenommen, wenige überzeugen werden, bewegen mich, auch 13, 14—17 für einen späteren Nachtrag anzusehen. Es ist durchaus nicht Sitte des echten Jahvisten, Gott so ohne weiteres zu den Erzvätern reden zu lassen, er erzählt stets bestimmt eine Theophanie an einem genau angegebenen Orte, der aber durch die Erscheinung dann für alle Zeiten geheiligt wird. Dagegen haben wir ein Analogon zu 13, 14—17 in 22, 15—18 von der Hand des Jehovisten, der solche Reden Gottes aus dem Stegreif einstreut und dabei alles Gewicht auf den Inhalt legt, ohne die Form und den Ort der Erscheinung besonders hervorzuheben. Ferner hegt der Jahvist gar nicht die Vorstellung, dass Abraham halb nomadisch das heilige Land durchwandert; er lässt ihn vielmehr auf dem nächsten Wege über Sichem und Bethel nach Hebron gelangen. In Hebron bleibt er bis an seinen Tod, dort wohnt er Kap. 16 und Kap. 18sq., dort wohnt er auch Kap. 24 — erst Isaak verlegt 24, 62. 25, 11b seinen Sitz nach dem Negeb. Nur wenn man den Jahvisten mit dem Elohisten combiniert, der Beerseba an Stelle Hebrons setzt, erscheint Abraham's Wohnort schwankend; man wird es also 13, 14—17 mit dem Zusammenarbeiter von J und E zu thun haben, der wohl 12, 10—20 gleichfalls schon vor Augen hatte. Vielleicht ist endlich noch darauf aufmerksam zu machen, dass man von Bethel aus wohl die Aussicht auf die Jordansaue hat 13, 10, aber kein Panorama über das ganze Land V. 14—17.

Kapitel 14 steht zwar ohne Frage nach 13, 18 und vor Kap. 15—19a an seinem notwendigen Platze und kann nirgend anders eingeordnet werden. Aber im Zusammenhang einer fortlaufenden Quelle steht es nicht, es gehört weder zu Q noch zu J oder zu E. Mit E hat man es wohl in Verbindung bringen wollen, aber gerade für diese Quelle ist Abraham am wenigsten Kriegsmann, vielmehr „Muslim" (Kap. 22. 15, 6) und Prophet (Kap. 20). Auch steht dem Elohisten die Verherrlichung Jerusalems 14, 17—24 ganz und gar nicht an. Es wird freilich trotz Ps. 76, 3 und trotzdem dass das עמק שוה V. 17 in der Nähe Jerusalems lag, 2. Sam. 18, 18, behauptet, Salem sei
415 nicht Jerusalem, sondern ein beliebiger obscurer Ort. Aber die Zehntenabgabe Abraham's an Salem ist doch gewiss analog zu beurteilen, wie die Zehntenabgabe Jakob's an Bethel; wie Jakob dort den an den Reichstempel von Bethel steuernden Israeliten das Vorbild giebt, so Abraham hier den an das salomonische Heiligtum steuernden Judäern. Melchisedek, der Vorgänger Adonisedek's Jos. 10, 1, ist König und Priester des höchsten Gottes zu Jerusalem; wo nicht, so hat das Zehnten Abraham's überhaupt keinen Sinn. Da nun aber der Elohist, wie vorläufig als anerkannt gelten mag, kein Judäer ist, so wird ihm, wie gesagt, der Bericht nicht zuzutrauen sein, dass der älteste Erzvater dem judäischen Centralheiligtum die heiligen Abgaben entrichtet habe. Allem Anschein nach ist Kap. 14 erst in die letzte Ausgabe der Genesis eingeschoben worden. Denn auch dem Jehovisten, dem Verarbeiter von J und E, kann es nicht zugewiesen werden, weil dieser seine Ergänzungen immer recht fest mit dem Zusammenhang verkittet und sich ausserdem von der Anschauungsweise seiner Quellen niemals weit entfernt. Dazu kommt, dass das fragliche Stück einige Bekanntschaft mit der Sprache von Q verrät, vgl. רכוש und נפש V. 21.

Am meisten Wahrscheinlichkeit hat es darum für sich, dass der Endredactor der Genesis, der JE und Q zusammenfügte, diese nach vorn und hinten verbindungslose Erzählung aufgenommen habe, auf die man das von Melchisedek gesagte Wort: ἀπάτωρ ἀμήτωρ ἀγενεαλόγητος mit gleichem Recht anwenden kann.

Ueber Kap. 15 nnd 16 ist bereits gehandelt, über Kap. 17 nichts zu bemerken. In Kap. 18 und 19 lassen sich wiederum Spuren einer vermehrten Ausgabe von J entdecken. Ich denke wenigstens, dass ursprünglich 18, 22a und 18, 33b an einander schlossen, in folgender Weise: „und die Männer wendeten sich von dannen und gingen nach Sodom, und Abraham kehrte zurück an seinen Ort". Was zwischen diesen beiden Sätzen steht, zeigt am Anfang und am Ende die Fuge. Nach V. 22a gehen die Männer fort nach Sodom, die Männer, die nach V. 2. 3 Jahve selbst sind, unter denen er mindestens inbegriffen ist. Nach V. 22b. 23sqq. aber ist Jahve doch nicht fortgegangen, während hinwiederum andererseits gar nicht ausdrücklich gesagt worden, er sei dageblieben — was doch der Mühe wert war, zu bemerken. In 19, 1sq. wird allerdings von den zwei Engeln geredet, die nach Sodom gekommen seien, es ist also die Meinung, Gott selbst sei zurückgeblieben. Aber diese beiden Engel stimmen sehr wenig zum Ganzen. Vielleicht kennt der Jahvist überhaupt keine pluralischen מלאכים, jedenfalls aber steht der Artunterschied: 416
Jahve selbst, zwei Engel in auffallendem Kontrast zu der ununterschiedenen Verschwommenheit, in welcher das Verhältnis der Männer (sic) zu Jahve nicht bloss 18,1sqq., sondern auch 19, 17sqq. erscheint. Und was das Wichtigste ist, so sagt nicht bloss 18, 21 Jahve: ich will hinab nach Sodom, sondern offenbar ist er auch 19, 17sqq. wirklich selbst mit unter „den Männern", obwohl sein nachträgliches Hinzukommen zu den zwei Engeln von 19, 1 nirgend berichtet wird. Die Worte 19, 21 kann nur Jahve sagen, in dem Gespräch 19, 17sqq. tritt eben so wie in dem 18, 1sqq. stets wieder eine singularische Hauptperson als allein redend und allein angeredet aus dem scheinbaren Plural der Männer hervor. Aus alle dem folgt, dass die beiden Engel in Kap. 19 später eingetragen sind, und da sich kein anderer Grund hiezu denken lässt, als die nach 18, 22b—33a zu machenden Voraussetzungen, so folgt weiter, dass die Voraussetzungen dieses Stückes dem echten Zusammenhang widersprechen, derselbe also die Zuthat einer späteren Hand ist. Man bemerke, dass Jahve den Beschluss, die sündigen Städte zu

verderben, der 18, 23sqq. bereits als gefasst gilt und den Anlass der Verhandlung bildet, in 18, 20sq. überhaupt gar noch nicht ausgesprochen, sondern nur gesagt hat: „es ist ein Gerücht über Sodom und Gomorrha, dass ihre Sünde gross, dass sie sehr schwer sei[1]); ich will doch hinabgehen und sehen, ob sie wirklich, wie das Gerücht, das zu mir gelangt ist, sagt, ganz so gethan haben, oder erkennen ob es nicht so ist“ — so vorsichtig und unanstössig wie möglich. Ich wage auch darauf hinzuweisen, dass der sonst überall in Kap. 18. 19 herrschende sehr naive Verkehr der Erzväter mit Gott in 18, 22—33 plötzlich aufhört; während Abraham 18, 8 dem Jahve ein Kalb schlachtet und ihm Käse und Milch vorsetzt, fühlt er 18, 23sqq. mit einem Mal den Abstand der Kreatur von dem Schöpfer: ach siehe, ich habe mich unterwunden mit Jahve zu reden, wiewohl ich Staub und Asche bin.

Ist das fragliche Stück ein Einsatz, so lässt sich ein Motiv dafür leicht finden. Es ist aus einer Stimmung erwachsen, die schweren Anstoss daran nahm, dass eine ganze Stadt oder Gegend mit einem Male untergegangen war: da musste doch Gott auch Unschuldige unter der Masse mit fortgerafft haben. Bekanntlich beherrschte diese Stimmung das jüdische Volk in der Zeit, als
417 Jeremias und Ezechiel weissagten und das Buch Iob entstand — aus dieser Zeit scheint somit 18, 22b—23a zu stammen. Vergl. Ier. 5, 1.

Es scheint, dass der Text des Jahvisten in Kap. 18. 19 noch dnrch einzelne kleinere Eingriffe alteriert worden sei, z. B. ist 19, 23—26 schwerlich im Fluss der ursprünglichen Conception so geschrieben. Die Verse 18, 17—19 weisen in אני und ידעתיו למען אשר verdächtigen Sprachgebrauch auf und sind im Inhalt verwandt mit 13, 14—17. 22, 15—18; vor dem neuen Ansatz 18, 20 entbehrt man sie nicht. Dagegen hat man keinen Grund, das Stück 19, 30—38 dem Jahvisten abzusprechen. Er kann doch unmöglich den Lot in Zoar lassen; die Flucht nach Zoar ist ja nur eine Digression, die erklären soll, wie es komme, dass jene kleine Landzunge, die eigentlich auch zum Gebiet der Hapheka gehört, vom Untergange ausgenommen sei; das Endziel für Lot ist notwendigerweise das Gebirge Moab 19, 30. Ferner würden die Töchter Lot's nicht so viel vorher erwähnt sein, wenn hinterdrein nichts

[1]) Das ו vor חטאתם streiche, sprich V. 21 כָּלָה.

von ihnen zu erzählen gewesen wäre; und auch der Tod des Weibes bereitet die Geschichte 19, 30sqq. vor. Moralische Bedenken sind keine kritischen.

Demnächst folgen die elohistischen Stücke Kap. 20—22. Zu E rechne ich auch das Verzeichnis der Nahoriden 22, 20—24. Von Q wird es durch Vorstellung (Kemuel, Vater Aram's) und Sprache (ילד) ausgeschlossen; wenn nicht bestimmt zu E, gehört es doch jedenfalls zu JE, als Vorbereitung für Isaak's Heirat mit der Rebekka Kap. 24. Im Folgenden ist der Zusammenhang von JE durch R mehrfach unterbrochen und verrenkt. Da Kap. 24 Sara's Tod zum notwendigen Motiv hat, so muss JE jedenfalls eine Erzählung darüber enthalten haben, die gegenwärtig durch Q Kap. 23 verdrängt ist. Darnach wird 25, 1—6 gefolgt sein, ein Stück, das so wenig wie 22, 20—24 aus Q stammen kann, sowohl wegen Seba und Dedan, als auch wegen ילד[1]. Es scheint, dass 24, 36 auf 25, 5sq. zurückblickt. An 25, 5 schloss sich möglicherweise 25, 11b, vielleicht aber auch an 24, 67. Hinter 25, 1—6 hat Kap. 24 in JE seine richtige Stelle. Hier vermisst man die Nachricht von Abraham's Tode. Natürlich hat JE sie enthalten, natürlich aber musste R sie streichen, wenn er sie aus Q geben wollte. Es fragt sich
nur: wo stand die betreffende Angabe in JE? Ohne Zweifel in 418
Kap. 24. Der Knecht verlässt Abraham offenbar auf dem Totenbette, er kommt zurück, und von Abraham ist keine Rede mehr. Er muss inzwischen gestorben und dies auch dem Leser irgendwo mitgeteilt sein, am besten hinter V. 62, um zu motivieren, dass der Knecht nicht zu seinem Auftraggeber zurückkehrt, sondern direkt zu Isaak geht, nicht nach Hebron, sondern nach Lachai Roi. Die Angabe V. 62 hätte kaum einen Sinn, wenn Isaak an seines Vaters Orte geblieben wäre, wenn damit nicht eine Verlegung seines Wohnsitzes nach dem Tode Abraham's ausgedrückt sein sollte, die in des Knechtes Abwesenheit erfolgt ist. Vielleicht darf man zu behaupten wagen, dass אמו V. 67 eine Korrektur des R für ursprüngliches אביו ist. Das ist klar: stand אביו da, so war R, der den Tod Abrahams erst 25, 8 aus Q erzählen wollte, gezwungen, es wegzuschaffen. Dass aber in der That in 24, 67 eine

[1]) Dass Abraham nach Sara's Tode (?) noch eine Frau nimmt, ist in JE durchaus nicht weniger auffallend als in Q. Ursprünglich freilich ist Ketura wohl nur eine andere Version der mündlichen Ueberlieferung für Hagar. — Ueber 25, 18sq. S. 20.

spätere Hand bestrebt gewesen ist, Isaak's Mutter Sara einzuschmuggeln, folgt evident aus האהלה שרה אמו. Die Form האהלה verträgt keinen Genitiv hinter sich, שרה אמו ist hier jedenfalls nachgetragen. Dies giebt aber zugleich ein Präjudiz gegen אמו am Schluss ab. Auf Kap. 24 ist nach der ursprünglichen Ordnung von JE Kap. 26 (— V. 34sq. aus Q) gefolgt. Denn die Geschichte 26, 1—11, wo Isaak sein Weib für seine Schwester ausgiebt, wird gradezu absurd, wenn Rebekka bereits Mutter zweier Söhne ist und noch dazu erwachsener Männer; sie ist nur vor 25, 19—34 verständlich, Weist man ihr und ihrer Fortsetzung bis 26, 33 diesen Platz an, so fällt auch Licht auf die „Befragung Jahve's" 25, 22sq. Dann ist nämlich eben vorher (26, 23—33) die durch eine Theophanie veranlasste Stiftung des Heiligtums von Beerseba durch Isaak erzählt; nun können die Leser, für die der Erzähler schreibt, die häufig genug selbst in Beerseba das Orakel befragt haben werden, wissen, wo Rebekka den göttlichen Bescheid holte. Andererseits tritt auch Kap. 27 in die ihm angemessene Verbindung, es ist die unmittelbare Fortsetzung von 25, 19—34 und hat mit dem jetzt zunächst vorhergehenden Stück gar nichts zu thun. Auf diese Weise an den richtigen Ort versetzt[1]) bildet Kap. 26 den wahren Abschluss des Lebens Isaak's in JE, von nun ab treten seine Söhne an seine Stelle. — Was die Herkunft der Bestand-
419 teile in JE betrifft, so stammt Kap. 24 und Kap. 26[2]), anerkanntermassen aus J. Das Verzeichnis 22, 20—24 wird man wegen der Uebergangsformel 22, 20 wohl zu E zu rechnen haben, über 25, 1—6 lässt sich nichts entscheiden.

Fassen wir am Ende noch einmal zusammen, was die Untersuchung des zweiten Abschnitts der Genesis gelehrt hat, so ist das Ergebnis entsprechend dem für Kap. 1—11 gefundenen, aber nicht genau das selbe. Denn man hat gar keine positiven Gründe, irgend ein Stück von Kap. 1—11 aus E herzuleiten. Obwohl JE auch dort noch anderweitige Bestandteile neben J enthält, so ist doch E in keinem derselben zu erkennen, sondern tritt erst seit

---

[1]) R war gezwungen, Kap. 26 umzustellen, weil er die Angaben aus Q 25, 19sq. 26 an der Spitze des Abschnitts Isaak mitteilen und diesen die entsprechenden Notizen aus JE an die Seite setzen musste.

[2]) Ueber 26, 2—5 und מלבד הר' הר' V. 1 s. oben S. 23, über V. 15 und V. 18 S. 20. Wie man trotz Kap. 21 hier Bestandteile aus E vermuten kann, ist nicht recht begreiflich.

der Geschichte Abraham's als neuer und von da ab ununterbrochener Zufluss ein. Dieser Unterschied hebt indessen die wesentliche Gleichartigkeit von JE in den beiden Abschnitten nicht auf. Namentlich hat auch in Gen. 12sqq. noch, wie wir gesehen haben, der Wucherungstrieb gewaltet und allerlei Neubildungen angesetzt. Einer dieser Zusätze (Kap. 14) kann freilich erst in die letzte Ausgabe der Genesis hineingeraten sein, die meisten werden jedoch vom Jehovisten herstammen, der J und E zu JE verwob. Ein Nachtrag ist sogar wohl schon in J eingesetzt, ehe diese Quelle mit E verwoben wurde, nämlich 12, 10sqq. Denn warum nimmt der Interpolator von 26, 2—5 nicht auf das näher liegende und sehr viel stärkere Analogon Kap. 20 Bezug, sondern auf Kap. 12, 10sqq.? Es kann kaum einen anderen Grund dafür geben, als weil er zwar wohl schon 12, 10sqq., aber noch nicht Kap. 20 mit J verbunden vorfand. Es scheint darnach, dass ehe E in extenso aufgenommen wurde, eine oder die andere Geschichte aus dieser Quelle oder aus der ihr entsprechenden Volkstradition einzeln ihren Weg in eine Ausgabe von J fand, und dass 12, 10sqq. hiervon ein Beispiel ist. Nicht unmöglich ist es, dass auch E dem Jehovisten nicht mehr in der primären Ausgabe vorgelegen hat, z. B. scheint Kap. 20 Spuren der Ueberarbeitung zu tragen, die gleichwohl dem Verf. von V. 18 bereits bekannt waren.

Dass JE gegenüber Q eine Einheit bildet, und dass der Jehovist von dem letzten Redaktor der Genesis, der die Compilation des Jehovisten mit dem Vierbundesbuche vereinigte, zu unterscheiden
ist, habe ich zwar nicht direkt, aber indirekt, wie mich dünkt, 420
hinlänglich gezeigt. Der strikte Beweis wird im nächsten Abschnitte geliefert werden.

## Jakob und Esau. Gen. 27—36.

Unter diesem Titel fasse ich die folgenden Erzählungen bis Kap. 36 und 38 zusammen, zerlege aber das Ganze in fünf Abschnitte, die ich einzeln auf ihre literarische Beschaffenheit untersuche:

1. Jakob's Jugend im Elternhause 25, 19—28, 22; excl. 26, 1—33. Der skelettartige Bericht von Q ist folgendermassen auszuscheiden: 25, 19. 20 . . . V. 26c. 26, 34. 35. 27, 46. 28, 1—9. Zwischen 25, 19 und V. 20 hat Q möglicherweise die Heirat Isaak's

mit Rebekka erzählt, zwischen 25, 20 und V. 26c. jedenfalls die Geburt der Söhne, nach 20jähriger Unfruchtbarkeit der Mutter.

Die beiden Fäden, aus denen JE zusammengewirkt ist, reissen hier nicht ab, sondern setzen sich fort, aber in so enger Verschlingung, dass an eine reinliche Sonderung durchweg nicht zu denken ist. Am besten gelingt die Scheidung in 28, 10—22. Im Ganzen heisst Gott hier Elohim, nur in V. 13—16 Jahve. Dadurch aufmerksam gemacht hat bereits Hupfeld erkannt, dass V. 13—16 auch sachlich den Zusammenhang des Elohisten unterbrechen. Wozu sind Engel und Leiter überhaupt da, wenn, wie es V. 13 heisst, Jahve עליו steht und direkt zu Jakob spricht? Die Engel sollen doch nicht blos tanzen, sondern die Offenbarung vermitteln — das thun sie aber V. 13—16 eben nicht. Lässt man die Verse aus und verbindet V. 12 mit V. 17, so gewinnen Leiter und Engel auf der Stelle eine Bedeutung und zwar eine höchst originelle. „Ihn träumte, da war eine Leiter, die stand auf der Erde und ihre Spitze rührte an den Himmel, und siehe, die Engel Gottes stiegen daran auf und nieder. Und er fürchtete sich [1]) und sprach: wie schauerlich ist diese Stätte, dies ist nichts anderes als ein Haus Gottes und dies ist das Thor des Himmels.“ Nicht eine hinzukommende inhaltliche Offenbarung, sondern die Leiter selbst ist jetzt das Wichtige. Sie steht an dieser Stätte nicht bloss in diesem Augenblick, sondern immer und gleichsam von Natur, Bethel — das erkennt Jakob daraus — ist ein Ort, wo Himmel und Erde sich berühren, wo die Engel auf- und niedersteigen, um den an diesem Thore von Gott gestifteten Verkehr zwischen Him-
421 mel und Erde zu vermitteln. Hingegen ist V. 13—16 von einer einzelnen Theophanie bestimmten Inhalts die Rede, wodurch der heilige Ort ein für allemal eingeweiht wird; vgl. 12, 7. 26, 24sqq. Jos. 5, 13—15. 2. Sam. 24, 16—18. Das עליו V. 13 bezieht sich auf Jakob, wie die Sprache rät, denn auf der Leiter müsste על ראשו heissen, und wie der Sinn fordert, denn im Himmel oben auf der Leiter stehend müsste Jahve laut rufen, wie es sonst beim Elohisten auch geschieht 21, 17. 22, 11. Es unterscheidet den Jahvisten, dass er Gott nicht vom Himmel aus und durch allerhand Vermittelungen mit den Menschen verkehren, sondern ihn

---

[1]) וייקץ hat man auch für E zu ergänzen, es konnte nicht zweimal gegeben werden.

direkt zur Erde herniederfahren lässt. Ein sprachliches Kennzeichen: עד אשר אם V. 15 vgl. mit עד אם 24, 19. Dass J auch hier durchaus selbständig erzählt, nicht etwa E ergänzt, sondern von dritter Hand damit zusammengearbeitet ist, brauche ich wohl kaum zu zeigen; gegen Nöldeke's Annahme sprechen in der That ganz die gleichen Gründe, welche die Tuch'sche Ergänzungshypothese unmöglich machen. Aber ich will auf ein paar formelle Unterschiede des Jahvisten 28, 13—16 und des Jehovisten aufmerksam machen. Der Jehovist zählt die Himmelsgegenden 13, 14 in folgender Ordnung auf: Norden Süden Osten Westen, der Jahvist 28, 14: Westen Osten Norden Süden. Zum Subjekt von נברכו macht der Jehovist כל גויי הארץ 22, 18. 18, 18, der Jahvist כל משפחות האדמה 28, 14. 12, 3: vielleicht ein nicht bloss formeller, sondern ein höchst bedeutender sachlicher Unterschied. Der Jehovist scheint ferner zu verstehen: durch Israel (den Samen Abraham's) sollen alle Völker der Erde gesegnet werden[1]), während der Jahvist meint: mit Abraham sollen sich segnen alle Geschlechter des Landes. Man muss allerdings dann annehmen, dass ובזרעך 28, 14 eine jehovistische Zuthat sei, aber diese Annahme hat nichts Schwieriges. Denn einerseits wird auf alle Fälle der, welcher J und E hier zusammensetzte, auch von seinem Eigenen etwas daran gegeben haben, und andererseits macht wirklich ובזרעך 28, 14 an dieser Stelle ganz den Eindruck des Nachtrags.

Es scheint, dass auch in V. 17—22 E nicht ganz rein vorliege. V. 19 ist im Vergleich zu V. 22 eine Dublette, und da
V. 22 jedenfalls elohistisch ist, so stammt V. 19 wohl aus anderer 422
Quelle, und zwar ist V. 19a aus J, dagegen V. 19b Glosse, vielleicht des Jehovisten. Ohne Zweifel hat endlich der Jehovist in V. 21 die Worte יהוה לי לאלהים eingeschoben, der ursprüngliche Text von E lautet: „wenn . . . ich wohlbehalten in meines Vaters Haus zurückkehre, so soll dieser Stein, den ich als Malstein aufgerichtet habe, ein Gotteshaus werden.“ Er bestimmt durch das Mal vorläufig die Stelle, wo später das Haus errichtet werden soll.

Wir haben also in 28, 10—22 ein fast vollständiges Stück aus E, zugleich ein grosses Fragment aus J, welches beweist, dass J die selbe Erzählung enthalten hat und zwar an der selben Stelle,

---

1) Nach Analogie von 22, 18 wird man auch 18, 18 das בן nicht auf Abraham, sondern auf גוי עצום beziehen und dann jedenfalls das Verbum passivisch nehmen müssen.

vgl. V. 15 mit V. 20sq. Von hier aus aber folgt durch Rückschluss, dass sowol E wie J auch die Veranlassung der Flucht Jakobs berichtet haben, ohne die sie selbst ja unmotiviert und unverständlich wäre. In beiden Quellen muss notwendigerweise eine Geschichte wie Kap. 27 gestanden haben, auch wegen Kap. 32. Freilich ist es darum nicht nötig, dass der Jehovist Teile von beiden aufgenommen und in Kap. 27 mitgeteilt habe; wegen der grossen Aehnlichkeit von E und J kann denkbarer Weise eine Prämisse für J aus E und für E aus J gegeben werden. Aber es finden sich in der That Spuren eines doppelten Fadens in Kap. 27, die sich nur deshalb schwer erkennen lassen, weil der Gottesname sehr selten vorkommt und so das Hauptkriterium mangelt. V. 44sq.: „bis dass der Grimm deines Bruder sich wendet, bis der Zorn deines Bruders sich von dir wendet“ ist unmöglich weder Glosse noch Erweiterung eines Bearbeiters, sondern Dublette. Eine grössere liegt V. 33—38 vor und zwar nach den Worten und Isaak bekam einen grossen Schrecken.

V. 33. 34.

und sprach: wer ist
denn der, der das Wild-
pret gejagt und mir's
gebracht hat, und ich
ass von allem, ehe du
kamst, und segnete ihn
auch? Und es geschah,
da Esau die Worte
seines Vaters hörte,
weinte er laut und
423 bitterlich und sprach:
segne auch mich
mein Vater.

V. 35—38.

und sprach: dein Bruder ist mit List gekommen und hat deinen Segen genommen. Da sprach Esau: hat man ihn doch Jakob genannt, und er hat mich nun zweimal betrogen! meine Erstgeburt hat er genommen und nun auch meinen Segen. Und er sprach: hast du mir nicht einen Segen vorbehalten? Und Isaak sprach: siehe ich habe ihn dir zum Herrn gesetzt, und alle seine Brüder habe ich ihm zu Knechten gegeben und ihn mit Korn und Wein gestärkt — was soll ich dir thun, mein Sohn? Und Esau sprach zu seinem Vater: hast du denn nur einen Segen? segne auch mich mein Vater! Und er hub seine Stimme auf und weinte.

Wer diese beiden Stellen aufmerksam vergleicht, wird finden, dass sie nicht hinter einander, sondern neben einander gehören. Insonderheit ist V. 35 und 36 nicht ein Schritt vorwärts über V. 34 hinaus, sondern ein Schritt rückwärts hinter V. 34 zurück; V. 34

steht mit V. 38. auf gleicher Stufe. Vollständig hat der Jehovist allerdings den zwiefachen Text hier nicht mitgeteilt, sondern zwischen V. 33 und V. 34 etwas ausgelassen, was er vollständiger aus der andern Quelle geben wollte. Einiges mag er auch von dem Seinigen hinzugefügt haben.

In V. 20—30 ist zwar eine reinliche Scheidung der zwei zu vermutenden Quellen nicht durchzuführen, aber es lässt sich auch hier die Brüchigkeit des Zusammenhangs aufzeigen. Man ist nämlich V. 23 schon ebenso weit wie V. 27a (vgl. das ויברכהו als Schlussresultat[1]) hier wie dort), während V. 24 keineswegs da fortfährt wo V. 23 aufgehört hat, sondern hinter V. 21 zurückspringt. „Ein ungeübter Erzähler kann wohl falsch anlegen, einzelnen Teilen eine unrechte Stelle anweisen, er kann das was vorausgehen sollte nachbringen, er kann Nebenumstände weitläufig und mit einem grossen Aufwand von Worten erzählen und Hauptsachen nur beiläufig erwähnen und nur anwinken, er kann Kleinigkeiten als wichtig und wichtige Dinge als unbedeutend darstellen, aber den Leser, wenn er ihn ein Stück vorwärts geführt hat, wieder rückwärts führen, wieder an den ersten Standpunkt stellen und von neuem ausgehen lassen — dies kann auch der unwissendste und ungeübteste nicht.“ Um das Verhältnis von 27, 23 zu 27, 27a näher zu erkennen, beachte man, dass nach 27, 23. V. 21sq. Isaak den Jakob betastet und sich durch die mit Fell überzogenen Arme
trügen lässt, dagegen 27, 27a V. 26 ihn küsst um ihn zu riechen, 424
und durch den Duft der Kleider getäuscht wird. Endlich ist auf V. 30 zu verweisen:

| | |
|---|---|
| Und es geschah, da Isaak vollendet hatte zu segnen den Jakob | Und es geschah, da Jakob kaum von Isaak fortgegangen war |

kam Esau heim von der Jagd.

Es hat keinen Wert die Sache weiter zu verfolgen. Das Dass der Zusammensetzung ist klar, das Wie nicht zu ermitteln. Nicht einmal, ob der Zusammenhang vorwiegend aus J und E gegeben wird, lässt sich mit Sicherheit erkennen. Dass auf E nichts führe, ist, auch wenn man von sprachlicher Beobachtung des Einzelnen ausgeht, unrichtig. Es kommen mehrere nicht jahvistische Ausdrücke

[1]) Ewald, Composition der Genesis S. 157.

vor, ausserdem vgl. האלהים 27, 36 (יהוה V. 20. 27) und besonders die Art der Anrede 27, 1: „und er sprach zu ihm: mein Sohn! und er sprach zu ihm: hier bin ich! und er sprach zu ihm so und so“, wovon sich in J kein Beispiel findet, wohl aber in E 22, 2. 7. 11. 31, 11.

Unsere rückwärts schreitende Untersuchung endigt bei der Pericope 25, 19—34, welche mit Ausnahme von V. 19sq. V. 26c zu JE gehört. Sie kann in zwei Hälften zerlegt werden, die Geburt und das Erwachsen der Zwillinge (bis V. 28), und Esau's Preisgabe der Erstgeburt an Jakob V. 29—34. Man hat geglaubt, diese letztere Geschichte einem anderen Erzähler zuweisen zu müssen als dem, der die Erlistung des Segens in Kap. 27 berichtet; man hat gesagt, Kap. 27 stamme aus J, also 25, 29—34 aus E. Aber wenn dem wirklich so wäre, so käme man doch mit 25, 29—34 als Vorbereitung für 28, 10sqq. nicht aus; es müsste nun doch noch auch in E ursprünglich eine Geschichte gefolgt sein, welche wie Kap. 27 den Ausbruch der Feindschaft zwischen den Brüdern enthielt und damit die Flucht Jakob's motivierte. Natürlich liegt die Sache genau eben so, wenn man umgekehrt 25, 29—34 an J und Kap. 27 an E verteilen wollte: ersteres Stück, so wie es geschrieben vorliegt, ist in keinem Falle ein Ersatz, sondern immer nur eine Vorstufe des letzteren, und wenn auch Kap. 27 vielleicht für sich bestehen kann, so hat doch jedenfalls der, welcher Kap. 25 die beginnende Spannung zwischen den Brüdern andeutet, hinterher auch die Entzweiung selber berichtet, ohne welche alles Folgende in der Luft schwebt. Es ist also das Princip unrichtig, dass, wenn Kap. 27 aus einer Quelle stamme, dann 25, 29—34 aus der anderen stammen müsse. Richtig ist nur, dass in der mündlichen
425 Ueberlieferung die Erlistung der בכרה und die Erlistung der ברכה ursprünglich blosse Varianten gewesen sind.

Mir scheint, dass 25, 30—34 aus J herrühre, wegen אנכי V. 30. 32 und הלעיטני V. 30 vgl. הגמיאיני 24, 17. Das Vorangehende wird dem Inhalte nach sowohl von J als auch von E vorausgesetzt, ohne dass daraus folgt, dass der Jehovist auch seine beiden Quellen hier reden lässt. Jedenfalls rührt V. 21—23 aus J her, dagegen V. 24sq. vielleicht aus E, wenigstens wohl nicht aus der Quelle, die in V. 30 den Namen Edom anders, als es V. 25 (אדמוני) geschieht, erklärt und ebenso 27, 36 den Namen Jakob mit Rücksicht auf 25, 31—34 anders, als wie er 25, 26 gedeutet wird.

Das Endergebnis ist, dass JE zwar auch in diesem Abschnitt aus J und E bestehen muss, dass aber eine durchgeführte Scheidung unmöglich ist. Positiv ausgedrückt besagt dies, dass J und E fast unauflöslich eng mit einander verbunden sind, zu einem Werke von wirklich beinah einheitlichem Charakter. Nur wo die verschiedenen Gottesnamen ein auffallendes Kriterium an die Hand geben, gelingt es die doppelte Strömung klarer zu erkennen. Darnach ist es nun aber vollkommen unwidersprechlich — und insofern sind unsere Kapitel besonders lehrreich —, dass J und E in ganz anderer Weise mit einander verbunden sind als mit Q, folglich auch von anderer Hand und in früherer Zeit. Erst ward durch den Jehovisten JE componiert, darnach entstand durch die Zusammenfügung von JE und Q von Seiten eines späteren Redaktors die Genesis in ihrer gegenwärtigen Gestalt.

2. *Jakob und Laban* 29, 1—30, 24. Eine Nachricht über Jakob's Doppelehe und Kindersegen in Mesopotamien wird zwar auch in Q gestanden haben, ist uns aber von R nicht mitgeteilt. Höchstens könnten 29, 24 und V. 29 Spuren von Q sein, diese Verse sind wenigstens dem Zusammenhange sehr lose an wenig schicklicher Stelle aufgetragen, und 30, 3sqq. 30, 9sqq. verstehen sich eben so gut ohne sie. Stilistisch erinnern sie an Q 16, 3c, freilich ist das selbe auch bei 29, 28b der Fall.

In JE ist der Bericht über Jakob's Aufnahme bei Laban nur aus einer Quelle mitgeteilt 29, 1—14a. Es scheint der Elohist zu sein. Gewiss hat auch der Jahvist die Ankunft in Mesopotamien erzählt, aber schwerlich hat er dabei die Brunnenscene, die er ja eben erst an dem selben Orte bei einer ähnlichen Gelegenheit hatte spielen lassen, Kap. 24, hier schon so ausführlich wiederholt. Der
Brunnen wird auch Kap. 24 anders beschrieben als Kap. 29, hier 426
liegt ein schwerer Stein darauf, dort offenbar nicht, und dadurch ändert sich die Scenerie überhaupt etwas. Ebenso zeigt der Sprachgebrauch 29, 1—14 zwar im Ganzen grosse Verwandtschaft mit J, aber daneben Fremdartiges. J sagt nicht *Harran*, sondern *Stadt Nahor's*, nicht ארץ בני קדם, sondern ארם נהרים, und der wundersame Ausdruck *er hob seine Füsse auf* ist gleichfalls nicht jahvistisch.

Auch 29, 14b—30[1] stammt hauptsächlich aus E (משכרת),

[1]) V. 14b ist schlecht mit V. 14a zu einem Verse verbunden; er eröffnet den folgenden Absatz. Uebrigens nehme ich V. 24 und V. 29 hier aus.

doch fliesst gegen den Schluss J ein, denn צעירה בכירה V. 26 ist jahvistisch (19, 31sqq.), elohistisch קטנה גדלה V. 16—18. Dann aber folgt in der Geburtsgeschichte der Kinder Jakobs (29, 30—30, 24) ein ganz merkwürdiges Stück Mosaik aus J und E. Der Wechsel der Gottesnamen in diesem Stücke hat sogar Keil Sorge gemacht, doch erklärt er ihn nicht aus dem Wechsel der Quellen, sondern aus dem besseren oder schlechteren Zustande der beiden Frauen; Elohim sei nur der Gott der Vorsehung, Jahve der Verheissung — wogegen schon Delitzsch eingewandt hat, dass die Gottesnamen nicht bloss im Munde der Frauen, sondern auch des Erzählers alternieren 29, 31. 30, 18. 22. Ausser den doppelten Gottesnamen sind die doppelten Etymologien ein auffallender Beweis für die Duplicität der Quellen. Bei Joseph treffen beide Merkmale zusammen: „fortgenommen hat (אסף) Elohim meine Schmach! gebe mir (יסף) Jahve noch einen Sohn!" — 30, 23 aus E, V. 24 aus J. Konsequenterweise werden dann auch die übrigen doppelten Etymologien an J und E zu verteilen sein. Bei Zebulon 30, 20: „geschenkt hat (זבד) mir Elohim ein schönes Geschenk" — aus E; „nun wohnt (זבל) mein Mann mir bei" — aus J. Bei Issachar: „ich habe dich gedungen (שכר mit Objekt איש) für die Alraunen meines Sohnes" — 30, 16 aus J; „Elohim hat mir Lohn (שכר) gegeben, dass ich meinen Mann (איש) meiner Magd gegeben hatte" — V. 18 aus E; zwei ganz verschiedene Deutungen, obschon mit Benutzung der gleichen Elemente איש und שכר. Bei den übrigen Kindern finden sich keine doppelten Etymologien, nur bei Ruben könnte die Sache zweifelhaft sein. — Durchzuführen ist die Trennung in folgender Weise:

29, 31—35 aus J.

30, 1—8 wesentlich aus E, vgl. אלהים V. 2. 6. Der Inhalt
427 von 29, 31—35 wird hier vorausgesetzt, muss also ganz ähnlich auch in E erzählt sein — wie ja von vornherein zu vermuten ist, dass beide Quellen die Geburtsgeschichte vollständig werden berichtet haben. Nicht elohistisch ist ואבנה ממנה V. 3, vgl. 16, 2; ferner scheint בלהה שפחת רחל in V. 7 Nachtrag zu sein.

30, 9—16 aus J. Vgl. עמדה מלדת V. 9 mit 29, 35 und das regelmässige שפחה V. 9. 10. 12, nie אמה, Insonderheit muss V. 14—16 deshalb zu J gehören, weil V. 17sq. aus E stammt. Der Verfolg des jahvistischen Fadens 30, 14—16 wird nicht mitgeteilt, lässt sich aber nach den Prämissen erraten. In J muss gestanden haben, 1) dass Lea in Folge des erkauften Concubitus ein Kind bekam, welches sie nach dem V. 16 angegebenen Anlass („ich habe meinen Mann gedungen") Is-sachar nannte, 2) dass Rahel in Folge der ihr abgetretenen Alraunen fruchtbar wurde.

30, 17—24 wesentlich aus E. Aus J nur die zweite Etymologie Zebulon's und Joseph's, V. 20b und V. 24. Zu V. 20b vgl. die sehr ähnliche Wendung 29, 34 aus J. Fast alle Etymologien des Jahvisten sind von der Eifersucht der Weiber hergenommen.

Es zeigt sich hier, wie ungemein ähnlich die beiden in JE verquickten Geschichtsbücher gewesen sein müssen. Jahvist, Elohist, Jahvist, Elohist — und dennoch keine auffallende Fuge, sondern ganz erträglicher Schluss, und das bei einer offenbar gar nicht notwendig durch die Sache gegebenen Anordnung des Stoffes; denn es liesse sich wohl denken, dass z. B. einer den Joseph zum Erstgeborenen gemacht hätte. Auch die Namensdeutungen, so künstlich sie sind, scheinen meist die selben in J und E gewesen zu sein; denn sonst würde der Jehovist wohl nicht bloss für die drei letzten Fälle eine doppelte Etymologie mitgeteilt haben. Diese enge Verwandtschaft, die es in den meisten Fällen erlaubte, die eine Quelle die Stelle der anderen vertreten zu lassen, ist offenbar für den Jehovisten der Anlass gewesen, J und E zu einem einheitlichen Werk zu verschmelzen, wie sie denn auf der anderen Seite auch die Glätte des Gusses erklärt.

3. Jakob's Rückkehr 30, 25—31, 54. Ein Rest von Q ist 31, 18 (mit Ausnahme von וינהג את־כל־מקנהו), sonst JE.

Auch hier ist JE wieder aus J und E zusammengesetzt. Dies zeigt sich zunächst bei dem ersten Stück über den Herdenreichtum Jakob's 30, 25—31, 16. Hauptsächlich aus E stammt 31, 1—16, vgl. Elohim V. 7. 9. 11. 13. 16, die Offenbarung im Traume V. 11, die vorläufige Anrede ebendort. Nur einiges wenige ist dem elohistischen Zusammenhange fremd. V. 1 ist ein Pendant zu V. 2, 428
worauf der Elohist V. 4sq. keine Rücksicht nimmt. V. 3 ist nicht aus E, vgl. V. 13, bes. מולדת und ארץ מולדת. Endlich ist V. 12 ein nachträgliches Einschiebsel. Die Worte אנכי האל בֵּיתאל V. 13 müssen, wie immer, die Rede Gottes eröffnen und dulden V. 12 nicht vor sich, der sich auch durch seinen Inhalt hier unmöglich macht. Denn wie können zwei so gänzlich ungleichartige Offenbarungen in dieser Weise zusammen gekuppelt werden? zumal da es kaum denkbar ist, dass sie gleichzeitig ergangen sind, vielmehr

wenigstens einige Monate, nach der Darstellung des Elohisten 31, 41 sogar. Jahre dazwischen liegen. Mit V. 12 fällt natürlich V. 10 ebenfalls, womit übrigens nur ein Stein des Anstosses beseitigt wird. Von diesen nicht zu E gehörigen Bestandteilen kann 31, 1 und V. 3 (vgl. 32, 10) zu J gerechnet werden; V. 10 und 12 sind unsicheren Ursprungs.

Das eben behandelte Stück aus E setzt eine Erzählung voraus, wonach Laban dem Jakob zuerst einen Lohn festsetzte und ihn dann immer wieder änderte, ohne dadurch jedoch dem Eidam Schaden thun zu können. Denn wenn er sprach: die gesprenkelten sollen dein Lohn sein, so warfen alle Tiere gesprenkelte Lämmer, und wenn er sagte: die gestreiften sollen dein Lohn sein, so wurden lauter gestreifte geworfen, 31, 7sq. Diese Prämissen werden von der gegenwärtig voraufgehenden Erzählung nicht geliefert; von einer zehnmaligen Umänderung des ausgemachten Lohnes ist 30, 25—43 nicht die Rede, und z. B. 30, 35. 39, wo die gesprenkelten und gestreiften Lämmer zusammengefasst werden, lässt sich mit 31, 8, wo sie unterschieden werden, durchaus nicht in Verhältnis bringen. Daraus hat bereits Hupfeld geschlossen, dass in 30, 25sqq. der Jahvist erzähle, vgl. den Gottesnamen V. 27. 30. Indes ist der Tenor des Jahvisten hier vielfach durch eingeschobene Fragmente aus E unterbrochen, die namentlich in der zweiten Hälfte des Stückes leicht erkennbar sind. Obwohl kein Ausleger es bemerkt, ist es doch klar, dass V. 32—34 dem Zusammenhange, in den sie gezwängt sind, total widersprechen. Nachdem Jakob 30, 31 gegen eine zukünftige Bedingung für den Augenblick auf jeden Lohn verzichtet hat, heisst es V. 32sq weiter, alle schwarzen Schafe und bunten Ziegen, die heute unter der Herde vorhanden seien, sollen Jakob's Lohn sein, morgen möge Laban selbst unter den auf diese Weise ausgeschiedenen Tieren Jakob's nachsehen, ob das geringste andersfarbige Stück mit dazwischen gekommen. Darauf geht Laban V. 34 ein — aber
429 dann reisst der angesponnene Faden plötzlich wieder ab. Denn V. 35 ist es nicht Jakob, der, wie vorhin ausgemacht, seinen auf der Stelle zu zahlenden Lohn aus der Herde absondert, sondern Laban sucht die Schafe aus, die nach V. 32sq. dem Jabob gehören sollen, nicht etwa um sie seinem Eidam zu geben, sondern damit seine Söhne sie weiden sollen. Die einfarbigen Tiere bleiben unter der Hut Jakob's, und was nun von ihnen bunt fallen würde, das

soll Jakob's Lohn sein: damit das aber auf keine Weise möglich wird, lässt Laban einen Zwischenraum von drei Tagereisen zwischen den bunten Tieren seiner Söhne und den einfarbigen Jakob's. Der Widerspruch der Verse 32—34 zu Vorhergehendem und Folgendem ist somit ein ganz completer; er hat es verschuldet, dass die Ausleger die ganze Stelle nicht recht verstanden haben. Darf man den Einschub zu E rechnen, so würde sich unter Benutzung von 31, 7 sq. Folgendes als die elohistische Darstellung ergeben. Zuerst bedingt sich Jakob die gegenwärtig in der Herde vorhandenen schwarzen Schafe und bunten Ziegen aus. Laban bewilligt ihm diesen Lohn, als er aber am anderen Morgen nachsieht, da ist's ihm zu viel und er hält nicht Wort. Statt dessen wird ausgemacht: was künftig von einfarbigen Tieren gesprenkelt (נקד) fällt, soll Jakob haben. Es fallen lauter gesprenkelte Lämmer — Laban ändert seinen Kontrakt wieder: nur die gestreiften Lämmer (עקדים) sollen Jakob gehören. Da werden lauter gestreifte Junge geworfen: Laban sieht, mit wem er es zu thun hat, er ist nicht mehr gegen Jakob wie vordem. Diese Vorstellung muss man sich nach 30, 32—34. 31, 7. 8 von der Erzählung in E machen.

Die in J ist einfacher. Der Jahvist lässt den Lohn nicht „zehnmal" verändern, sondern von vornherein wird ausgemacht: alle bunten Lämmer, die von einfarbigen Tieren fallen, soll Jakob haben. Zu dem Zweck scheidet Laban alle bunten Tiere aus und hält sie von den einfarbigen möglichst fern. Aber Jakob wirkt so auf die Imagination der Muttertiere, dass sie glauben, von bunten Böcken besprungen zu werden. Er lässt nämlich die Böcke zu, während die Schafe trinken, so dass sie sich im Wasser spiegeln. Das Wasser aber giebt ihr Bild nicht getreu, sondern durch die darin liegenden geschälten Stäbe gestreift und bunt; so sehen also die Mutterschafe und trinken sie das bunte Bild. Den neueren Auslegern ist der Sachverhalt nicht klar geworden, übrigens finden sich auch einzelne störende Glossen in dem jahvistischen Texte. Folgendes ist der ursprüngliche Wortlaut: „Und er legte die ab-
geschälten Stäbe in die Tränkrinnen[1]), den Schafen in den Blick, 430
und sie wurden besprungen wenn sie zur Tränke kamen[1]). Und sie warfen gestreifte, gefleckte und gesprenkelte Lämmer, und diese Lämmer sonderte Jakob ab[1]) und legte sich selbst Herden an

[1]) בשקתות המים אשר תבאן הצאן לשתות V. 38 ist Glosse zu ברהטים, die לנכח הצאן von seiner Verbindung losreisst. — ויחמו הצאן

und that sie nicht zu dem Vieh Laban's. Und immer, wenn die Schafe, die Frühlingslämmer warfen, besprungen wurden, dann that Jakob die Stäbe vor den Blick der Schafe in die Rinnen, dass sie über den Stäben besprungen wurden; wenn sie aber die Spätlinge warfen, dann that er sie nicht hinein, und so bekam Laban alle Herbstlämmer und Jakob alle Frühlingslämmer.“ V. 38—42.

Ganz schier ist der Text von J auch in 30, 25—31 nicht; als Wiederholungen fallen auf V. 28: „bestimme mir deinen Lohn, ich will ihn geben“ vgl. V. 31, „was soll ich dir geben“, ferner V. 26 אתה ידעת את־עבדתי אשר עבדתיך und V. 29 אתה ידעת אשר עבדתיך.

Wie beide Quellen des Jehovisten berichtet haben, auf welche Weise Jakob zu seinem Herdenreichtum kam, so haben sie auch beide seine heimliche Flucht von Laban und das feindliche Zusammentreffen und den friedlichen Abschied von Eidam und Schwäher auf dem Gebirge Gilead erzählt 31, 17—54. In der Hauptsache setzt sich hier der elohistische Zusammenhang von 31, 2—16 her fort; vgl. אלהים V. 24. 42, den Traum V. 24, zugleich die stilistische Aehnlichkeit dieses Verses mit 20, 3, ferner die nicht jahvistischen Ausdrücke: אמהת V. 33, יחר בעיני V, 35sq., דרך נשים V. 35 gegen 18, 11.

Aber namentlich gegen Ende finden sich sehr bedeutende Stücke von J eingesprengt. „Die Erzählung über die Bundschliessung V. 45—54,“ sagt Dillmann mit Recht, „in sich unzusammenhängend und voll von Doppelangaben, ist sicher das Ergebnis einer Zusammenarbeitung mehrerer Berichte.“ Ehe jedoch die beiden Fäden, die hier mutmasslich verschlungen sind, entwirrt werden können, bedarf es der Reinigung des Textes von
431 einigen Zusätzen und Glossen, die weder aus E noch aus J, eher vielleicht, wenigstens zum Teil, von dem Jehovisten stammen können. In V. 45 und V. 46 ist יעקב als falsches Explicitum [1]) zu streichen, denn Laban ist das Subjekt. Sowohl V. 48 als V. 51

---

אל־המקלות V. 39 ist nach ויחמנה בבאן לשתות V. 38 nicht mehr möglich, vielleicht Dublette aus E. — In V. 40 trennt der mittlere Satz die zusammengehörigen äusseren Glieder und bringt eine fremde Vorstellung in das Ganze: „er richtete den Blick der Tiere (der weissen, die er hütete) auf alle bunten und schwarzen Tiere unter der (davon getrennten) Herde Laban's“ — eine einfachere Analogie des vom Jahvisten erzählten Kunstgriffs, vielleicht aus E.

[1]) Wellhausen, Text der Bb. Samuelis S. 22. Vgl. Astruc, conjectures S. 365, und Ilgen, Urkunden S. 189.

erklärt Laban die Bedeutung des Walles, bez. des Males, was voraussetzt, dass er sie gemacht hat und also weiss, was er damit will; V. 51 sagt Laban sogar ausdrücklich אשר יריתי. Weiter ist der ganze V. 47 eine Glosse und Produkt einer sehr überflüssigen Gelehrsamkeit. Er greift dem V. 48 vor und steht in LXX an anderer Stelle, ausserdem ist es gerade Laban und nicht Jakob, der nach dem Contexte dem Gebirge den Namen Gilead gibt, und dem unwillkürlichen Eindruck, den man aus der ganzen Genesis gewinnt, widerspricht es total, dass Nahor's und Abraham's Enkel, beides Söhne Eber's, eine verschiedene Sprache sollten geredet haben — vgl. die Namen der Kinder Kap. 30f., welche in J und E gleichmässig von den Müttern, den Töchtern Laban's, und im Lande Mesopotamien gegeben werden und doch gut hebräisch sind. Am stärksten sind wahrscheinlich V. 48—50 glossiert. Die parenthetischen Einsätze lassen sich leicht aus der ursprünglichen Konstruktion erkennen: „dieser Wall sei Zeuge zwischen mir und dir (darum nannte er ihn Gilead) und die Warte (weil er sprach: Jahve halte Wache zwischen uns beiden, wenn wir einander verborgen sind), dass du meine Töchter nicht bedrücken und keine fremden Weiber zu ihnen hinzunehmen wollest (kein Mensch ist bei uns, Gott sei Zeuge zwischen mir und dir).“ Dass die beiden die Konstruktion verwirrenden Deutungen von Gilead und Mispa interpoliert sind, ist deutlich; bei dem dritten von mir in Klammern gesetzten Satz könnte man zweifeln, mir scheint er indessen nicht von dem herzurühren, der schrieb: „dieser Wall sei Zeuge“, sondern ein Kind des selben oder eines verwandten Geistes zu sein, wie dessen, der V. 49 Mispa erklärt hat. Endlich ist V. 53 אלהי אביהם ein sehr überflüssiger und wohlfeiler Nachtrag.

Für die Scheidung des doppelten Berichtes, der nach dieser Säuberung des Textes übrig bleibt, kommen zunächst in Betracht die identischen Angaben V. 46: sie assen dort auf dem Wall, V. 54: sie assen auf dem Berge. Das sind natürlich nicht zwei verschiedene Mahlzeiten aus der selben Quelle, sondern die selbe Mahlzeit aus zwei verschiedenen Quellen. Zu jeder Mahlzeit gehört eine Bundschliessung[1]: in der That haben wir deren zwei, 432

[1] Dass der Inhalt des Bundes V. 48—50 erst nach der Bundesmahlzeit V. 46 angegeben wird, ist für die hebräische Erzählungsweise gar nichts besonders Auffallendes.

und wenn offenbar V. 51—53 mit V. 54 zu verbinden ist, so gehört V. 48—50 zu V. 46. Hier verpflichtet Laban den Eidam, seine Weiber in Ehren zu halten und keine fremden hinzuzunehmen; dort verpflichten sie sich gegenseitig, den Gebirgswall als Grenze zwischen Aram und Israel zu respektieren. Eine weitere sachliche Differenz wage ich durch die Vermutung zu statuieren, dass wie V. 46 jedenfalls die Prämisse zu V. 48—50 ist, so V. 45 die Prämisse zu V. 51—54. Daraus würde folgen, dass in V. 48—50 ursprünglich bloss von dem Wall, in V. 51—54 bloss von dem Malstein als Zeugen die Rede war, und dass erst der Jehovist die beiden „Zeugen" vereinigt und zusammen geworfen hat. Dass והמצפה (= המצבה[1]) V. 49 dem Satze V. 48a, wo nur הגל als Zeuge erscheint, übel nachhinkt, ist zweifellos. Dass umgekehrt der Wall in V. 51 eingetragen ist, ist allerdings bloss eine kühne Konjektur, doch ich wage sie. Der Malstein und der Wall haben V. 51sq., wie mir scheint, nicht einerlei Bedeutung, jener wird neu errichtet und ist Zeuge, dieser ist längst vorhanden und ist Grenze. Ich glaube sonach, dass der ursprüngliche Text vor der Bearbeitung durch den Jehovisten also lautete: „siehe der Malstein, den ich gelegt habe, ist zwischen mir und dir Zeuge, dass ich diesen Wall nicht nach dir zu überschreiten will, und dass du nicht diesen Wall nach mir zu überschreiten wollest." Ich streiche zweimal הגל הזה und am Schlusse המצבה הזאת und verweise noch auf die auffällige Ungleichheit mit V. 51: הגל הזה, aber nicht המצבה הזאת.

433 Der ausführlichere Bericht V. 45. 51—54 stammt wohl aus E, die kürzere Variante V. 46. 48a. 50a aus J. Auch im Vorhergehenden finden sich hie nnd da Varianten aus J eingetragen. Vgl. V. 23b mit V. 25a und dabei die sprachliche Differenz וידבק und וישג (J); ferner V. 26 mit V. 27 und dabei die Differenz ותגנב

[1]) המצפה muss nach dem Vorangehenden bekannt sein, und da dort nur von einer מצבה die Rede ist, so muss המצפה als gleichwertig mit המצבה gelten. Nun erklärt sich die merkwürdige Aussprache Μασσηφα in LXX als Kombination der Konsonanten des einen mit den Vokalen des anderen Wortes. Die Stadt in Gilead, deren Heiligkeit (Dt. 4, 43. Jos. 20, 8. 21, 38. Jud. 11, 11) Jakob hier begründet, hiess ursprünglich המצבה, und erst als dieser Name in übeln Geruch kam, änderte man ihn in der Bibel in המצפה, ohne jedoch die alte Aussprache aus dem Volksmunde (Μασσηφα) verdrängen zu können. Der Samaritaner liest übrigens noch an unserer Stelle המצבה.

את לבבי (E V. 20) und ותגנב אתי; endlich V. 38—40 mit V. 41 sqq. (E). Man könnte vielleicht noch mehreres auftreiben, doch es frommt zu nichts.

4. *Begegnung mit Esau* 32, 1—33, 17. Von Q keine Spur. JE erscheint überall als enger Zusammenhang, man hat den Eindruck, als ob der Jehovist hier nur einer einzigen Quelle folge. Man wird sich darum wohl über den müssigen Scharfsinn wundern, dem es dennoch gelingt, hier J und E zu scheiden. Mir fällt zunächst auf, dass die Worte V. 14a *und er blieb dort in jener Nacht* am Schluss von V. 22 zurückkehren *und er blieb in Nacht in Mahane*; die Erzählung langt hier wieder auf dem Punkte an, den sie bereits dort erreicht hatte: sollte etwa V. 14b —22 mit V. 4—14a in Parallele zu setzen sein? Weiter bemerke ich folgendes. In V. 1—3 wird Mahanaim nicht als Dual aufgefasst; dem Jakob begegnet *das Heer Gottes*, nicht etwa zwei Abteilungen desselben[1]). Anders 32, 8 sq. 11 — da gilt der Name offenbar als Dual und wird davon abgeleitet, dass Jakob sein Lager an dieser Stelle in zwei Hälften geteilt habe. Diese abweichende Etymologie wird zwar gegenwärtig nur angedeutet, aber da das שָׁם in V. 14 eine nahe liegende Beziehung vermissen lässt, so wird wohl eine ursprünglich vorhandene Angabe *darum bekam der Ort den Namen Mahanaim*, worauf שׁם zurück geht, von dem Jehovisten ausgelassen sein als unverträglich mit V. 3. Dahingegen bildet nun der selbe Punkt, in dem V. 1—3 und V. 4—14a sich scheiden, das Band zwischen V. 1—3 und V. 14b—22; denn wie במחנה in der bereits erwähnten Doppelangabe beweist, ist hier die dualische Auffassung ganz unbekannt. Es scheint sich also zu be- 434
stätigen, dass V. 15b—22, zusammenhängend mit V. 1—3, von anderer Hand herrühren als V. 4—14a, und dass folgende Varianten vorliegen:

[1]) Grammatisch ist diese Auffassung (nicht als Dual) ohne Zweifel die richtige, weil מחנה mit מחנים abwechselt V. 22 2. Sam. 2, 8; vgl. ähnlich רמה (רמת) und רמתים. Die Endung aim ist in solchen Fällen eine aramaisierende Lokalendung, gleichbedeutend mit am; die moab. Städte, die in der Bibel auf aim auslauten, sind auf der Mesainschrift mit am auszusprechen. Vgl. *Ephraim*, *Misraim*, *Jerushalaim*, *Shomrain*, *Bahrain*, die aram. Partikel אָרֵין und andere Beispiele in meiner Diss. de gentibus et fam. Judaeis. Gott. 1870. S. 37.

32, 4—14a.

Nach der Trennung von seinem Schwäher nimmt Jakob Bedacht auf die Begegnung mit Esau und schickt Boten in's Land Seir, um sich bei ihm anzumelden. Die Boten kehren zurück mit dem schlimmen Bescheid, Esau komme ihm mit 400 Mann entgegen. Gegen nächtlichen Ueberfall des Ganzen sichert sich darauf Jakob durch Zwieteilung seines Heeres und übernachtet so: darum nennt man die Stätte Mahanaim.

32, 1—3. 14b—22.

Nach der Trennung von seinem Schwäher begegnet Jakob den Engeln Gottes, einem ganzen Heere und nennt darnach den Ort Mahane. Von hier schickt er dem Esau Boten entgegen in's Feld Edom, mit reichen Geschenken, um ihn zu besänftigen und für sich zu gewinnen. Die Geschenke gehen einzeln, in verschiedenen Abteilungen vor ihm auf; er selbst bleibt die Nacht in Mahane.

Was aus J und was aus E stamme, ist leicht zu sehen, vgl. insbesondere die Engel Gottes V. 2 mit 28, 12. Zu welcher Quelle gehört nun aber die Fortsetzung 32, 23—33? Gott wird V. 29 und V. 31 Elohim genannt, aber, wie Hupfeld richtig erinnert, thut dieser Name hier nichts zur Sache, da er nicht vom Erzähler selbst, sondern von „dem Manne“ und nach dessen Beispiel von Jakob gebraucht wird, und zwar rein appellativisch und unbestimmt, denn „der Mann“ will nicht sagen, wie er heisst, und wendet V. 29 אלהים nur im generellen Gegensatze zu אדם auf sich an (= mit Göttern und Menschen hast du gekämpft). Auf J weist der ganze Charakter der Erzählung; der Elohist, der Gott im Traum erscheinen und aus dem Himmel rufen lässt, und auch dann etwa noch den Engel oder die Engel als Mittler einschiebt, kann eine solche leibhaftige Theophanie nicht berichtet haben, dagegen wird man an 15, 17sq. und an Kap. 18. 19 erinnert, auch durch den Ausdruck איש (Kap. 18sq. אנשים) und durch die öftere Angabe der Tageszeit (15, 12. 17. 18, 1. 19, 1 15. 23. 43, 11b. 44, 3). Dazu kommt, dass der frühe Aufbruch, noch vor Ende der Nacht, nur durch V. 4—14a (J) motiviert ist; nach V. 14b—22 (E) braucht sich Jakob gar nicht vor dem nächtlichen Ueberfall Esau's zu fürchten. Wir werden denn auch im Verfolg sehen, dass der Elohist den Namen Pnuel in der That ganz anders und seinem Charakter
435 entsprechender deutet, und dass, sobald es aus Redaktionsgründen

angeht, nämlich nach 35, 10, nicht in E, sondern in J der Name Israel für Jakob erscheint.

Auch in 33, 1—17 ist noch der Jahvist am Worte. Sprachliche Merkmale sind שפחות (nie אמהות), חבקהו V. 4 gegen חבק לו aus E 29, 3, bes. וישקהו im Kal mit Akk. gegen וינשק לו im Piel mit ל bei E 29, 13. 31, 28. 32, 1. Ein sachliches Merkmal: die 400 Mann aus 32, 7 erscheinen hier wieder[1]). Aber in das Gros von J sind einzelne Züge aus E eingesprengt, erkennbar an אלהים V. 5. 10. 11. Da כל המחנה V. 9 nach V. 6sq. notwendig dies grosse Heer ist, das dem erstaunten Esau jetzt in drei Haufen entgegenkommt, so nähme, wenn V. 10sq. die Fortsetzung von V. 9 wäre, Esau dem Bruder seinen ganzen Besitz ab. Da dies aber nicht die Meinung ist, so hat V. 10sq. seine Prämissen anderswo als in dem Zusammenhange, in dem es jetzt steht, nämlich in 32, 14—22, wonach Jakob seinem Bruder einen Teil seiner Heerde als Geschenk entgegen gesandt hat. Bemerkenswert ist noch, dass mit כראת פני אלהים 33, 10 offenbar eine Etymologie von פנואל[2]) beabsichtigt ist; unsere beiden Verse bestätigen also nachträglich das bereits gefundene. Resultat, dass 32, 14—22 aus E, dagegen 32, 23—33 nicht aus E herrühren.

Jakob's Reise durch's Land Kanaan 33, 18—35, 29. Aus Q stammt 35, 9—15 (עוד V. 9 von R) V. 22c—29. Fraglich ist die Abkunft von Kap. 34. Zunächst indes ist zu constatieren, dass auch hier kein einfacher Bericht vorliegt, wie namentlich am Schluss erhellt. In V. 26 ist erzählt worden, dass Simeon und Levi, nachdem sie Hamor und Sichem ermordet hatten, mit Dina abgezogen seien. Nachdem sie nun aber abgezogen sind, kommen sie V. 27 über die Erschlagenen und plündern die Stadt — das ist unmöglich die Fortsetzung von ויצאו. Dabei fällt noch ein anderer Widerspruch auf. In V. 26 sind Simeon und Levi Subject, in V. 27—29 alle Söhne Jakob's, die Kinder Israel, wie wir sagen

---

[1]) Allerdings wird das Lager 32, 4ff. in zwei, 33, 1ff. in drei Teile geteilt, aber das begründet keine Differenz. Die Etymologie zwang, in Mahanaim zwei Lager zu machen, dann aber bricht das Heer im Ganzen wieder auf über die Furt des Jabbok und wird nun anders eingeteilt.

[2]) Vielleicht ist die Thatsache für die Religionsgeschichte nicht ganz gleichgiltig, dass der Gott in J, der in Pnuel auf Jakob trifft, in E Esau ist, und dass nach beiden Quellen in Pnuel die Begegnung mit Esau stattfindet. Vgl. Obed-Edom.

436 würden. Πυθομένους δὲ καὶ τοὺς ἑτέρους ἀδελφοὺς τὴν πρᾶξιν αὐτῶν ἐπιβοηθῆσαι καὶ τὴν πόλιν ἐκπορθῆσαι erzählt zwar Theodotus, aber im Text findet sich kein solcher Uebergang. Mit V. 26 stimmt wieder V. 30sq., wo Israel in corpore nichts zu thun haben will mit der That zweier seiner Glieder. Dahingegen thut sich eine Spur der in V. 27—29 herrschenden Vorstellung in V. 25 auf. Denn es ist doch eine offenbare Unvernunft, dass zwei Individuen eine Stadt erobern und ihre Bewohner niedermachen; vielmehr sind in diesem Verse die zwei Berichte verschmolzen:

Und am dritten Tage nach der Beschneidung nahmen die Söhne Jakob's ihr Schwert und drangen in die Stadt und erwürgten alles Männliche und (V. 27) kamen über die Erschlagenen u.s.w.

Und Simeon und Levi, die Brüder der Dina, nahmen jeder sein Schwert und kamen in die Stadt und (V. 26) erwürgten den Hamor und seinen Sohn u. s. w.

Nachdem der doppelte Faden in V. 25—31 aufgedeckt ist, lässt er sich durch das ganze Kapitel verfolgen. Der eine Erzähler hält sich streng innerhalb des idyllischen Rahmens der Familiengeschichte, in der sonstigen Weise der Genesis: Simeon und Levi nehmen an Sichem Rache für die ihrer Schwester angethane Gewalt, indem sie ihn in seines Vaters Hause überfallen und töten. Der andere Erzähler geht zwar von der selben Geschichte aus, greift aber alsbald über in die wirklichen späteren Verhältnisse, die das historische Substrat dieser Geschichte sein mögen; er lässt sehr deutlich durchscheinen, halb und halb schon V. 2 durch נשיא הארץ, dass es sich um völkerrechtliche Beziehungen der Bne Israel und der Bne Hamor handelt, deren Hauptort Sichem ist. Beachtenswert ist namentlich במרמה V. 13: nicht gegen den Willen der Uebrigen begehen Simeon und Levi auf eigene Hand den Verrat, sondern die Gesamtheit Jakobs hat gleich beim Abschluss des Vertrags die Tücke im Sinn, sie geben sich den Schein, auf die von Hamor nachgesuchte Volksgemeinschaft einzugehen, aber von vornherein in trügerischer Absicht, nämlich um die Beschnittenen im Wundfieber zu überfallen und mit leichter Mühe zu bewältigen. Deshalb kann auch der Vater hier nicht wie V. 30sq. erklären, er habe mit der Sache nichts zu thun, von dem massgebenden nationalen Gesichtspunkt aus gilt sie sogar als lobenswert. Es handelt sich hier eben nicht um Sichem und Dina, sondern um Gesamt-Israel und Gesamt-Hamor; der romantische Anlass ist völlige Neben-

sache und wird V. 9sq. V. 14—17 nur berührt. Dieser zweite
Bericht ist der Hauptbericht. Der andere ist bruchstückweise ein- 437
gearbeitet V. 3. 11sq. 19. 25sq. 30sq. und lässt sich annähernd, wie folgt, reconstruieren. Sichem, ein Privatmann, verliebt sich in Jakob's Tochter, verlockt sie V. 3 und schwächt sie.[1]) Dann geht er zu ihrem Vater und Brüdern mit der Bitte um nachträgliche Sanction, er sei erbötig alles für das Mädchen zu geben V. 11sq. Was ihm als Kaufpreis auferlegt wird, ist nicht zu ermitteln, jedenfalls nicht die Beschneidung. Der Jüngling zögert nicht, das Bedungene zu leisten; als nun aber niemand an etwas Arges denkt, dringen Simeon und Levi unvermutet in Sichem's Haus, erschlagen ihn und führen ihre Schwester fort V. 25sq. — zu Jakob's grossem Unwillen V. 30sq. Man achte darauf, dass V. 3 dem V. 2 den Platz streitig macht, dass in V. 11sq. nicht Hamor, sondern Sichem, der nach V. 6 gar nicht mitgeht, redet und zwar so, dass der Inhalt der folgenden Antwort V. 13—17 durchaus nicht auf seine ganz specielle Anfrage, sondern nur auf den Antrag Hamor's V. 8—10 passt, man bemerke, dass in V. 19 allein dem Verliebten eine Bedingung („Kaufpreis, Geschenk oder Gabe" nach V. 12) auferlegt ist, die demgemäss auch nur er allein und nicht das ganze Volk Hamor's erfüllt. Man vergleiche endlich והוא נכבד מכל בית אביו V. 19 mit נשיא הארץ V. 2, נערה V. 3. 12 mit ילדה V. 4, ותדבק נפשו V. 3 mit חשקה נפשו V. 8.

Die eingesprengte Quelle, zu der teilweise auch V. 7 gehört, ist J (vgl. אמצא חן בעיניכם V. 11 mit 33, 10. 30, 27 und 49, 5) wo Simeon und Levi allein und gegen den Willen Israel's die Schandthat begehen; die andere auf keinen Fall Q, aber auch vielleicht nicht E, der abweichenden Sprache wegen. Indes muss E nach 48, 22 allerdings die Eroberung Sichems erzählt und sie nicht zwei Gliedern, sondern der Gesamtheit Israel's oder Jakob selber beigelegt haben. Aus der Lücke, welche sonst zwischen 33, 20 und 35, 1 entstehen würde, ist ferner zu schliessen, dass E eine Geschichte wie Kap. 34 eben an dieser Stelle hatte und damit den Aufbruch von Sichem motivierte, vgl. 35, 5. Nämlich der Bericht von Jakob's Reise durch's Land Kanaan, 33, 18—20.

[1]) Ich stelle ויענה aus V. 2 hinter V. 3. Denn der Haupterzähler sagt טמא und gebraucht das Verbalsuffix überhaupt selten und grade in V. 2 nicht. Stand ויענה ursprünglich hinter V. 3, so war es für den Redigenten eine complete Notwendigkeit es umzustellen.

438 Kap. 35, deren Route durch die heiligen Stätten bestimmt wird, die er berühren muss, stammt wesentlich aus E; vgl. insbes. 35, 1—8, ferner El 33, 20. 35, 7 (21, 33) und die charakteristischen Malsteine 33, 20[1]) 35, 20 (31, 45. 28, 18). Nur 33, 19 (J) widerspricht der Vorstellung des Elohisten und V. 18 scheint von der Hand des letzten Redaktors tingiert (35, 9). Ebenso finden sich in Kap. 35 eine Anzahl Ueberarbeitungen und Glossen, z. B. in V. 2. V. 19: auch V. 21 und 22 sind wohl nicht aus E, letzterer Vers eine historische Erklärung von 49, 4 (J), ersterer eine Anspielung auf Jerusalem enthaltend, für welche Stadt מהלאה למגדל עדר ein verschämter Ausdruck zu sein scheint. Vgl. auch Israel und dazu das S. 45 Bemerkte.

5. Juda's Blutschande mit der Thamar. Geschlechtsregister Esau's Kap. 38. Kap. 36. Da Kap. 39 die unmittelbare Fortsetzung von Kap. 37 ist, so kann Kap. 38 erst von späterer Hand hinter Kap. 37 gestellt sein, vielleicht mit Rücksicht darauf, dass in Kap. 37 Juda noch bei seinen Brüdern ist, in Kap. 38 dagegen sich von ihnen geschieden hat. Einstimmig schreibt man das Kapitel dem Jahvisten zu. Freilich steht es nicht recht im historischen Zusammenhang; die Absonderung Juda's von seinen Brüdern, die der ursprünglichen Absicht nach doch wohl als bleibend, als Vorbild der geschichtlichen Separatstellung des Stammes zu denken ist, hat hinterher gar keine Folge; schon Kap. 37 und weiter Kap. 42sqq. erscheint Juda in J beständig als das Haupt und der Sprecher seiner Brüder. An sich betrachtet ist die Geschichte ein Analogon zu der von Simeon und Levi und zu der von Ruben, und hat neben diesen seine erträglichste Stelle. Alsbald nach Jakob's Heimkehr ist nicht mehr von ihm, sondern von seinen Söhnen die Rede, von Ruben, Simeon, Levi, Juda, Joseph.

Kap. 36[2]) steht an seiner richtigen Stelle: nach Isaak's Tode trennen sich seine Söhne, und da künftig nur von Jakob die Rede

---

[1]) מזבח ist hier neben ויצב deutlich Korrektur von מצבה, wie מצפה 31, 48. Die Verwandlung der Eiche von Mamre (Gen. 18, 4 הָעֵץ, Deut. 21, 30, LXX überall) in die Eichen von Mamre hat ähnliche Gründe. Ich vermute, dass auch Gen. 21, 33 einst der Malstein neben der Tamariske nicht gefehlt hat.

[2]) wozu 37, 1 (Q) hinzuzurechnen.

ist, so ist eine Orientierung darüber, was aus Esau geworden sei, zum Schluss durchaus am Platze. Von vornherein ist man geneigt, das ganze Stück zu Q zu weisen, vgl. 25, 12sqq. nach 25, 8sqq. Aber keinesfalls gehört das Verzeichnis der edomit. Könige 36, 439
31—39 zu Q, denn diese Quelle hält viel zu streng ihren archaistischen Standpunkt inne und hat ausserdem zu wenig objectives historisches Interesse, als dass man ihr die unverhohlene Bezugnahme auf die israel. Königszeit V. 31 und z. B. die Notiz „der Midian schlug auf dem Felde von Moab“ V. 35 zutrauen könnte. Weiter sind gewichtige Zweifel gegen die Herkunft des Horiten-Registers V. 20—30 aus Q erhoben worden. Solche Züge wie „das ist der Ana, der die warmen Quellen in der Wüste fand, als er seines Vaters Esel hütete“ haben im ganzen Vierbundesbuch nicht ihresgleichen, während sie sich dagegen in JE überall eingestreut finden.

Nun aber ist die Form des Verzeichnisses V. 20—28: 29. 30 der des vorhergehenden V. 9—14: 15—19 so ähnlich, dass man sie nicht gut aus verschiedenen Quellen ableiten kann. Dazu kommt noch folgendes. Ist zwischen 36, 40—43 und V. 9—19 zu wählen, so fällt es schwer sich für die Zugehörigkeit des ersteren und gegen die des letzteren Stücks zu Q zu entscheiden; denn למשפחתם למקמתם בשמתם V. 40 und למשבתם בארץ אחזתם V. 43 reden zu deutlich, deutlicher als das leicht dem Redaktor zuzutrauende ואלה תולדות V. 9. Und da nun V. 9—19 auf V. 1—5 fussen, so würde, wenn wirklich 36, 40—43 in unversöhnlichem Streit mit V. 9—19 stehen, auch V. 1—5 Q abzusprechen sein. Zur Gewissheit gelangen wir durch Herbeiziehung von 26, 34sq. 28, 8sq. Die hier gegebenen Nachrichten über Esau's Ehen werden allgemein aus Q hergeleitet; wenn aber ein Widerspruch flagrant ist, so ist es der, in welchem sie zu den 36, 1—5. 9—19 enthaltenen Angaben über die Weiber Esau's stehen. „Zu Fehlern der Abschreiber seine Zuflucht zu nehmen, wie Einige gethan haben, ist ein wahres Wagestück, weil man nicht einsieht, wie ein Abschreiber Fehler dieser Art begehen und z. B. עדה für בשמת schreiben konnte.“ Nöldeke meint, der Verfasser von Q habe hier verschiedene Quellen benutzt. Leicht gesagt; aber dieser Verfasser war kein Kompilator, und wie sollte er den offensten Widerspruch, der in der ganzen Genesis vorliegt, in sein sonst so streng einheitliches Werk aufgenommen haben? Man erwäge, dass in Q selbst

die unverträglichen Angaben dicht auf einander gefolgt sein müssen, dass ausserdem sich nicht beiläufig und unwillkürlich den drei früheren Namen drei andere unterschieben, sondern dass die Heiratsgeschichte ausdrücklich und in voller Ausführlichkeit wiederholt wird. Schon die Wiederholung an sich würde bei einer erst eben
440 erwähnten Thatsache in der selben Quelle kaum erklärlich sein, geschweige die Wiederholung mit so unverdeckten Differenzen. Ich scheue mich nicht die Alternative auszusprechen: entweder ist die ganze Literarkritik der biblischen Geschichtsbücher bodenlos und nichtig, oder Gen. 26, 34sq. 28, 8sq. stammt aus anderer Quelle als Gen. 36, 1—5. 9—19.

Für intakte Bestandteile von Q kann ich ausser 36, 40—43 nur V. 6—8 ansehen. Den grössten Teil des Stoffes hat der Redaktor anderswoher entlehnt, ihn aber in eine Form gegossen, die der von Q nachgebildet war, wobei nicht ausgeschlossen ist, dass auch einzelne stoffliche Elemente von Q mit aufgenommen wurden. Nur 36, 31—39 scheint unverändert aus JE erhalten zu sein.

Am Schluss dieses dritten Abschnittes angelangt brauche ich wohl nicht noch besonders hervorzuheben, dass es eben so irrig ist anzunehmen, dass der Elohist einen Bestandteil des Jahvisten bilde und von diesem selbst in sein Buch recipiert sei, wie zu meinen, dass der Elohist und der Jahvist nicht in nähere Verbindung zu einander gebracht seien als zu dem Vierbundesbuche. Es ist hier recht deutlich geworden, dass Dillmann Recht hat, J und E von einander unabhängig zu machen, aber Unrecht, J und E und Q gleichzeitig von dem selben Redaktor zusammenarbeiten zu lassen, und dass auf der anderen Seite Nöldeke Recht hat, E + J gegenüber von Q als relative Einheit anzusehen, aber Unrecht, den Jahvisten selbst zum erweiternden Bearbeiter des Elohisten zu machen. Auffallend ist, dass die kleineren Zuflüsse, die ausser den beiden grossen und zusammenhängenden Strömungen in JE, Gen. 1—26, sich nicht selten bemerklich machten, seitdem aufzuhören scheinen. Nur bei dem Gebet Gen. 32, 10—13 könnte man die ursprüngliche Zugehörigkeit zu J bezweifeln; der ganze Ton ist vielmehr der des Jehovisten, dem dann auch 31, 3 zuzuschreiben wäre; ausserdem ist die Herkunft von Kap. 34. 36 und 38 nicht in jeder Beziehung klar.

## Joseph und seine Brüder. Gen. 37—50.

In diesem eng zusammenhängenden Abschnitte (Kap. 37. Kap. 39—50) sind von Q ebenfalls nur einige Reste erhalten. Zuerst die Ueberschrift 37, 2: dies sind die Tholedoth Jakob's. Die Angaben über Joseph's Alter in diesem Verse und in 41, 46. 50, 26 rechnen manche Kritiker nicht zu Q. Aber die Unvereinbarkeit derselben mit 46, 8—27 trägt nichts aus, da dieses Verzeichnis so wie so den historischen Rahmen der Genesis sprengt. Gewiss
scheint, dass die Worte „Joseph war siebzehn Jahr alt“ 37, 2 441
nicht von dem Erzähler herrühren, welcher hinterdrein sagt „er war aber noch jung“; etwas Positives wage ich nicht zu behaupten. Unzweifelhaft ist in 46, 6sq. Q zu erkennen, weniger sicher in V. 8—27. Zwar das Material zu dieser namentlichen Aufzählung der siebzig Seelen ist aus Q entnommen, aber es scheint eine spätere Hand zu sein, welche für die allgemeine Angabe Exod. 1 an dieser Stelle die Einzelposten nachgewiesen hat, nicht ohne sich dadurch in unauflösliche Schwierigkeiten zu verwickeln. Weiter setzt sich Q fort in 47, 5—11, ausgen. V. 6b. Der vollständigere Text ist in der LXX erhalten, welche 47, 5. 6 so liest: εἶπε δὲ Φαραὼ τῷ Ἰωσὴφ Κατοικείτωσαν ἐν γῇ Γεσέμ· εἰ δὲ ἐπίστῃ ὅτι εἰσὶν ἐν αὐτοῖς ἄνδρες δυνατοί, κατάστησον αὐτοὺς ἄρχοντας τῶν ἐμῶν κτηνῶν. Ἦλθον δὲ εἰς Αἴγυπτον πρὸς Ἰωσὴφ Ἰακὼβ καὶ οἱ υἱοὶ αὐτοῦ· καὶ ἤκουσε Φαραὼ βασιλεὺς Αἰγύπτου. καὶ εἶπε Φαραὼ πρὸς Ἰωσὴφ λέγων Ὁ πατήρ σου καὶ οἱ ἀδελφοί σου ἥκασι πρὸς σέ· ἰδοὺ ἡ γῆ Αἰγύπτου ἐναντίον σού ἐστιν, ἐν τῇ βελτίστῃ γῇ κατοίκισον τὸν πατέρα σου καὶ τοὺς ἀδελφούς σου. Wie man sieht, stellt die LXX den masorethischen V. 6b unmittelbar hinter V. 4, mit der Einleitung ויאמר פרעה ליוסף. Dann folgt in ihr ein Plus: ויבאו מצרימה אל יוסף יעקב ובניו וישמע פרעה מ׳ מ׳, darauf V. 5 und V. 6a wie im M. T. Was nun zunächst das Plus betrifft, so bringt es in starken Konflikt mit dem voraufgehenden Bericht, wonach die Söhne Jakob's längst in Aegypten angekommen und sogar schon dem Könige vorgestellt sind; es ist darum sehr begreiflich, dass der M. T. es ausliess, dagegen völlig undenkbar, dass die LXX es willkürlich zusetzte. Was ferner die Umstellung von V. 6b angeht, so passt nur dieser Vers als Antwort auf V. 4, nicht aber V. 5. 6a. Denn wenn die Brüder die Steppe Gosen zur Weide für ihr Vieh verlangen, so ist es thöricht von Pharao gehandelt, ihnen statt

dessen „das beste Land“ zu geben; מיטב הארץ und ארץ גשן sind zweierlei. Ausserdem ist der nächstliegende Sinn von V. 5: ich höre, dein Vater und deine Brüder sind zu dir gekommen — so aber kann der König nach V. 4 nicht sprechen. Man hat also zu urteilen, dass die LXX hier den älteren Text bietet, in welchem das Geschiebe der verschiedenen historischen Schichten noch deutlicher und krasser hervortritt, und dass unser jetziger hebräischer Text aus einer Applanierung der Unebenheiten des älteren Wortgefüges entstanden ist, welche sich demnach bis in ziemlich späte
442 Zeiten (300 a. Ch.) fortsetzte[1]). Dass V. 6b zum Vorhergehenden, d. i. zu JE gehört, dagegen V. 5. 6a zum folgenden, d. i. z. Q, bedarf dann weiter keines Beweises. An 47, 11 scheint sich V. 27b und V. 28 zu schliessen. Endlich werden noch 48, 3—7. 49, 29—33. 50, 12sq. einstimmig dem Vierbundesbuche zugewiesen, obwohl man über 48, 7 Zweifel hegen und andererseits auch 49, 28 hinzuziehen könnte.

Die Hauptquelle ist auch für diesen letzten Abschnitt der Genesis JE. Es ist zu vermuten, dass dies Werk hier wie sonst aus J und E zusammengesetzt sei; unsere früheren Ergebnisse drängen auf diese Annahme und würden erschüttert werden, wäre sie nicht erweisbar. Ich halte also das Beginnen, „diese fliessende Erzählung von Joseph nach Quellen zerstückeln zu wollen“, nicht für verfehlt, sondern für so notwendig, wie überhaupt die Dekomposition der Genesis. Vgl. de Wette Beiträge II, 146sqq.

Der sachliche Zusammenhang des 37. Kap. würde allerdings kaum Veranlassung zur Scheidung zweier Fäden geben, wäre nicht der Schluss V. 25—36, wozu noch 39, 1 hinzuzunehmen ist. Da fallen nämlich folgende Varianten auf: 1) 37, 36 = 39, 1. Dass Potiphar der Trabantenoberst Einschub des Verarbeiters ist, erhellt aus dem folgenden איש מצרי, was als Apposition dazu völlig sinnlos ist. Beim Elohisten kommt Joseph von vornherein zum Gefängnisvogt 37, 36, beim Jahvisten zunächst zu einem Privatmann 39, 1. 2) Da 37, 36 Midianiter, 39, 1 Ismaeliter den Joseph verkaufen, so führt dies Merkmal weiter darauf, 37, 25 = V. 28a zu setzen, zumal da auch die indeterminierten „midianitischen Männer“ V. 28 auf die vorher bereits erwähnten Ismaeliter gar

[1]) Vgl. ausser Geiger's Urschrift und Popper's Stiftshütte: Kuenen, Godsdienst II, 263 und Wellh., Text der Bb. Samuelis S. XI.

keine Rücksicht nehmen. 3) Die Verse 29. 30 machen ganz andere Voraussetzungen, als wie sie im Vorhergehenden mitgeteilt sind. Die Brüder haben hier den Joseph zwar auch in die Grube geworfen, sind dann aber weitergezogen, und ohne ihr Wissen haben Midianiter ihn gestohlen; Ruben entdeckt es, keiner weiss, wo er geblieben. Nach diesen Merkmalen haben wir in 37, 25—39, 1 in der Hauptsache J und darin eingesprengt Bruchstücke aus E, nämlich V. 28—30[1]) V. 36 und einzelnes andere in V. 32. 34.
35. Sachlich ist E daran zu erkennen, dass die Midianiter den 443
Joseph stehlen 40, 15. Die jahvistische Sprachfarbe des Ganzen bezeugen vor allem die steten Verbalsuffixe, ferner 37, 25, vgl. mit 33, 1. 18, 2, die Doppelfrage 37, 32 vgl. mit 18, 21, und das stehende הוריד nach Aegypten, wofür E הביא sagt.

Das Stück 37, 12—24 enthält die Vorbereitung zu V. 25sqq. und ist weder für E noch für J entbehrlich. Allerdings lässt sich allein hieraus noch kein sicherer Schluss auf die zusammengesetzte Natur von 37, 12—24 machen; es ergiebt sich jedoch ein gewisses Vorurteil dafür und dies Vorurteil wird durch factische Spuren der Doppelheit bestätigt. Der Schriftsteller, dem der Zusammenhang im Ganzen angehört, erzählt V. 13. 14. „Da sprach Israel zu Joseph: weiden nicht deine Brüder in Sichem? wohlan ich will dich zu ihnen senden .... Und er sandte ihn vom Thale Hebron, und er kam nach Sichem.“ Eingeschoben ist: „und er sprach zu ihm: hier bin ich; und er sprach: geh, erkundige dich nach dem Befinden deiner Brüder und der Herde und bring mir Bescheid.“ Das ויאמר לו הנני V. 13 passt nicht auf das Voraufgegangene, sondern setzt voraus: und Jakob sprach zu Joseph: mein Sohn, und er sprach zu ihm: hier bin ich.“ 22, 2. 7. 11. 27, 1. 31, 11. Der Einschub stammt aus E, denn nur hier findet sich diese weitläufige Art der Anrede, also ist der Haupterzähler der Jahvist, den auch Israel, Hebron und die Verbalsuffixe verraten. Ein weiteres Bruchstück aus E ist der 18. Vers, der einerseits hinter וימצאם V. 17 zurückgeht, andererseits über V. 19sq. vorgreift und sich durch das doppelte אתו als nicht jahvistisch zu erkennen giebt. Ferner gehört jedenfalls V. 22 dem Verf. von V. 29. 30 an, d. h. dem Elohisten; ob auch V. 21, ist fraglich — Ruben spricht

---

[1]) V. 28 indess nur teilweise: und es zogen Midianiter vorbei, Kaufleute, die zogen ... den Joseph aus der Grube .... und brachten ihn nach Aegypten.

dafür, anderes dagegen. Der Schluss von V. 21 hat keinen Platz neben dem Anfang von V. 22, und die Sprache ist verschieden (אתו V. 22). Ausserdem genügt V. 20 nicht als Voraussetzung zu V. 26, denn hier liegt Joseph nicht erschlagen, sondern lebendig in der Cisterne, der erste Vorschlag V. 20 muss also auch in J geändert und ein milderer acceptiert sein. Mich dünkt darnach, dass V. 21 eiu unvollständiges jahvistisches Analogon zu V. 22 und möglicherweise Ruben Korrektur für Juda ist. Wahrscheinlich liegt dann dem Vorschlage V. 21 einfach das Motiv zu Grunde, das Blut zu bedecken, d. h. Joseph ohne Blutvergiessen umzubringen, nicht wie V. 22 die heimliche Absicht, ihn zu retten, s. V. 26.
444 Es lassen sich endlich auch in V. 23. 24 Dubletten entdecken, die ich indessen nicht erwähne. Ich bemerke nur noch, dass die nach V. 29sq. in E enthaltene Angabe, dass die Brüder, nachdem sie den Joseph in die Grube geworfen, sich von dem Schauplatz des Verbrechens entfernten, aus Rücksicht auf J V. 25sqq. auf jeden Fall ausgelassen werden musste.

Der Anfang des Kapitels, V. 2b—11, ist hauptsächlich dem Elohisten entnommen, weil dieser wohl die Träume, seine Lieblingsmaterie, ausführlicher behandelte als der Jahvist, der sie freilich nach V. 19sq. auch erzählt haben muss. Vgl. V. 3 בן זקנים wie 21, 2 gegen ילד זקנים 44, 20 in J, ferner כתנת פסים wie V. 23. 32 gegen einfaches כתנת in J, vor Allem das stete אתו V. 4. 5. 8. 9, nie ein Verbalsuffix, in äusserst auffallendem Unterschiede gegen V. 12sqq. Einiges Jahvistische mag eingestreut sein, doch sehen את בני בלהה ואת־בני זלפה נשי אביו V. 2 und ויספר אל אביו ואל אחיו V. 10 eher wie Zusätze einer späteren Hand aus.

Joseph's Schicksale in Aegypten bis zu seiner Erhebung hat der Jehovist vorwiegend aus E gegeben. Zwar 39, 1 stammt aus J, diese Quelle setzt sich weiter bis V. 5 fort und erscheint wieder V. 20—23; aber die Mitte V. 6—19 ist auch in Kap. 39 elohistisch. Vgl. יפה תאר ויפה מראה 39, 6 mit 29, 17, ויהי אחר הדברים האלה V. 7 mit 15, 1. 22, 1. 20. 39, 7. 40, 1. 48, 1, לאלהים V. 9 und ראו V. 14. Für J ist charakteristisch, dass Joseph zuerst Sklave eines gewöhnlichen Aegypters wird, und von diesem dem königlichen Gefängnis übergeben, in die Gewalt des Kerkermeisters übergeht, dessen Name nicht genannt wird, so wenig wie der des ersten Herrn. Uebrigens mag der Jehovist in V. 2—5. V. 20—23 einzelnes aus E, eben so V. 6—19 einzelnes aus J haben unterlaufen lassen. Der Ausdruck הפקיד אתו בְּביתו V. 5 verrät eine andere Hand als ויפקדהו עַל ביתו V. 4: כל יש נתן בידו V. 4 findet sich wieder V. 8; מצליח ist V. 2 in anderer Weise gebraucht wie V. 3 und V. 23. Eine deutliche Dublette findet sich am Schlusse von V. 10, die Reihenfolge der beiden Infinitive müsste sonst wenigstens umgekehrt sein. Endlich scheint der Jehovist in V. 23 die Ausdrücke beider Quellen zu einem ziemlich unklaren Satze gemischt zu haben, כאשר ist elohistisch V. 9. 21, 17.

Dass Kap. 40 aus E stamme, ist allerseits anerkannt. Joseph ist hier nicht an die arabischen Händler verkauft, sondern von ihnen gestohlen V. 15, sein Herr ist wie 37, 36 der Trabantenoberst und hat selbst das Gefängnis unter sich V. 3. Vgl. ausserdem die geläuterte religiöse Vorstellung V. 8 (41, 15sq.), die סריסים 445
V. 2 (37, 36), אלהים V. 8, ויהי א' הד' האלה V. 1, die Vermeidung des Verbalsuffixes V. 3. 4. 6. 8. 11. 15. 17. 19, בחלמי הנני V. 9. 16 (41, 17. 22). Einige Spuren von J finden sich indessen auch hier und sind leicht erkennbar. In V. 1 sind die Worte חטאו—מִצרים nicht bloss vor V. 2 überflüssig, sondern auch vom gewöhnlichen Sprachgebrauch abweichend. In V. 2 heisst es, wie in der Regel, שַׂר הא', שַׂר המ' und פרעה, dagegen V. 1 einfach המשקה, האפה und מֶלך מרצים, ebenso wie V. 5b in einem gleichfalls ganz überflüssigen Satze[1]). Auch V. 3b ist אל בית הסהר מ' א' י' א' שם ein dem Zusammenhang fremdes Nimium und geht von der Vorstelluug aus, dass das Gefängnis nicht im Hause von Joseph's eigentlichem Herrn sei; vgl. den V. 5b wiederkehrenden Ausdruck בית הסהר mit משמר בית אדניו V. 4. 7. Auch durch den Vergleich mit 39, 20—23 bestätigt es sich, dass V. 1 (ausgen. die Ueberleitungsformel), V. 3b und V. 5b aus J eingetragen sind.

Kap. 41 hängt eng mit Kap. 40 zusammen, vor allem sachlich, aber auch in den Ausdrücken und Vorstellungen. Kein Zweifel, dass wir den Elohisten hier vor uns haben, der sich am besten auf Traumgeschichten versteht. Spuren von Ueberfüllung finden sich V. 30sq. V. 33—36. V. 48sq. V. 54—57; statt אשר בהם V. 56 ist ein von שבר abzuleitendes Wort, welches Kornmagazin bedeutet, zu lesen.

---

[1]) Dagegen hat es in V. 13 mit dem nicht als Titel, sondern als Satzprädikat auftretenden משקהו andere Bewandtnis. In V. 14, wo der Zusammenhang brüchig zu sein scheint, wird er hergestellt durch אך statt כי.

In dem folgenden Stück über die Begegnung Joseph's mit seinen Brüdern ist Kap. 42 zunächst noch im ganzen Fortsetzung von E, wie man aus V. 21sqq. V. 37 und aus den Ausdrücken משמר V. 17 סחר V. 34 und anderen Merkmalen erkennt. Aber von Kap. 43 an kommt J wieder zu Worte. Die unter sich übereinstimmenden Referate 43, 5—7. 44, 18sqq. setzen zwar eine ähnliche Geschichte voraus, wie die Kap. 42 erzählte, aber doch eine ganz andere Version derselben. In Kap. 42 will Joseph die Brüder durch Zurückbehaltung Simeon's zwingen, auf alle Fälle wiederzukommen, sei es mit, sei es ohne Benjamin; nach Kap. 43sq. dagegen verbietet er ihnen die Wiederkunft, wenn nicht Benjamin dabei sei. Damit hängt zusammen, dass die Brüder Kap. 42 als Kundschafter behandelt, anfangs sämtlich gefangen gesetzt und dann nur auf Kaution zu dem Zwecke freigegeben werden, um
446 Benjamin zu holen und dadurch die Wahrheit ihrer Aussagen zu bestätigen, dass sie hinwiederum Kap. 43sq. nicht der moralischen Verpflichtung wegen, um sich zu legitimieren und den Simeon zu lösen, nach Aegypten zurückgehen, sondern warten bis das Korn alle ist und der Hunger sie zwingt[1]). Der Vorwurf, sie seien Kundschafter, ist den Brüdern nach 43, 5—7. 44, 18sqq. gar nicht gemacht worden, nicht der hat sie dazu veranlasst, dem Joseph, so wie es Kap. 42 geschieht, auseinanderzusetzen, wer und woher sie wirklich seien und dabei unwillkürlich auch Benjamin's Erwähnung zu thun, sondern Joseph hat sie geradezu gefragt: lebt euer Vater noch, habt ihr noch einen Bruder? und dann geboten, dass sie nicht ohne diesen ihm unter die Augen treten sollten; sein Verfahren, Kap. 42 durchaus motiviert, ist 43, 7 Israel und den Brüdern ziemlich unbegreiflich.

Kap. 43sq. ist also nicht die Fortsetzung von E Kap. 42, sondern von einem Parallelbericht aus J, der mit Hilfe einiger Fragmente in Kap. 42 selbst noch ziemlich gut zu reconstruieren ist. Die Brüder kommen vor Joseph und kaufen Korn, sagend sie seien aus Kanaan. „Und Joseph fragte sie: lebt euer Vater noch? habt ihr noch einen Bruder? und sie sprachen zu ihm: wir haben noch einen alten Vater und es ist noch ein unerwachsener Alterssohn da und sein Bruder ist tot, und er ist allein von seiner Mutter übrig geblieben, und sein Vater hat ihn lieb. Und Joseph sprach:

[1]) Vgl. de Wette II, 150 und Ilgen z. d. St.

bringt ihn her zu mir, ich will mein Auge auf ihn richten. Sie sagten: nein Herr, der Knabe kann seinen Vater nicht verlassen, sonst stirbt der. Er aber gab ihnen die Versicherung: wenn euer jüngster Bruder nicht mit euch herabkommt, so werdet ihr nicht vor mich gelassen werden.“ 43, 7. 44, 20—23. 43, 3. Darauf entlässt Joseph die sämtlichen Brüder, Simeon eingeschlossen, mit dem Korn, nachdem er ihnen ihr Geld hat in die Säcke legen lassen. Auf dem Heimwege übernachten sie unterwegs in einer Herberge. „Da öffnete einer seinen Sack, um seinem Esel Futter zu geben, und er sah sein Geld oben im Sack liegen und sprach zu seinen Brüdern: mein Geld ist wieder da, es liegt oben in meinem Sack! Da öffneten auch die anderen ihre Säcke und siehe eines jeden Geld lag in seinem Sack, ihrer aller Geld vollwichtig. Und sie sahen sich erschreckt einander an und sagten: Was hat uns Gott da gethan!“ 43, 21sq. 42, 27sq. Es stand in 42, 27sq. ursprünglich das, was 43, 21 referiert wird, vergl. die Ausdrücke
אמתחת, מלון und מספוא. Der Haupterzähler in Kap. 42 lässt die 447
Scene erst V. 35 spielen, nachdem die Reisenden zu Hause gekommen sind; da sie V. 25 eine besondere צדה mit auf den Weg bekommen haben, brauchen sie ihre Säcke nicht früher aufzumachen. Um nicht in offenen Widerspruch hiermit zu geraten, hat der Bearbeiter den 43, 21 vorausgesetzten Zug fortgelassen, dass nachdem erst der eine Bruder die beunruhigende Entdeckung gemacht, nun auch die anderen gleich in der Herberge nachsehen. Aber nur so erklärt sich, warum sie alle entsetzt einander anblicken, und auch ohne dies ist es recht unnatürlich, dass sie trotz der Aufregung mit der allgemeinen Oeffnung der Säcke warten bis sie zu Hause sind, zumal da wenn der eine futtert, auch die anderen futtern mussten. Freilich ist in das jahvistische Sprachkolorit der beiden Verse einzelnes Fremdartige hereingetragen, was der Bearbeiter teils aus seinem Eigenen, teils aus E genommen hat. Auf 42, 27. 28 = 43, 21sq. folgt dann die Rückkehr zu Israel, dem Bericht über das Vorgefallene erstattet wird 44, 24, und daran schliesst sich Kap. 43 und 44. Doch ist nach Massgabe von 44, 29 der Vers 42, 38 mit einer aus 44, 26 zu entlehnenden vorhergehenden Motivierung zwischen 43, 1. 2 und 43, 3 einzuschieben, etwa so 43, 1. 2. 44, 26. 42, 38. 43, 3. Auf 42, 37 ist V. 38 nicht die Antwort, denn mit 42, 37 sind wir gerade so weit wie mit 43, 8—10; wie hier Juda, so übernimmt dort Ruben die Bürg-

schaft, und auf seinen Antrag wird ursprünglich Jakob in E ungefähr ebenso eingegangen sein, wie 43, 11sqq. in J auf den Juda's.

Die Scheidung Kap. 42 = E, Kap. 43. 44 = J versteht sich hier wie sonst nur a potiori. Ich habe bereits meine Meinung gesagt, dass 42, 27sq. V. 38 Bruchstücke aus J seien; ähnlich finden sich zu Anfang des Kapitels mehrfache Aufträge aus dieser Quelle. Die Ausdrücke פן יקראנו אסון V. 4 (V. 38. 44, 29), וישתחוו אפים ארצה V. 6 (dagegen 48, 12) sind specifisch jahvistisch. In Kap. 43 stammt V. 14 aus E, wegen Simeon's, wegen der Beziehung auf 42, 36, wegen des Gottesnamen El und wegen אני. Ebenso ist der Schluss von 43, 23 ויוצא אלהם את־שמעון ein Zusatz aus E, der an dieser Stelle keineswegs passend steht; denn die Brüder stehen hier ja noch פתח הבית d. h. draussen vor dem Hause und gehen erst V. 24 hinein. Dagegen ist allerdings Kap. 44 rein jahvistisch und zeigt überall die charakteristischen Ausdrücke und Wendungen von J. In V. 16 ist יהודה, der erst V. 18 herantritt, falsches Explicitum, man muss lesen ויאמרו; in V. 30 ist das erste נפשו in נפשי zu ändern.

148 In Kap. 45, 1—46, 5 hält sich der Jehovist wieder vorzugsweise an E. Für die erste Hälfte des Abschnittes bis 45, 15 ist die Sprache der Beweis, vgl. אלהים V. 5. 7. 8. 9, יחר בעיניכם V. 5 wie 31, 35, וינשק ל V. 15 wie 32, 1. 29, 13. Bei der zweiten Hälfte treffen sachliche und sprachliche Gründe zusammen. Das jahvistische Stück 46, 31sqq. weiss nichts von dem Anerbieten Pharao's 45, 16sqq.; dort wird die Ankunft der Brüder ihm als etwas ganz Neues gemeldet, zu welcher er hier selbst Veranlassung und Befehl gegeben hat. In sprachlicher Hinsicht vgl. טענו את בעירכם 45, 17 mit ויעמס על חמרו 44, 13, מזון 45, 23 mit מספוא 24, 25. 42, 27. 43, 24, auch die צדה לדרך 45, 21. 42, 25.

Doch sind auch hier dem Zusammenhange von E einzelne Züge aus J beigemischt, welche namentlich gegen Schluss des Abschnittes kenntlicher hervortreten. Warum setzt sich Israel nicht gleich beim Aufbruch von Hebron auf den Wagen, warum erst unterwegs in Beerseba? Pharao wollte ihn doch wohl von seinem Wohnorte abholen lassen? Wahrscheinlich lässt der Verfasser von V. 5, d. i. der Erzähler von Kap. 45, also der Elohist, den Jakob in Beerseba wohnen, eben so wie schon den Abraham Kap. 20—22. Dann gehört V. 1, wo Israel anderswo, vielleicht in Hebron (37, 14), siedelt und Beerseba vielmehr als die besondere Stätte

Isaak's gilt, dem Jahvisten an, der nach 46, 31sqq. von dem Abholen durch Pharao nichts weiss. Auch durch die Sprache verrät sich hier J, denn E sagt Jakob und nur בני ישראל, dagegen J seit 35, 21 Israel. Wenn dieser auch 46, 2 in einem durchaus elohistischen Verse erscheint, so ist es hier wohl erst durch den Bearbeiter hineingekommen, denn der Satz: Gott sprach zu Israel: Jakob; entstammt keiner einheitlichen und natürlichen Konception. Zu J ist ferner 45, 28 und einzelnes aus 46, 3sq. zu weisen, ausserdem im Anfange des Abschnittes התאפק 45, 1 (43, 31), מכרתם אֹתי V. 4sq., endlich V. 10 (46, 28. 32) und V. 13sq. (46, 29 הוריד).

Auf 46, 5 folgt in JE 46, 28—47, 4 und 47, 6b. Hier ist J nicht zu verkennen, als unterscheidende Merkmale hebe ich hervor das Ignorieren des in 45, 17sqq. Berichteten, die Bedeutung Juda's und im Gegensatz zu dem grossartigen Anerbieten 45, 19 das bescheidene Bittgesuch um's Land Gosen, ausserdem in sprachlicher Hinsicht ישראל, הפעם, מנעוריני, בעבור. In 46, 28 stört der Satz ארצה גשן ויבאו, er ist wohl zu V. 29 zu ziehen. Für להורת wird nach V. 29 לְהֵרָיֹת zu lesen und Joseph als Subject dieses Infinitivs zu denken sein. — Das eigentümliche Stück 47, 13—26 449
fügt sich an dieser Stelle weder in den Zusammenhang von E noch von J. Man könnte annehmen, dass es ursprünglich in einer Parallele zu Kap. 41 seinen Platz gehabt hätte. Der jahvistische Faden wird von V. 6b her wieder aufgenommen in V. 27a und setzt sich demnächst in 47, 29—31 fort, vgl. besonders V. 29: עשית עמדי חסד ואמת, שים נא ידך תחת ירכי, אם־נא מצאתי חן בעיניך. Die Herkunft von V. 12 ist ungewiss, vgl. 50, 21 (E).

Es giebt kaum eine Stelle der Genesis, wo die Schichtung der Quellen handgreiflicher wahrzunehmen ist, als der Schluss des 47. und der Beginn des 48. Kapitels: in 47, 28 ein Anfang, in 47, 29 noch einmal ein Anfang, in 48, 1 zum dritten Mal ein Anfang immer der selben Geschichte. Da 47, 28 = Q, 47, 29—31 = J, so ist 48, 1 = E, was durch die Einleitungsformel ויהי א' הד' האלה bestätigt wird. Sieht man von V. 3—7 (Q) ab, so zeigt Kap. 48 auch im Verfolg überall die Eigentümlichkeit von E. Schon das könnte man dahin rechnen, dass Joseph den Segen, d. h. die Erstgeburt, empfängt; indessen ist es nicht so sicher, dass in J nicht das selbe der Fall war, denn 47, 29—31 ist unvollständig, und wenn man vielleicht von einer Parteinahme der einen Quelle für

Ruben, der anderen für Juda reden kann, so ist dabei doch Joseph stets ausser dem Spiele und für ihn das Interesse beider Quellen gleich gross. Unbedingt aber widerspricht V. 22 der jahvistischen Version in Kap. 34; denn darnach ist von einer Eroberung der Stadt Hamor's durch Gesamtisrael gar nicht die Rede, sondern nur von der Ermordung des Mannes der Dina durch Simeon und Levi. Dagegen stimmt V. 22 sachlich zu der anderen Version in Kap. 34, wonach Gesamtisrael die Stadt Sichem überfällt und ihre Bevölkerung niedermacht. Als sprachliche Merkmale von E treten hervor אלהים V. 9. 11. 15. 20. 21, der häufige Gebrauch von את statt des Verbalsuffixes V. 10. 11. 12. 15. 16. 17. 21, נשק und חבק mit ל V. 10 wie 29, 13, ישתחו לאפיו ארצה V. 12 statt אַפַּיִם ארצה. Auffallend ist nur der durchgehende Gebrauch von Israel; der Bearbeiter scheint den bisherigen Unterschied zwischen J und E von jetzt ab nicht mehr conserviert zu haben.

Der s. g. Segen Jakob's 49, 1—27 — wozu V. 28 gehört, ist zweifelhaft — stammt zwar sicher aus JE und sicher nicht aus E, ob aber darum aus J, ist deshalb nicht so ganz gewiss, weil der Zusammenhang ihn nicht stützt, denn Kap. 50 schliesst eher an
150 Kap. 47 an. Es scheint allerdings, als ob der Jahvist in Kap. 34 und 35, 22 auf 49, 4—7 Bezug nehme, und es stimmt zu seiner anderweitigen Tendenz, dass er bei Ruben Simeon und Levi, den drei ältesten Söhnen Lea's, einen Grund findet, weshalb sie das Erstgeburtsrecht verwirkt haben, damit es dann auf Juda übertragen werden könne: Juda und Joseph sind bei ihm die Erstgeborenen der beiden Hälften Israels. Am Ende ist es bei einem solchen Liede nicht zu verlangen, dass es sich strenge in den Zusammenhang füge, zumal wenn der Erzähler es nicht selbst gemacht, sondern bereits fertig vorgefunden hat.

In Kap. 50 gehört V. 15—26 unwidersprechlich zu E, vgl. V. 19sq. V. 24sq. Ebenso ist es klar, dass V. 4—11. V. 14 dem Verfasser von 47, 29—31, also J, angehören. Freilich stimmt der Inhalt von 50, 5 nicht zu וקברתני בקברתם 47, 30, man wird zu der Annahme gezwungen, dass der ursprüngliche Wortlaut von 47, 30 vom Redaktor der Genesis mit Rücksicht auf Q 48, 7. 49, 30sq. geändert worden ist, vgl. Kayser a. O. S. 35. Ueber die Herkunft der Verse 50, 1—3, wozu noch ויעברו ימי בכיתו V. 4 zu rechnen ist, lässt sich keine so bestimmte Entscheidung treffen.

Die Untersuchung dieses vierten und letzten Teils der Genesis hat die bisher gewonnenen Resultate der Kritik lediglich bestätigt. J und E sind zuvörderst eng mit einander, darauf JE mit Q verbunden. Einen Bestandteil von J bildet E hier so wenig wie sonst; eher liesse sich, da J hier vergleichsweise trümmerhafter als E erhalten ist, das Umgekehrte denken, obwohl auch das nicht richtig ist, denn beide Quellen erzählen selbständig die selbe Geschichte in verschiedenen Versionen. Natürlich ist darum nicht ausgeschlossen, dass der ältere der beiden Erzähler den jüngeren gekannt und benutzt hat; aber die Zusammenschiebung der zwei so sehr ähnlichen Geschichtsbücher ist das Werk eines Dritten, den wir den Jehovisten genannt haben.

## II. Die Erzählung der übrigen Bücher des Hexateuchs.

Dass Q und JE sich über die Genesis hinaus, bis in's Buch XXI
Josua fortsetzen, ist eine ausgemachte Sache[1]). Ebenso steht es 531
fest, dass JE auch in Exodus und den folgenden Büchern ein durchaus selbständiges Geschichtswerk und nicht etwa eine Ergänzung von Q ist. Dies ist hier sogar ungleich deutlicher als in der Genesis. Das jehovistische Geschichtsbuch wird nicht nur nicht unvollständig und zusammenhangslos, nachdem Q herausgenommen, sondern erst dadurch schliessen sich die total auseinandergerissenen Glieder seiner Erzählung zu einem schönen Ganzen an einander; vgl. Exod. 24. Kap. 32—34. Num. 10, 29 u. s. w. Wäre die literarische Kritik statt von der Genesis von Exodus und Numeri ausgegangen, so hätte die s. g. Ergänzungshypothese nie entstehen können. Schliesslich wird auch die Erwartung berechtigt sein, dass sich die Composition von JE von Exod. 1 an nicht plötzlich ändern werde, zumal jedenfalls Gen. 50 weder den Abschluss von J, noch von E bilden kann. Ob sich die Erwartung bestätigt, muss die Untersuchung lehren.

### Israel in Aegypten. Exodus 1—11.

1. Man kann diesen Abschnitt in zwei Hälften zerlegen, deren erste wesentlich die Berufung Mose's enthält 1, 1—7, 7, die zweite die ägyptischen Plagen 7, 8—11, 10. In der ersten Hälfte gehört

---

[1]) Ein für allemal sei bemerkt, dass ich in der Bestimmung von Q Nöldeke folge.

zu Q: aus Kap. 1 die Verse 1—5. V. 7 (mit Ausnahme von וירבו
532 ויעצמו vgl. V. 9. 20) V. 13. V. 14 (mit Ausnahme der 2. Hälfte von V. 14a und Voranstellung von V. 14b); aus Kap. 2 die Verse 23—25 (von ויאנחו V. 23 an, vgl. zum ersten Teil des Verses LXX 4, 18); endlich das geschlossene Stück 6, 2—7, 7. Zwischen 2, 25 und 6, 2 scheint keine Lücke zu sein, denn 6, 4. 5 greift auf 2, 24 zurück, und ausserdem deckt sich 6, 2sqq. inhaltlich so vollkommen mit dem jehovistischen Stücke, welches gleich auf 2, 25 folgt, dass ihm von Rechts wegen durchaus der selbe Platz zukommt. Die Erwartung, den Mose erst eingeführt zu sehen, ehe er, wie 6, 2 geschieht, als bekannte Person auftritt, ist bei Q nicht berechtigt. Doch ist es möglich, dass die Familiennachrichten über Mose und Aharon, welche sich gegenwärtig 6, 16sqq. finden, in Q ursprünglich vor 6, 2 standen. Jedenfalls hat Kayser darin Recht, dass das Stück 6, 13—28 an seinem jetzigen Ort und in seinem gegenwärtigen Umfange ein ungeschickter Nachtrag ist, eine Erweiterung von Q durch spätere Hand. In V. 29. 30 wird der Faden da wieder aufgenommen, wo er V. 12. 13 fallen gelassen war.

Aus dem zweiten Teil unseres Abschnitts ist für Q in Anspruch zu nehmen 1) 7, 8—13 Verwandlung von Aharon's Stabe in eine Schlange, 2) 7, 19. 20a. 21c. 22. 23[1]) Verwandlung des Wassers in Blut, 3) 8, 1—3. V. 11b Frösche, 4) 8, 12—15 Mücken, 5) 9, 8—12 Pestbeulen an Menschen und Vieh. Die ägyptischen „Plagen" fallen in Q eigentlich weniger unter den Gesichtspunkt der Strafen, als der Zeichen und Machtbeweise, in denen Jahve und Pharao durch ihre Vertreter concurrieren; die drei ersten Wunder machen die ägyptischen Priester nach, das vierte übersteigt ihre Kräfte, das fünfte trifft sie selber. Darum fällt auch die Verwandlung des Stabes in die Schlange, die in JE von den *Plagen* unterschieden wird, in Q völlig damit zusammen. Sonst ist in sachlicher Hinsicht charakteristisch, dass die Forderung an Pharao einfach auf völlige Loslassung Israels aus Aegypten gerichtet ist, und dass der göttliche Befehl durch Mose an *Aharon* ergeht, welcher letztere mit *seinem* Stabe das Zeichen verrichtet: nur das letzte und höchste wird Mose vorbehalten 9, 8—12. In formeller Hinsicht macht sich das Ueberwiegen des Schema's über

---

[1]) V. 20b. 21a. b. = V. 17. 18; an V. 21b. schliesst unmittelbar V. 24, seinerseits im Widerspruch zu V. 19 befindlich.

den besonderen Inhalt der Erzählung bemerklich. „Jahve sprach zu Mose: sprich zu Aharon: streck' deinen Stab aus und thue 533
damit das und das, damit werde . . . . . Und sie thaten so (wie Jahve befohlen) und Aharon streckte den Stab aus und that das und das und es ward. Und die ägyptischen Priester thaten ebenso durch ihre Zauberei und . . . . . Aber Pharao's Herz verstockte sich und er hörte nicht auf sie, so wie Jahve gesagt hatte.“ Befehl und Ausführung werden dabei stets in gleicher Umständlichkeit und mit den selben Worten wiederholt. An Einzelheiten bemerke תנין 7, 9, חפן und זרק 9, 8, und den reichlichen Gebrauch von כל.

2. Die Plagen in JE, um das hier gleich anzuschliessen, sind folgende: 1) die Verwandlung des Wassers in Blut 7, 14—18. V. 20b. 21a. b. V. 24. 2) die Frösche 7, 25—29. 8, 4—10. V. 11a. 3) das Geschmeiss 8, 16—28. 4) die Viehpest 9, 1—7. 5) der Hagel 9, 13—35. 6) die Heuschrecken 10, 1—20. 7) die Finsternis 10, 21—29. Die ersten vier entsprechen in Inhalt und Reihenfolge den Zeichen in Q (nach Abzug des Einleitungswunders, welches in JE, wie gesagt, nicht in eine Reihe mit den anderen gestellt wird), nur tritt an die Stelle der Mücken das Geschmeiss, und an die Stelle der Pestbeulen an Mensch und Vieh das Viehsterben. Sachliche Unterschiede: vor jeder Plage wird immer erst die Forderung an Pharao wiederholt, und zwar darauf beschränkt, dass er die Hebräer in die Wüste ziehen lasse, um dort ein Fest zu feiern; für den Weigerungsfall wird zugleich die neue Plage im voraus angekündigt. Mose ist der Thaumaturg, nicht Aharon, und wenn von einem Wunderstabe die Rede ist, so ist es der Stab Mose's. Formell ist beachtenswert, was schon dem Samaritaner auffiel, dass immer bloss der Befehl Jahve's an Mose, den Pharao zu bedrohen, berichtet, die Ausführung desselben aber verschwiegen und als selbstverständlich vorausgesetzt wird — vgl. dagegen z. B. 7, 9. 10. Alle diese Merkmale sind der Erzählung von Q fremd und vereinigen sich zur Charakteristik von JE. Sieht man aber näher zu, so fügen sie sich doch nicht zu Zügen eines einheitlichen Bildes zusammen, sondern lassen noch weiter die Physiognomie zweier verschiedener Quellen erkennen, aus denen JE auch hier ebenso wie in der Genesis zusammengeflossen ist.

In den meisten Stücken hat der Jehovist seine beiden Vorlagen eng mit einander verwoben, eine Ausnahme bilden jedoch

Nr. 3 und 4 einerseits und Nr. 7 andererseits, wahrscheinlich weil hier keine Pendants aus der parallelen Quelle vorhanden waren.
534 Der wichtigste Unterschied ist der, dass in dem einen Bericht Mose die Plagen mit seinem Stabe herwinkt, dagegen in dem anderen vom Stabe Mose's gar nicht die Rede ist, sondern Jahve allein und unmittelbar die Wunder wirkt[1]). Damit hängt eng zusammen, dass dort die Ankündigung der Plagen in der Regel fehlt, die hier jedesmal ihrem wirklichen Eintritt vorausgeht. Denn wenn Mose sie selbst zu Wege bringt, so kann kein Zweifel entstehen, woher sie rühren; wenn sie dagegen ohne sein Zuthun hereinbrechen, so muss er sie vorher ankündigen, damit man sehe, sie kommen nicht von ungefähr, sondern von Jahve. Aus dem selben Grunde wird in diesem zweiten Fall gewöhnlich ein Termin für die Erfüllung der Drohung gesetzt und hervorgehoben, dass die Plagen, wie sie auf Mose's Ansage kommen, so auf sein Gebet weichen. Das sind lauter Garantien für die Urheberschaft des Gottes, in dessen Namen Mose auftritt — Garantien, die natürlich überflüssig sind, wenn er handgreiflich die Wunder selbst verrichtet.

Der Hauptbericht ist der zuletzt charakterisierte, in welchem Mose die Strafen nicht ausführt, sondern nur androht. Der Anfang derselben ist fast überall heil und unvermischt erhalten und darum das wesentlichste Kennzeichen. Vgl. 7, 14—18. 7, 25—29. 8, 16—19. 9, 1—5. 9, 13—19. 10, 1—6. „Und Jahve sprach zu Mose: mach dich morgen früh auf und tritt vor Pharao, siehe er geht hinaus an's Wasser. Und sprich zu ihm: So spricht Jahve der Hebräer Gott: lass mein Volk ziehen, dass mir's diene. Denn wenn du dich dessen weigerst, so . . . . .“ Es folgt die genaue Ansagung des kommenden Ereignisses, dabei wird immer Jahve allein als handelnde Person in Aussicht genommen und vom Stabe Mose's ist keine Rede. Nur 7, 14—18 würde eine Ausnahme machen. Aber hier ist in V. 17 der Stab ohne Zweifel von anderswo eingetragen; denn nach Analogie von 7, 28 siehe ich schlage, 8, 17 siehe ich lasse los, 9, 3 siehe die Hand Jahve's, 9, 18 siehe ich lasse regnen, 10, 4 siehe ich bringe muss auch 7, 17 das Subject אנכי nach הנה von Jahve und von keinem andern verstanden werden, um so mehr, da ja Jahve aus-

[1]) Nur hier sind die Plagen eigentl. Strafen, dort wie in Q auch mehr Wunder, Beglaubigungszeichen Mose's vor Pharao.

drücklich als die redende Person bezeichnet ist und das kurz vor-
hergehende אני sich unmöglich auf Mose beziehen lässt. Positiv
wird das Ergebnis, dass במטה וגו' nicht die ursprüngliche Fort- 535
setzung von הנה אנכי מכה sein kann, bestätigt durch die Worte
V. 25 אחרי הכות יהוה את היאר. Darnach ist man nun überhaupt berechtigt, die Abweichungen von 7, 14—18 gegen die übrigen fünf Parallelen daraus zu erklären, dass in diesem ersten Fall der Hauptbericht nicht rein vorliegt, sondern mit dem anderen verschmolzen ist, der hier zu Anfang gleichfalls einen ausführlichen Befehl Jahve's an Mose der Ausführung vorhergehen liess. Freilich darf man fragen, ob die Worte V. 17b nicht vielmehr eigentlich von Mose an Pharao gesprochen werden und nicht von Jahve an Mose.

Die Bestellung des göttlichen Befehls durch Mose zu erzählen, wird in J — es sei erlaubt, den Hauptbericht vorgreiflich so zu bezeichnen — nicht für nötig gehalten [1]), es folgt vielmehr sogleich der wirkliche Vollzug der Strafe. Gemäss der Ankündigung erwartet man, dass Jahve direkt und mit eigener Hand den Schlag führt. Dies geschieht auch wirklich in Nr. 3 und Nr. 4, vgl. 8, 20 und 9, 6. In Nr. 2 ist J an der betreffenden Stelle durch Q (8, 1—3) verdrängt, in Nr. 1, wie wir gesehen haben, ausserdem noch mit der zweiten Quelle des Jehovisten versetzt (7, 20b. 21a b. 24). Dies letztere ist ebenso der Fall in Nr. 5 und 6. Während in der Ansage 9, 13—21 der Stab Mose's nicht erwähnt wird, erscheint er dagegen in der Ausführung V. 22sqq. Man sieht aber hier der Erzählung an, dass sie überfüllt und in Unordnung ist. In V. 23 heisst es erst, „Jahve gab Hagel“ und gleich darauf wieder „Jahve liess Hagel regnen,“ und in V. 24 unterbrechen die Worte ואש מתלקחת בתוך הברד die notwendige Verbindung zwischen ויהי ברד und כבד מאד auf störende Weise. Nach V. 18 ist J aus V. 22—24 folgendermasssen auszuschälen „und am folgenden Tage, da liess Jahve Hagel regnen über alles Kraut des Feldes in Aegyptenland, und es ward ein sehr schwerer Hagel, desgleichen nicht gewesen war in Aegypten, seit es einem Volke gehörte.“ Ebenso ist auch in Nr. 6 der Stab Mose's 10, 12sqq., von dem in

1) Nur 10, 1sqq. macht eine Ausnahme, aber hier ist gewiss nicht das Ursprüngliche bewahrt. Denn in V. 1. 2 hat Jahve noch nichts aufgetragen, sondern bloss Vorbereitungen dazu gemacht, es fehlt der ganze Inhalt seines Wortes.

der vorausgeschickten Drohung so wenig wie sonst die Rede ist, in J erst von anderswo eingedrungen. Denn dem erhobenen Stabe
536 hat nicht Jahve Folge zu leisten, sondern die Heuschrecken (gegen V. 13[1]), und sie dürfen den Mose nicht bis zum folgenden Tage warten lassen, sondern müssen gleich kommen. Man hat demgemäss zu scheiden:

12. Und Jahve sprach zu Mose: streck deine Hand aus über Aegyptenland, dass die Heuschrecke heraufkomme und alles Kraut des Landes fresse, alles was der Hagel übrig gelassen hat. 13. Da streckte Mose seinen Stab aus über Aegyptenland, 14. und die Heuschrecke kam herauf über ganz Aegyptenland.

13. Und Jahve führte einen Ostwind über das Land, jenen ganzen Tag und die ganze Nacht; als der Morgen kam, hatte der Ostwind die Heuschrecke hergetragen. Und sie lagerte in dem ganzen Gebiet Aegyptens, in schwerer Menge, wie nie zuvor gewesen und künftig nie sein wird.

Auch in V. 15 ist die Doppelheit in den Ausdrücken kaum zu verkennen, vgl. עשב הארץ und hinterdrein עשב השדה; פרי העץ und dann ירק בעץ. Endlich ist noch die unverhältnismässige Länge von Nr. 5 und 6 im Vergleich zu den übrigen Stücken von JE hervorzuheben.

Durch einen glücklichen Umstand trifft es sich, dass die zweite Quelle des Jehovisten, von der sich bisher nur eben die Spur verfolgen liess, zuletzt rein und nicht mit J vermengt erscheint, nämlich in 10, 21—27 (ägyptische Finsternis). Gänzlich fehlt hier die Drohung, die in J Tags zuvor an Pharao ergeht und regelmässig die ganze erste Hälfte jedes Stückes einnimmt, vielmehr tritt, nachdem die vorhergehende Plage den König nicht erweicht hat, die neue gleich wirklich selber ein, vgl. V. 21 zu V. 20. Mose erhebt seinen Stab, dann tritt spontan die Finsternis ein, ohne dass Jahve als handelndes Subjekt eingemischt wird. Sie dauert ihre gemessene Zeit, weicht nicht auf Mose's Fürbitte. Auch scheint es, dass Pharao hier nicht sein in der Not gegebenes Versprechen hinterher wieder bricht, sondern niemals die Forderungen Mose's in ihrem vollen Umfange bewilligt. Kurz, der regelmässige und charakteristische Bau der Stücke in J wird hier vermisst, wenn auch die sachliche Aehnlichkeit gross genug ist. Ich mache

[1]) 9, 23 liegt die Sache anders, יהוה נתן קלת ist so verblasst wie Ζεὺς ὕει, vgl. Gen. 19, 24.

noch aufmersam auf die Schlussformel 10, 27. Es giebt nämlich in JE zwei Varianten derselben, die eine lautet: und Pharao הכביד sein Herz und entliess העם nicht, die andere: und Jahve 537
חזק das Herz Pharao's (resp. intrans. Pharao's Herz חזק) und er entliess die בני ישראל nicht. Jene erscheint vollständig in Nr. 3 und 4 (8, 28 und 9, 7), also in den beiden rein aus J mitgeteilten Stücken, ferner zum Teil in Nr. 2 (8, 11 mit Q zusammen) und Nr. 5 (9, 34). In Nr. 5 ist die zweite Variante damit verbunden 9, 35, und diese erscheint rein in 10, 20. 27 vgl. 11, 10.

Ich nenne den Hauptbericht J, setze ihn also gleich mit dem Jahvisten der Genesis. Zum Teil schon deshalb, weil es eben der Hauptbericht ist, weiter wegen der geschickten Verumständung z. B. in der Angabe, Pharao sei des Morgens am Wasser zu treffen, wegen der lebendigen dramatischen Erzählung, und auch darum, weil hier inclusive der Tötung der Erstgeburt der Plagen sieben sind. An Einzelheiten kommt in Betracht das Land Gosen 8, 18. 9, 26, welches in der Genesis nur in J vorkommt; ferner die Zeitangaben בבקר 7, 15. 8, 16, namentlich in der Konstruktion 10, 13 הבקר היה ורוח הקדים נשא vgl. Gen. 19, 23 und 44, 3, endlich der Gebrauch von העתיר, עשב השדה (gegen ע' הארץ) und גבול (= Land). Den zweiten Bericht in JE würde man dann E nennen dürfen. Er steht sachlich und sprachlich näher zu Q, ein Verhältnis, welches sich gleicherweise auch in der Genesis constatieren lässt.

Auf eine genaue Scheidung von J und E in Nr. 1. 2 (?). 5. 6 wird man besser verzichten. Der Jehovist hat, wie es scheint, nicht bloss den Bestand von E sehr stark angetastet, sondern auch J mit eigenen Zuthaten erweitert. Es ist schon bemerkt, dass das Ausfallen des Befehls 10, 1. 2, statt dessen dann gegen die sonstige Sitte die Ausführung berichtet wird V. 3sqq., schwerlich ursprünglich ist; J wird hier in V. 1—3 das selbe gehabt haben wie z. B. 9, 1, das Uebrige ist Zusatz des Jehovisten, erkennbar auch an כי אני הכבדתי — in J verstockt immer Pharao selber sein Herz — und an dem gänzlich schiefen Du in V. 2. Auch 9, 14 ist eine Variation des Jehovisten auf Grund von 9, 15, sie stört die Konstruktion und verwischt den hypothetischen Sinn des Ganzen [1]). Noch andere Breiten, Uebergänge der Erzählung in

[1]) 9, 15 sq. „Denn ich hätte schon meine Hand ausgestreckt und dich und dein Volk mit der Pest geschlagen, dass du verschwunden wärest vom

538 Predigt, scheinen mir auf die überarbeitende Hand zurückzugehen, namentlich auch die Formel ת' כי אין כמני, תדע כי אני יהוה, worin das vom Sprachgebrauch in J abweichende אני häufig ist. Ich halte es endlich nicht für unmöglich, dass Aharon an den Stellen, wo er neben Mose in J auftritt, erst durch den Jehovisten hereingebracht ist. Der Befehl Jahve's, vor Pharao zu treten, ergeht nämlich in J immer an Mose allein 7, 14. 26. 8, 16. 9, 1. 13. 10, 1; nur im weiteren Verlauf erscheint daneben viermal Aharon, nämlich immer in dem Falle, wenn Pharao in der Not Mose und Aharon holen lässt, um ihre Fürbitte in Anspruch zu nehmen. Merkwürdigerweise aber wird hinterher wieder Aharon völlig ingnoriert, Mose antwortet allein, redet nur in seinem, nicht zugleich in Aharon's Namen (8, 5. 22. 25. 9, 29), und obwohl er selbander gekommen, geht er doch im Singular wieder fort und bittet im Singular 8, 8. 26. 9, 33. 10, 18. Unter diesen Umständen ist auch der Wechsel des Numerus שׂא נא . . . והעתירו 10, 17 verdächtig genug. Es scheint, als ob der Jehovist grade bei der Fürbitte die Assistenz Aharon's für angemessen gehalten habe.

Das Ende der Verhandlungen mit Pharao ist 10, 28—11, 10. Da 10, 27 Schlussformel ist, so ist V. 28sq. nicht Fortsetzung des unmittelbar vorangehenden Berichts, sondern stammt aus J, vgl. zu V. 28. Gen. 2, 17. Die beiden Verse sind mit dem Stück 10, 1—20 zu verbinden, dessen jahvistischer Abschluss gegenwärtig durch V. 20 verdrängt ist. Die Fortsetzung der Rede Mose's an Pharao 10, 29 ist 11, 4—8 (vgl. 10, 29 mit 11, 8); sehr übel drängt sich 11, 1—3 dazwischen, wie bereits Knobel empfunden hat. Vgl. den jahvistischen Sprachgebrauch V. 6 (9, 18. 10, 14), V. 7 (8. 18. 9, 4). Demgemäss wäre 11, 1—3 = E. Die letzten beiden Verse des Kap. 11 rechnet man gewöhnlich zu Q, und allerdings lassen ישמע אליכם V. 9 und משה ואהרן V. 10 auf diese Quelle schliessen. Man versteht nur nicht recht, wie der 9. Vers hierher gehören und mit V. 10 verbunden sein kann; denn ישמע ist Futurum.

3. Wenden wir uns nun zu JE Kap. 1—5, so ist die Thatsache, dass hier zwei Quellen benutzt sind, ziemlich anerkannt,

---

Erdboden, aber um deswillen habe ich dich gefristet . . . ." כי עתה hat hier den selben Sinn wie nach לו. In V. 14 ist die Auflösung dieser Partikel in בפעם הזאת ebenso aus Misverständnis entsprungen, wie das Participium שלח statt des hypothet. Perfectums.

aber über ihre Ausscheidung ist man keineswegs einig. In Kap. 1, wo V. 6. 8—12. 15—22 und einige Worte aus V. 7 und V. 14a zu JE gehören, ist J zu erkennen in V. 6, וירבו ויעצמו V. 7, V. 8—10; vgl. תקְרֶאנָה V. 10, und V. 9 mit Gen. 11, 6sq. Dahingegen ist der Sprachgebrauch von V. 11sq. eigentümlich abweichend, vgl. die שרי מסים statt der נגשים und das Verbum קוץ in der 539
Bedeutung Angst haben. Man wird diese letzteren beiden Verse wohl zu E rechnen müssen, ebenso auch V. 15—21, wegen אלהים und weil die Namen der Hebeammen genannt werden. Nur der zweite Teil von V. 20, der die Verbindung zwischen V. 20a und V. 21 unterbricht, wird wegen רבה ועצם (V. 7. 9) zu J gehören, ebenso V. 22, eine Variante zu V. 15—21, wahrscheinlich auch die in Q eingesprengten Worte בחמר ובלבנים ובכל עבדה בשדה, da die Vorstellung in E V. 11 eine etwas andere ist.

In Kap. 2, welches mit Ausnahme von V. 23b. c. 24sq. ganz zu JE gehört, ist die Scheidung nicht durchzuführen, wenngleich die Geburt und Flucht Mose's sowohl in J als in E erzählt sein wird. Der Satz V. 6 „und sie sah den Kleinen und siehe es war ein weinender Knabe“ ist schwerlich aus einer Feder geflossen. In dem selben Verse fallen die Worte ותחמל עליו wegen ihrer Stellung vor dem folgenden Satz auf, welche letztere sich am natürlichsten an ותרא את־הילד[1]) anschliessen würde. Vermutlich ist ferner die Namengebung 2, 10 alsbald nach der Rettung erfolgt, nicht erst, nachdem der Knabe gross geworden, wie es denn schwerlich die selbe Hand ist, die in V. 11 ויגדל משה und in V. 10 ויגדל הילד geschrieben hat. Vielleicht also — zumal wenn nach V. 1sq. Mose als erstes Kind der Ehe gilt — ist in den Hauptbericht ein anderer eingearbeitet, der nichts von Mose's Schwester weiss, sondern einfach erzählt: „und siehe ein weinender Knabe und sie erbarmte sich seiner V. 6 (und nahm ihn auf), und er ward ihr Sohn und sie nannte ihn Mose, weil sie ihn aus dem Wasser gezogen hatte V. 10.“ Endlich scheint es, dass V. 15 eine andere Motivierung der Flucht Mose's enthält als V. 13sq., und dass in dem selben Verse die beiden Schlusssätze keinen fortlaufenden Faden darstellen. V. 11—22 gehört im Ganzen zu J,

---

[1]) ותראהו ist eine Correctur, um את־הילד fortzuschaffen, vergl. LXX. Im MT blieb beides nebeneinander stehen.

vgl. אכן V. 14 mit Gen 28, 16 und רהטים V. 16 mit Gen. 30, 38; V. 1—10 im Ganzen zu E (יֶלֶד, אָמָה). Ob der Name Reguel aus J herkommt, bezweifle ich[1]. J nannte ursprünglich vielleicht überhaupt keinen Namen; Jethro scheint erst jehovistisch zu sein, vgl. zu Kap. 18.

540 In Kap. 3 passt der mit Q 6, 2sqq. parallele Passus, worin Gott seinen Namen Jahve offenbart, nämlich V. 10—15, ohne Zweifel nicht für J, sondern nur für E. Wirklich erscheint hier überall im Munde des Erzählers אלהים V. 11. 12. 13. 14. 15, während von nun ab dies Kriterium für längere Zeit aufhört, freilich wie es scheint, mehr durch Schuld des Bearbeiters, als nach der Absicht des Elohisten selber, der nach wie vor für gewöhnlich den allgemeinen Namen gebraucht zu haben scheint[2]. Auch in 3, 1—9 finden sich von E zerstreute Spuren, so in V. 4 der Satz nach dem Athnach mit dem charakteristischen Anruf im Vokativ (vor der eig. Anrede) und mit der Antwort הנני, vgl. ausserdem Elohim nach dem kurz vorhergehenden Jahve. Daran schliesst sich V. 6 (האלהים) und V. 9. Uebrigens liegt hier vorzugsweise J zu Grunde (vgl. V. 8), ebenso wieder in 3, 16—4, 17, obgleich auch da Motive aus E einfliessen, z. B. 3, 21sq. (11, 1—3). 4, 17. Man muss jedoch beachten: bei solchen Reden Jahve's verfährt der Jehovist freier als sonst und componiert, unter Benutzung seiner Vorlagen, ziemlich selbständig. Bestimmt auf J führen 3, 16—18 (vgl. V. 18 דרך שלשת ימים mit 8, 23 und א' העברים mit 7, 16. 9, 1. 13. 10, 3) und namentlich 4, 1—9. Denn hier werden die Zeichen, die Mose thut, von den ägyptischen Plagen — die nachher Jahve allein bewirkt — unterschieden; sie geschehen nicht vor Pharao, sondern vor dem israelitischen Volke, um den Gesandten Jahve's bei diesem zu beglaubigen (4, 30); dabei spielt der Stab als Medium überhaupt keine Rolle und fehlt bei den beiden letzten Zeichen gänzlich. Eine ganz andere Vorstellung, die nach dem, was wir

[1] schwerlich ist der Vater Hobab's Num. 10, 29 der Priester von Midian mit seinen sieben Töchtern Exod. 2, 16 sqq.

[2] In V. 14 am Schluss ist אהיה eigentlich nicht mehr passend, Jahve selbst nennt sich mit Recht ὁ ὤν in 1. Person, für andere aber ist er ὁ ὤν in 3. Person, also יהוה. Auf die Frage, wie sein Name sei, antwortet Gott: „Bin — sintemal ich bin. So sollst du zu Israel sagen: Ist hat mich zu euch gesandt.“ So nach Ibn Ezra.

über Kap. 7—10 erkannt haben, sicher auf E führt, findet sich 4, 21. 17. Hier sind wie in Q die Zeichen, die Mose verrichten soll, eben die Plagen, er thut sie vor Pharao, nicht vor dem Volke, der Stab ist bei allen das notwendige Vehikel.

Hat man bei 3, 1 —4, 17 die Empfindung, ein Stück aus
Einem Guss vor sich zu haben, so macht sich umgekehrt bei
4, 18sqq. der zusammengesetzte Charakter sehr bemerklich. Offen-
bar ist weder 4, 19 die Fortsetzung von 4, 18, noch V. 21 von
V. 20, noch V. 27 von V. 24—26. Sehen wir vorläufig ab von 541
V. 27—29, so ist für J in Anspruch zu nehmen V. 18. 20. 24. 25
und zwar deshalb, weil Mose hier Weib und Kind mit nimmt und
nur einen Sohn (בְּנוֹ V. 20) hat, gegen E 18, 2sqq. Zu E gehört
dann V. 19. 21—23 vgl. bes. V. 21. Man könnte denken, dies
Stück knüpfe, alles dazwischen Liegende überschlagend, direkt an
JE 2, 23. Bei näherer Ueberlegung erhellt aber, dass 4, 19. 21
doch nicht die erste Offenbarung Jahve's an Mose sein kann, son-
dern eine frühere inhaltreichere voraufgegangen sein muss. Es
scheint also, dass in E der Auftrag, Israel zu befreien, nicht wie
in J ohne weiteres zusammen fiel mit dem Befehl nach Aegypten
zurückzukehren; erst etwas später bei einem bestimmten näheren
Anlass wird diese praktische Konsequenz gezogen. Darnach ist die
Richtigkeit der gegenwärtigen Stellung des ersten Satzes von 2, 23
zu beanstanden (vgl. LXX 4, 19), möglicherweise hat sich der
Jehovist um J's willen eine Umstellung erlaubt. Die Hand des
Jehovisten ist ebenfalls bei der Placierung des letzten Satzes von
4, 20 thätig gewesen, der nicht zu J, sondern zu E gehört, und
desgleichen vielleicht bei einigen Redewendungen von V. 22sq. —
Was 4, 27—31 betrifft, so ist der pragmatische Zusammenhang
des Stückes in seiner gegenwärtigen Gestalt nicht zu leugnen.
Deutlich nun stammt V. 29—31 aus J, wegen der Rückbeziehung
auf 3, 16 und wegen V. 30: er that die Zeichen vor dem Volk.
Andererseits steht V. 27 nicht in Verbindung mit J V. 18. 20.
24—26, denn in diesen Versen ist Mose schon weiter als am Berge
Gottes, wo Aharon ihn treffen soll. Wie also? soll man V. 27 zu
E weisen? Dazu sind V. 27—31 zu gleichartig und geschlossen.
Ich glaube, dass Aharon hier ebenso wie in JE Kap. 7—10 erst
durch den Jehovisten — wenn auch vielleicht auf Grundlage von
E — eingeführt und gleich dem Mose einer früheren Anwesenheit
auf dem Horeb gewürdigt worden ist. In J hat Mose zu dem

Volk geredet und die Zeichen gethan — das erheischt 4, 1—9[1]). Der Jahvist weiss nichts von Mose's mangelnder Redefähigkeit, er lässt ihn sogar vor Pharao in Kap. 7—11 ausschliesslich das Wort führen. Auch 5, 1sqq. ist das pluralische Subjekt ursprünglich
542 nicht Mose und Aharon, sondern nach 3, 18 vgl. mit 5, 3 notwendigerweise Mose und die Aeltesten.

5, 1 —6, 1 ist wohl im Ganzen aus J entlehnt, vgl. V. 3 mit 3, 18. 8, 23. 7, 16. 9, 1. 13. 10, 3 und die נגשים (gegen 1, 11). Doch fällt מתכנת V. 8 gegen תכן V. 18 auf und hie und da eine Abundanz der Rede, z. B. V. 4. 5.

Man sieht: so wenig sich in JE Ex. 1—11 die Scheidung in's Einzelne hinein durchführen lässt, so ist doch die Thatsache evident, dass dies Geschichtswerk auch hier wie in der Genesis aus J und E zusammengesetzt ist, durch die Hand eines Bearbeiters, der viel freier mit seiner Vorlage verfuhr und sie dadurch viel mehr zu einem Ganzen verschmolz, als es der letzte Redaktor mit Q und JE gethan hat.

Der Auszug und die Ankunft am Sinai. Exod. 12—18.

1. Die Passahnacht 12, 1 —13, 16. Aus Q: 12, 1—21. 28. 37a. 40sq. 43—51. 13, 1. 2. Nicht V. 21—23, denn diese Verse sind unabtrennbar von V. 24—27, und trotz aller Aehnlichkeit differieren sie von Q in Sachen und Ausdrücken, vgl. V. 21 die Aeltesten, das Zusammenfallen von Nehmen und Schlachten des Opfers, bei dem das einjährige Alter nicht hervorgehoben wird (gegen V. 3. 6), V. 22 den Satz: „und nehmt ein Bund Ysop und taucht es in die Blutschüssel und berührt damit" gegen V. 7. Auch nicht V. 42, denn die Vigiliennacht ist nicht das Passah des Vierbundesbuchs. Andererseits ist es ebenso wenig zu rechtfertigen, wenn Kayser V. 11—13 zu JE ziehen will, denn dort ist die ängstliche Eile nicht als Ritus befohlen, sondern geschichtlich veranlasst und hat seine Stelle nicht beim Passah, sondern bei den Mazzen (Deut. 16, 3), ferner ist der Ausdruck שפטים nur bei Ezechiel und in Q gebräuchlich und endlich scheint משחית V. 13 Abstractum, dagegen V. 23 Concretum zu sein. Auch V. 37a gehört der Form nach zu Q, obwohl in JE an dieser Stelle eine ähnliche Nachricht

---

[1]) vielleicht besser 4, 1—12. denn streng genommen schliessen V. 10—12 und V. 13sqq. einander aus, so dass V. 10—12 besser noch als zum Vorhergehenden (zu J) gehörig zu betrachten sind.

gestanden haben muss. Es ist übrigens, was wir als Q bezeichnen, hier schwerlich ein schriftstellerisches Ganzes einheitlicher Conception, dennoch aber JE gegenüber als Einheit zu betrachten, mit durchaus gleichen Ausdrücken, Vorstellungen, gesetzlichen Institutionen. Dabei beruhigen wir uns vor der Hand.

In JE ist 12, 29—39. V. 42 die Fortsetzung von 11, 4—8. Wenn aber dort vorzugsweise J zu Grunde gelegt ist, so hier E. Denn während 10, 29. 11, 8 ausdrücklich gesagt ist, Mose werde
nicht wieder vor Pharao erscheinen, sondern dieser selbst mit all 543
seinen Knechten sich zu ihm bemühen, lässt Pharao 12, 31 in totalem Widerspruch dazu Mose und Aharon zu sich rufen. Auf E weisen auch die Ausdrücke, wenigstens von V. 31 an, vgl. V. 32 mit 10, 24. 9, ferner גברים und טף V. 37, endlich בְּנֵי יש׳ wofür J einfach ישראל sagt, V. 31. 35. 37. Doch wird daneben noch J benutzt sein, namentlich V. 29sq.: in V. 30a wird der Ansatz dazu gemacht, den Pharao und seine Knechte zu Mose „herabgehen“ zu lassen.

Schon der direkte Anschluss von 12, 29 an 11, 8 beweist, dass 12, 21—27, wenn es überhaupt zu JE gehört, doch jedenfalls ein jüngerer Zusatz zu der Erzählung der ursprünglichen Quellen ist. Das Gleiche erhellt daraus, dass hier (wie in Q) die Verschonung Israels von Seiten des Würgengels als das der Feier zu Grunde liegende Faktum betrachtet wird. In J und E wird daran nicht gedacht, dass die Plage auch Israel hätte treffen können[1]), es gilt als selbstverständliche und an keine weitere Bedingung geknüpfte Voraussetzung, dass „Gott einen Unterschied macht,“ aller Nachdruck ruht auf dem tödlichen Schlage der starken Hand selbst, dieser Schlag und nicht die Verschonung davon wird gefeiert. So auch 13, 3—16. Indessen gehört dies letztere Stück trotzdem nicht zu dem älteren Bestande von JE, sondern geht ebenso wie 12, 21—27 auf eine spätere, wenn auch nicht die gleiche Hand zurück. Denn ursprünglich muss auf das Stück 12, 29—42 (excl. V. 40sq.) alsbald 13, 17sqq. gefolgt sein. Eine unschicklichere Stelle für die Predigt, welche Mose 13, 3—16 hält „Gedenket an den heutigen Tag u. s. w.“ — wobei er Kap. 14 beständig ante-

---

[1]) Nach J wohnt Israel gar nicht unter den Aegyptern, sondern für sich im Lande Gosen. Auch der Schlusssatz in 12, 22 stimmt nicht zu den sonstigen Voraussetzungen, wohl aber mit Num. 33, 3 ממחרת הפסח.

cipiert — lässt sich nicht denken, zumal wenn der Auszug wirklich in der Verwirrung und Eile vor sich gegangen ist, wie vorher und nachher berichtet wird; den ursprünglichen Erzählern, denen die Sache doch einigermassen in der Vorstellung lebendig und gegenwärtig gewesen sein muss, kann man ein so völliges Herausfallen aus der Situation nicht zutrauen. Man beachte ausserdem die Ausdrücke בית עבדים V. 3. 14, עבד עבדה in kultischem Sinne V. 5, העביר und שגר V. 12, הזכרים V. 12. 15, חֹזֶק יד V. 3. 14. 16 statt הקשה, יד חזקה mit ausgelassenem Objekt und mit Subjekt Pharao statt כבד את־לבו oder חזק את־לבו (gewöhnlich mit Jahve
544 als Subjekt). Weiter den predigenden Ton, der den Aelteren völlig fremd ist; endlich die Stufe der Religiosität, die hier herrscht und sich z. B. V. 9. 10 sehr deutlich ausspricht. Es ist ungefähr die deuteronomische, auf der jedenfalls die Autoren, welche uns von den Patriarchen erzählen, wie sie Steine und Altäre aufrichten, heilige Bäume pflanzen und Brunnen graben, nicht stehen. An das Deuteronomium (Deut. 6. 7. Jos. 4) erinnern auch die Ausdrücke und Wendungen, und die Verordnung 13, 6 entspricht ganz derjenigen in Deut. 16, 8, im Gegensatz einerseits zu Exod. 12, 16, andererseits zu 23, 15. 34, 18[1]).

Der Verfasser von 13, 3—16 ist wenn nicht der Jehovist selber, ein deuteronomistischer Bearbeiter desselben. Er ist sowohl in manchen charakteristischen Ausdrücken abhängig von den jehovistischen Quellen, als auch in den Elementen selber, die seiner ermahnenden Rede zu Grunde liegen und das einzig Inhaltliche darin bilden. Diese Elemente sind V. 6sq. und V. 12sq., und sie sind im Ganzen wörtlich entnommen aus 34, 18—20. Bemerkenswerte Unterschiede sind nur einmal der Zusatz V. 6 „am 7. Tage ist ein Fest Jahve's,“ sodann die Verschärfung V. 7: „nichts Saures und Säuerndes soll sich bei dir finden in deinem ganzen Gebiet,“ endlich V. 12 das העביר. Diese Unterschiede teilt unser Stück mit dem Deuteronomium (16, 8. 4), העביר speciell mit den Schriftstellern des siebenten Jahrhunderts und des Exils. — Hin-

---

[1]) Nunmehr kann man sagen, dass nach der Ueberlieferung der Quellen von JE das Fest nicht durch den Auszug, sondern eher der Auszug durch das Fest veranlasst worden ist, s. 5, 1. 3. 8, 21 sqq. 10, 8sq. 24sqq., womit zusammenhängt 11, 2sq. 12, 35sq. (Knobel zu 3, 22 und Hos 2, 15). Bloss die Mazzen werden 12, 34 geschichtlich erklärt, ausserdem V. 42 die Vigiliennacht zum Andenken an den nächtlichen Auszug.

gegen ist 11, 21—27 schwerlich dem Jehovisten zuzuschreiben. Das Redenhalten an's Volk und der Ton erinnern zwar an 13, 3sqq., vgl. 12, 24—27 mit 13, 5. 8. 10. 14sq., aber schon in diesen Versen differieren die Ausdrücke sehr merklich, und schwerlich hat das Passahopfer 12, 27, um deswillen Israel vom Würgengel geschont wurde, Platz neben der Erstgeburt von Rindern und Schafen, die dargebracht wird, weil Jahve alle Erstgeburt Aegyptens tötete und mit gewaltiger Hand sein Volk ausführte 13, 15. Man wird 12, 21—27 entweder für einen späteren Zusatz zu JE halten müssen, oder aber für einen Anhang unbekannten Ursprungs zu Q: es steht in der Mitte zwischen beiden, in Form und Ton etwas
mehr auf seiten des Jehovisten, in der Sache fast ganz auf seiten 545
von Q. Doch ist neben den bereits oben angemerkten Nüancen noch hervorzuheben, dass in Q das Benetzen der Thürpfosten mit dem Lammblute als etwas nur einmal zu bestimmtem Zwecke in Aegypten Geschehenes angesehen wird[1]), dahingegen in V. 21—27 als ein alljährlich zu wiederholender ständiger Ritus.

2. *Der Uebergang durch's Schilfmeer* 13, 17—15, 21. Nach Knobel scheidet Nöldeke für Q aus: 13, 20. 14, 1—4. 8. 9. 10 (Schluss). 15—18. 21 (a + d). 22. 23. 26. 27a. 28. 29. Mich dünkt, hier sei zu viel für Q in Anspruch genommen. Zunächst spricht schon die Redensart *Jahve verhärtete Pharao's Herz* (V. 3. 4. 8. 17), auf die sich Nöldeke beruft, mehr für den Verf. von 10, 19. 27, als für Q, wo es gewöhnlich neutral heisst: *Pharao's Herz blieb hart.* Das würde freilich wenig in's Gewicht fallen, wenn nicht an den drei Stellen, wo jene Redensart erscheint, regelmässig noch andere Bedenken sich erhöben. V. 3. 4 sind weder sachlich noch formell eine gute Fortsetzung dessen, was Mose zu Israel sagen soll, vielmehr schliesst ויעשו כן am Schluss von V. 4 unmittelbar an V. 2 an. In V. 8sq. fällt die Dublette auf: „Pharao setzte hinter den Kindern Israel her . . . . . die Aegypter setzten hinter ihnen her“; mit V. 8b. nach dem Athnach scheint neu angesetzt zu werden. Das schwerste Bedenken erhebt sich bei V. 16—18sqq. Den Stab Mose's aus späterer Ueberarbeitung zu erklären und sich dafür auf V. 21. 26sq. zu berufen, geht nicht an. Vergleicht man nämlich 8, 2 mit 8, 13, oder 9, 22 mit 9, 23, oder 10, 12 mit 10, 13, oder 17, 9 mit 17, 11sq., oder

---

[1]) vgl. b. Sanhedrin 15b. Wähner, Antiq. I 606.

Jos. 8, 18 mit V. 19, so ist unwidersprechlich, dass zwischen 14, 16 und 14, 21. 26sq. durchaus keine Differenz besteht, sondern auch in den letzteren Versen der Stab in der Hand Mose's vorausgesetzt wird (ebenso wie 10, 21, vgl. 4, 17, wo das ein für allemal gesagt ist). Schliesslich ist es doch auch ein wunderbarer Umstand, dass von V. 15 an kaum ein einziger für Q charakteristischer Ausdruck (z. B. קהל עדה) vorkommt und dass Aharon so gänzlich zurücktritt, der in Q bisher stets das Subjekt von ויט ידו gewesen ist.

Mit Sicherheit ist aus Q ausser 13, 20[1]) nur abzuleiten: 14,
546 1. 2. V. 4: ויעשו כן, V. 8b. 9 (mit Ausn. der על־הים und על פי החירת trennenden Worte), V. 10: ויצעקו ב׳ י׳ אל־יי, V. 15 (mit Ausn. von מה תצעק אלי). Von da ab verliert sich die Spur dieser Quelle (V. 28?). Das, was man sonst noch dazu gerechnet hat, aus ihr abzuleiten, dazu ist man darum gekommen, weil man immer nur von der Entgegensetzung zweier Quellen ausging. Es sind aber drei, die jehovistische Erzählung ist, wie das jehovistische Geschichtsbuch überhaupt, aus zwei Bestandteilen zusammengesetzt, welche sich sogar noch aus dem zu Gunsten von Q verstümmelten Reste desselben erkennen lassen. Denn wie lässt sich das Verhältnis von V. 19a zu V. 19b anders erklären? Die Stellen, die man fälschlich zu Q gewiesen hat, rühren aus E her. Der Stab Mose's ist dafür entscheidend, vgl. S. 64sqq. 70; die Ausdrücke stimmen wenigstens, wenn sie auch nicht beweisend sind. Die Scheidung zwischen J und E trifft von V. 21 an zusammen mit Knobel's Scheidung der „Grundschrift“ und des Jehovisten. Der Unterschied der beiden Quellen gestaltet sich hier genau ebenso wie bei den Plagen: in J führt Jahve durch elementare Gewalt das Wunder herbei, in E Mose durch das Aufheben seines Stabes. Es hängt damit zusammen, dass die Sache dort viel natürlicher zugeht, wie hier. „Jahve liess das Meer durch einen starken Ostwind, der die ganze Nacht wehte, schwinden und machte es trocken V. 21 (die Hebräer zogen durch, die Aegypter hinterdrein; am jenseitigen Ufer gerieten sie an einander); und gegen die Morgenwache kehrte sich Jahve zu des Aegypters Herr in der Feuer- und Wolkensäule und bestürzte des Aegypters Heer V. 24 und hemmte das Rad seiner Wagen und liess ihn in's Unwegsame geraten. Da sprach der Aegypter: ich will fliehen vor Israel, denn

[1]) Dieser Vers gehört nicht zu JE, denn hier heisst אתם (Οθωμ) vielmehr פתם, mit dem ägyptischen Artikel.

Jahve streitet für sie gegen Aegypten V. 25. Aber das Meer kehrte zurück gegen Morgen zu seinem gewöhnlichen Stande, und die Aegypter flohen ihm entgegen und Jahve schüttelte sie mitten in's Meer V. 27. An jenem Tage half u. s. w. V. 30. 31." In E erhebt Mose den Stab, da spaltet sich das Meer, die Israeliten gehen hindurch; als sie drüben sind, erhebt Mose wieder die Hand, da stürzen die Wassermauern über den verfolgenden Aegyptern zusammen. Beachtenswert ist, dass diese Vorstellung der Sache abhängig ist von dem Liede 15, 8. Vor V. 21 ist die Zerlegung von JE nicht so sicher zu bewerkstelligen. Zu E gehören V. 3. 4 (excl. ויעשו כן) V. 7. 8a. כל סוס . . וחילו in V. 9. Anfang von V. 10. מה תצעק אלי in V. 15. V. 16—18. V. 19a und vielleicht der Schlusssatz von V. 20. Zwischen V. 10 und V. 15 muss erzählt 547
sein, dass Mose, bedrängt von seinen Landsleuten, verzweifelnd zu Gott schrie (17, 4). Zu J gehören V. 5. 6. והנה מ' . . . . מאד in V. 10. V. 11—14. V. 19b. V. 20. In V. 20 ist der Text entstellt, es muss hier der Uebergang von Tag zu Nacht gemacht werden, etwa so: ויהי חשך ויאר (הענן) את הלילה. Formelle Kriterien: für E der häufige Gebrauch von בני ישראל, פרעה; für J מצרים, ישראל (singularisch).

In 13, 17—22 scheint der Jehovist ebenso wie in 12, 29—42 vorzugsweise E zu Grunde gelegt zu haben (excl. V. 21sq. = J), vgl. אלהים V. 17sq., und V. 19 mit Gen. 50, 24. Auch das Festlied in Kap. 15 könnte man wegen 15, 8 und weil 15, 19 mit 14, 23. 29 stimmt, versucht sein zu E zu weisen. Dagegen aber spricht 15, 17 die Erwähnung Jerusalems; das Lied muss also erst vom Jehovisten aufgenommen sein, wenn es nicht vielleicht am Schluss von späterer Hand erweitert ist.

3. Der Zug durch die Wüste und die Ankunft am Sinai. Kap. 15, 22—18, 27. Zu Q rechnet man zunächst 15, 22. 23. 27. Zugegeben, dass Q diese Stationen enthalten hat —, ebenso gewiss hat sie auch JE enthalten, denn wenn Elim hier gegenwärtig nicht mehr anderweit nachweisbar ist, so steht die Sache für Q mit Jam Suph nicht anders. Mit welchem Rechte nun macht man JE hier unvollständig, um Q vollständig zu machen? Nach dem Zusammenhange hat doch JE das nächste Recht auf diese Verse, V. 22b. und V. 23 stehen in ganz deutlicher Beziehung zu V. 24sqq.[1]). Es müssten sehr bedeutende formelle Gründe für

[1]) vgl. Kayser S. 50. Zu 15, 25 Jos. 24, 25.

Q sprechen, um die Herausreissung zu rechtfertigen. Aber gerade das Gegenteil ist der Fall. In V. 22 ist ויסע משה dieser Quelle fremd, ebenso wie ישראל (statt dessen בני י' oder בית י'), in V. 23 fehlt das charakteristische ויסעו מן an der Spitze. Desgleichen in V. 27, im letzteren Verse passt auch der episodische Inhalt viel eher zu JE als zu Q. Mit Num. 33 richtet man nichts aus, wenn man nicht vorher den Nachweis liefert, dass es unmöglich oder unwahrscheinlich sei, dass der Verfasser dieses Katalogs jünger sei als JE. — Weiter soll nach Nöldeke ganz Kap. 16 aus Q stammen, nur dass man vielleicht einige kleine Zusätze anzunehmen habe[1]).
548 Die Zusätze sind jedoch so klein nicht. Wenn V. 9sqq. aus Q herrühren, so V. 4—8 sicher nicht, denn unleugbar wissen wir aus V. 4—8 schon alles, was wir erst aus V. 9sqq. erfahren sollen. Aehnlich wie V. 4—8 zwischen Q V. 1—3 und V. 9sqq., drängen sich V. 27—30 zwischen Q V. 22—26 und V. 31sqq. In V. 24—26 ist es bereits längst Sabbath, also ist V. 27, wo der siebte Tag erst angeht, davon nicht die Fortsetzung: hinwiederum giebt es V. 31 für dass Suffixum in שמו keine Beziehung in V. 27—30, somit schliesst V. 31 an V. 26. Weiter. Wie finden die identischen Angaben V. 15 und V. 31, V. 35a und V. 35b. neben einander Platz? wie vertragen sich die Widersprüche, dass nach V. 21 das Manna bei der Hitze schmolz und dass es V. 23 verkocht und verbacken wurde? dass nach V. 16a. V. 18c—21 jeder nach seinem Bedürfnis (לפי אכלו) sammelte, dahingegen nach V. 16b. 17. 18a. b. jeder immer genau ein Omer? Dazu vgl. messen V. 5 הכיל V. 18 מדד, aufheben V. 19sq. הותיר V. 23sq. הניח, Gewürm V. 20 תולעים V. 24 רמה (überh. V. 20 mit V. 24), doppelte Portion V. 29 לחם יומים V. 22 לחם משנה, ein Wechsel der Ausdrücke, der aus der Spracharmut von Q nicht erklärt werden kann.

Zu Q gehört 16, 1—3. V. 9—13a . . . . V. 16b—V. 18 (bis zum Athnach). V. 22—26. V. 31—34. 35a. Der Faden ist vollständig, nur zwischen V. 13a und V. 16b gelingt die Scheidung nicht; jedoch muss man festhalten, dass V. 15 und z. T. V. 14 nicht gleichen Ursprungs mit V. 31 sein kann und dass der Satz V. 16a durch לפי אכלו von V. 16b—18 getrennt und mit V. 19—21 verbunden wird. Der Rest stammt aus JE, mit Ausnahme je-

---

[1]) Die Prolepsis 16, 33sq. ist übrigens nicht anstössiger als הוצאתי 12, 17. Gegen de Wette, Beiträge II. 223.

doch von V. 36, einer späteren Glosse, und von V. 6—8, einem
Zusatz des letzten Redactors, der bezweckt die Differenzen zwischen
JE und Q zu Gunsten der letzteren Quelle auszugleichen: dort ist
nämlich V. 4 nur von Brot[1]), hier V. 12sq. von Fleisch und Brot
die Rede. Also V. 4sq. V. 13—16a (mit Ausn.) איש לפי אכלו לקטו
V. 18. V. 19—21. V. 27—30. V. 35b = JE. Der bedeutendste
sachliche Unterschied gegen den sonst sehr ähnlichen Bericht aus
Q ist der zweimalige Ungehorsam des Volkes gegen den göttlichen
Befehl. Der Jehovist scheint ziemlich selbständig mit seinen Vor-
lagen zu verfahren und fand z. B. schwerlich den Sabbath darin
vor. Die Thora V. 4 ist nicht das Sabbathsgebot, sondern die be-
stimmte Weisung, nicht mehr als das tägliche Brot, דבר יום ביומו, 549
zu sammeln, es wird auf V. 20 Bezug genommen. Der Ton in
V. 27—30 erinnert an's Deuteronomium, und man fragt, woher
denn die מצותי ותורתי dem Volke bekannt sein sollen? Auch in
15, 22—27 scheint der Jehovist (Deuteronomist?) V. 26 frei zu-
gesetzt zu haben, der Vers führt den unverständlichen Schlusssatz
in V. 25 aus. Aber in ganz schiefer Weise, denn in V. 25 wird
der Brunnen geheilt (s. den betr. Ausdruck 2 Reg. 2, 22. Ezech.
47, 8. 11), nicht Israel. Welche Quelle übrigens in JE 15, 22—27
und Kap. 16 zu Grunde liegt, wage ich nicht zu bestimmen.

In Kap. 17 und 18 gehört nur ein Vers zu Q, nämlich 17, 1. Wenn Kayser dies nicht anerkennen will, so ignoriert er den Ausdruck כל עדת ב' י'. Der letze Satz ואין . . . העם ist allerdings auszunehmen (העם), auch nach 17, 8 befinden wir uns in Raphidim. JE enthält Kap. 17. 18 drei Geschichten: 17, 2—7 Massa und Meriba, 17, 8—16 Kampf mit Amalek zu Raphidim, 18, 1—27 Besuch Jethro's im hebräischen Lager. Widerwillig entdecke ich in 17, 2—7 Spuren der Brüchigkeit. Denn es wäre sehr wünschenswert, wenn man diese Erzählung der einen und die parallele Num. 20, 2sqq. der anderen Quelle des Jehovisten zuweisen könnte[2]). Aber vgl. 17, 2 mit V. 3:

---

[1]) Das Fleisch kommt in JE erst Num. 11.

[2]) Deut. 33, 8 werden Massa und Meriba — zwei verschiedene Orte? — auf eine dritte und ganz abweichende Art gedeutet: Jahve erprobte den Mose in Massa, stritt für ihn (Is. 1, 17) zu Meriba. Nach dem Zusammenhang kann נסה und ריב hier nur im guten Sinn gebraucht sein. Man sieht, wie weiter nichts fest steht als die Namen der Quellorte und wie die Geschichten nur Erklärungen derselben sind. Das eigentliche Deut. erwähnt nur Massa 6, 16. 9,

| | |
|---|---|
| Da hatte das Volk kein Wasser zu trinken, und das Volk zankte mit Mose und sie sprachen: gebt uns Wasser zu trinken! und Mose sprach zu ihnen: was zankt ihr mit mir! was versucht ihr den Jahve! | Da litt das Volk Durst nach Wasser und das Volk murrte gegen Mose und sprach: warum hast du mich heraufgeführt aus Aegypten, mich und meine Kinder und mein Vieh vor Durst zu töten? |

Worauf bezieht sich ferner שָׁם V. 6? und wie verhält sich der Fels am Horeb zu dem Hügel bei Raphidim V. 8sq.? Ich weiss
550 keine Antwort auf diese Fragen. Auch in Bezug auf 17, 8—16 weiss ich nicht, ob der beim Quellenfinden sachlich notwendige Stab Mose's beweisend ist für den gleichen Ursprung dieses und des vorhergehenden Stückes. Derselbe schliesst allerdings Q bestimmt aus, und erweckt ein Vorurteil für E, kommt aber, wenn gleich in viel geringerer Bedeutung, auch in J vor Exod. 4, 1sqq., so dass er zwischen J und E kein sicheres Kriterium bildet. Die Ausdrücke גבר und חלש erscheinen wieder 32, 18, ebenfalls in einer Erzählung wo Mose und Josua die Hauptpersonen sind. Am Schluss ist V. 15sq. eine wenig entsprechende Ausführung des Befehls V. 14, obwohl der Zweck des Buchs und des Altars der selbe ist.

Kap. 18 ist ein im Ganzen heiles Stück aus E. Besonders gilt dies für 18, 13—27, vgl. אלהים V. 15. 16. 19 (ter). 21. 23 und die Parallele Num. 11, 16sq. 24—30. Darnach auch für 18, 1—12, vgl. den Widerspruch von 18, 2—6 gegen 4, 20. 24—26. 2, 22. Aber in dieser ersten Hälfte des Kapitels befremdet der ganz unmotivierte und gegenüber 18, 13sqq. sehr auffallende Wechsel der Gottesnamen. Desgleichen die Namen יתרו und כהן מדין, während es von V. 13 ab immer nur heisst חתן משה. Ferner ist V. 10 deutlich ein Duplum zu erkennen: „der euch gerettet hat aus der Hand Aegyptens und Pharao's, der das Volk gerettet hat unter der Hand Aegyptens weg." Ebenso V. 1: „Jethro hörte, was Elohim Mose und Israel gethan habe, dass Jahve Israel aus Aegypten geführt habe (wo Elohim und Jahve bestätigend hinzutritt)." Darnach wird man geneigt, auch V. 8 für zusammengesetzt

---

22 und scheint die Verse Ex. 17 im Auge zu haben. Aus der Reihenfolge Deut. 9, 22 darf man schwerlich Schlüsse ziehen. Wenn Hieronymus Exod. 17, 7 Meriba auslässt, so hat er dies sicher auf eigene Hand gethan, um nicht mit Num. 20 in Kollision zu geraten. Meriba ist sonst immer Kades.

zu halten, zumal der ganze Passus V. 8—10 an Ueberfüllung leidet. Es scheint somit, dass der Jehovist in 18, 1—12 den Bericht von E mit anderswoher entlehnten Zügen versetzt hat. Auf seine persönliche Rechnung kommt wohl das harmonistische אחר שלוחיה V. 2, auch hat er die Etymologie von Gersom entweder hier nach 2, 22 oder wahrscheinlicher dort nach unserer Stelle eingesetzt. — Es ist, mit Rücksicht besonders auf V. 13—27, bezweifelt worden, ob Kap. 18 hier an seiner richtigen Stelle stehe. Nun ist freilich der Zusammenhang hier überall nur ein ganz äusserlicher, lokaler, die Stücke sind sehr lose aneinandergereiht, und es macht innerlich kaum einen Unterschied, ob die (auch in ihrem Inhalt grossenteils sehr ähnlichen) Geschichten des Wüstenzugs Exod. 17 oder Num. 20, Exod. 16. 18 oder Num. 11 erzählt werden. Aber es scheint doch, dass in Kap. 18 die Israeliten nicht erst frisch vor dem Berge Gottes ankommen, sondern schon länger dort lagern V. 5. 12. 13sqq. Auch sollte man meinen, es sei na- 551
türlicher, wenn die Anstellung der Beamten auf die Gesetzgebung[1]) folge, nicht umgekehrt.

## Die Gesetzgebung und der Aufenthalt am Sinai. Ex. 19—Num. 10.

1. War bisher in der Erzählung von Genesis und Exodus, trotz ihres complicierten Charakters, doch ein natürlicher Gang, ein angemessener Fortschritt leidlich zu verfolgen, so wird das von jetzt ab anders, und zwar deshalb, weil das Vierbundesbuch, dessen dünner historischer Faden bisher ohne merkliche Störung in dem compakteren Gewebe des jehovistischen Geschichtsbuchs mit unterlaufen konnte, nunmehr in sein eigentliches Element, die Gesetzgebung, eintritt und dadurch so kolossal anschwillt, dass es eigentlich ein Ding der Unmöglichkeit war, seitdem die Verschmelzung von Q und JE noch weiter fortzusetzen. „Durch eine höchst traurige, unbegreifliche Redaktion werden diese vier letzten Bücher Mose's ganz ungeniessbar. Den Gang der Geschichte sehen wir überall gehemmt durch eingeschaltete zahllose Gesetze, von deren grösstem Teile man . . . nicht einsehen kann . . ., warum sie hier angeführt und einge-

[1]) Die חקי אלהים ותורתיו sind zwar V. 16. 20 keine fertigen Gesetze, sondern die bei den jedesmaligen Anlässen stets neu geschöpften Rechtsentscheidungen (V. 19), aber sie scheinen doch die Unterweisung Mose's auf dem Sinai und seinen Verkehr daselbst mit Gott schon vorauszusetzen.

schaltet werden.“ Indessen giebt es, um sich in diesem Labyrinth zu finden, ein einfaches und im Ganzen richtiges Mittel, nämlich „sorgfältig zu sondern, was eigentliche Erzählung ist .... von dem, was gelehret und geboten wird.“ Anerkanntermassen gehört die Masse des gesetzlichen Stoffes zu Einer Schicht, zu Q im engeren oder weiteren Sinne, nämlich Exod. 25, 1—31, 17. Kap. 35—40. Lev. 1—27. Num. 1, 1—10, 28. Hiervon werden wir also absehen und zu untersuchen bleibt dann nur noch übrig Exod. 19—24. 31, 17—34, 35. Num. 10, 29 sqq.[1]).

Es wird hier Folgendes berichtet. Am Sinai angelangt, wird Israel zunächst durch Mose auf die bevorstehende Theophanie vorbereitet, darnach fährt Jahve unter Donner und Blitz nieder auf den heiligen Berg und verkündet dem Volke mit lauter Stimme
552 die zehn Gebote 19, 1—20, 18. Erschreckt bitten sie, Mose möge für etwaige weitere Offenbarung die Vermittlung übernehmen. Das geschieht, Mose allein naht sich Gotte, welcher ihm die Gesetze zu weiterer Publicierung mitteilt 20, 19—23, 33. Alle die Worte und Rechte, die er empfangen, legt Mose nun dem Volke vor und verpflichtet dasselbe in aller Form auf den Codex, worin er sie verzeichnet hat. Danach geht er in Josua's Begleitung wieder hinauf zu Jahve, und verweilt dort vierzig Tage. Jahve redet mit ihm und giebt ihm zum Schluss die zwei Tafeln des Zeugnisses Kap. 24. 31, 18. Während der langen Abwesenheit ihrers Führers haben sich die Israeliten unten das goldene Kalb gemacht; darüber ergrimmt, zerschmettert Mose die Gesetzestafeln und vernichtet das Idol, dann aber bittet er wiederum bei Jahve für Israel. Davon indes, dass das Volk bei ihm am Sinai bleibe, will dieser nichts wissen; es müsse fort von der heiligen Stätte. Doch soll die Lade und die Stiftshütte ihm die unmittelbare Gegenwart Gottes ersetzen Kap. 32. 33. Mose erhält nun noch eine Offenbarung, es werden ihm abermals Worte mitgeteilt, welche Jahve dem Volk befiehlt; abermals bleibt er vierzig Tage bei Gott, um die zehn Worte auf steinerne Tafeln zu schreiben Kap. 34. Demnächst brechen die Israeliten auf vom Sinai, nunmehr von der Lade Jahve's geführt Num. 10.

Ein naturgemäss fortschreitender Zusammenhang lässt sich hier nicht einmal im Ganzen und Grossen erkennen. Nach der Ver-

---

[1]) mit dem Vorbehalt, dass vielleicht auch hier sich noch kleinere Stücke aus Q finden, auf die wir zum Schlusse zurückkommen werden.

kündigung des Dekalogs verweilt Mose ein erstes, ein zweites, ein drittes Mal bei Jahve auf dem Sinai, immer zu dem gleichen Zweck, gesetzliche Mitteilungen von ihm entgegen zu nehmen. Offenbar ist, nach dem ersten Male 20, 21. 24, 3, die Aufzeichnung aller Worte und Rechte Jahve's in ein Buch und die kontraktliche Verpflichtung des Volkes darauf ursprünglich gemeint als der förmliche Abschluss der Gesetzgebung 24, 3—8; gegenwärtig aber ist es ein blosses Intermezzo. Denn kaum ist die Feierlichkeit vorüber, so geht Mose (mit Josua) wieder hinauf zu Gott und verweilt dort lange Zeit, während welcher Gott nochmals zu ihm redet, jedenfalls Worte gesetzlichen Inhalts. Endlich finden wir Mose Kap. 34 zum dritten Mal eine lange Weile auf dem heiligen Berge, zum dritten Mal empfängt er hier Worte und schreibt sie auf zwei Steintafeln V. 27sq. Dieser letzte Aufenthalt bei Jahve wird freilich durch den Zweck motiviert, die zerbrochenen ersten Tafeln wieder herzustellen — aber konnte Mose das nicht eben so gut unten besorgen, da ihm Jahve ja doch auf dem Berge nicht
das bereits früher Mitgeteilte noch einmal diktirt, sondern ganz 553
Neues gebietet? Und warum zeigt sich erst das dritte Mal der Abglanz Jahve's auf dem Angesicht Mose's? Ohne Zweifel stehen alle diese drei Aufenthalte Mose's auf dem Sinai, während deren er längere Zeit intim mit Gott verkehrt und Weisungen empfängt, eigentlich auf gleicher Linie, keiner setzt ursprünglich einen, geschweige zwei andere voraus, ihre Aufeinanderfolge ist unpragmatisch im höchsten Grade, ihre gegenseitige Beziehung völlig künstlich. Geht man nun weiter in die Einzelheiten ein, so steigert sich noch die Verwirrung. In Kap. 19 steigt Mose stets den Sinai auf und ab — keine Kleinigkeit: man ahnt nicht zu welchem Zwecke. In Kap. 24 am Anfang und Schluss ist es kaum möglich, sich zu orientieren, auch Kap. 33 hinterlässt vorzugsweise den Eindruck der Confusion. Wenn irgendwo, so ermöglicht hier nur die kritische Analyse ein Sachverständnis, freilich gerade hier eine sehr schwierige und bisher kaum angegriffene Arbeit. Ich will versuchen, die Erzählungsfäden zu entwirren, ohne mich dabei vor der Hand viel um die Durchführung der bisherigen Quellenscheidung zu kümmern.

2. Ich setze an bei Kap. 34. Zu dem Befehl vom Sinai aufzubrechen 33, 1sqq. ist der wirkliche Aufbruch Num. 10, 29 die wahre Fortsetzung. Dieser Sachverhalt wird nun durch das Da-

zwischentreten von Kap. 34 ganz unklar: es kann unmöglich hier seine richtige Stelle haben. Wer versteht den Uebergang von 33, 1—11 auf Kap. 34? und wie entspricht der Ankündigung 33, 17—23 die folgende Ausführung? ist das weiter nichts, als die Erfüllung der etwas neugierigen Bitte: lass mich deine Herrlichkeit schauen? Man betrachte einmal näher den Inhalt des 34. Kapitels. „Sei bereit morgen früh und komm herauf auf den Berg Sinai und stelle dich mir dort auf dem Gipfel des Berges. Und niemand gehe mit dir herauf und soll auch niemand sich sehen lassen am ganzen Berge, auch die Schafe und Rinder sollen nicht gegen den Berg zu weiden." Ist das nicht der *erste* derartige Befehl an Mose, eine einfachere und kürzere, aber deutliche Parallele zu Kap. 19? wozu sonst an dieser Stelle die Vorbereitungen V. 4? „Da machte sich Mose früh am andern Tage auf und stieg auf den Berg Sinai mit den Tafeln in der Hand, und *Jahve fuhr hernieder im Gewölk* und stellte sich dort neben ihn und er rief den Namen Jahve's an." Aber Jahve ist ja längst oben? was soll's, dass er erst jetzt herniederfährt? Kann man zweifeln, dass 34, 5 mit 19, 18. 20 völlig auf gleicher Linie steht? Als ob vorher
554 noch gar nichts dergleichen geschehen wäre, heisst es dann weiter V. 10. 11: „*ich bin im Begriff*, einen Bund zu schliessen, halte, was ich dir *heute* befehle" — von einer Restauration, wie man sie nach Kap. 32sq. erwartet, ist nicht entfernt die Rede, wie denn auch gleich darauf nicht die alten, sondern andere und bisher noch nicht dagewesene zehn Worte geoffenbart und von Mose auf die Tafeln geschrieben werden. Wenigstens ist es nicht abzusehen, worauf sonst „diese Worte" V. 27 sich beziehen können, als auf die eben vorher von Jahve verkündeten[1]. In jedem Punkte bestätigt sich der genaue Parallelismus unseres Kapitels mit Ex. 19. 20: es will nicht die dritte, sondern die erste und einzige Gottesoffenbarung am Sinai erzählen.

Die Verbindung von Kap. 34 mit dem Vorhergehenden ist dadurch ermöglicht, dass Mose die Tafeln, die ihm 31, 18 gegeben sind, zerbricht und nun also neue empfangen soll. Gerade aber in diesem Punkte, bei den Tafeln, zeigt sich die Fuge. Sie sind in Kap. 34 nicht die Copie der früheren, sondern andere, von Mose's Hand gehauen und geschrieben, nicht vom Finger Gottes. Sie

[1] Vgl. Goethe's zwo biblische Fragen, erste Frage: Was stund auf den Tafeln des Bundes?

heissen auch anders, nicht לחת אבן, sondern ל״אבנים. Jene Vermittlung ist also die Idee eines Harmonisten. In Kap. 34 ist die Hauptnaht zu erkennen in den Worten שברת — כראשנים V. 1, welche in eklatantem Widerspruch stehen zu V. 27 und sich auf die Vorstellung 31, 18 gründen[1]). Sonst hat der Bearbeiter sich in Kap. 34 weniger mit Redigieren abgegeben, als vielmehr mit Einfügung erbaulicher Zusätze. Nicht in dem Dekalog V. 14—26 selber, denn obwohl derselbe die gewiss einst deutlich erkennbare Zehnzahl der Worte jetzt nur verdeckt in vermehrter Ausgabe aufweist[2]), so scheint doch diese Erweiterung alt zu sein. Dahin- 555
gegen in V. 6—9. Die Bezugnahme auf den Sündenfall des Volks, also die Hand des Harmonisten, ist hier unschwer zu erkennen, und es zeigt sich denn auch, dass weder V. 9 mit dem Folgenden, noch V. 6 mit dem Vorhergehenden den gehörigen Anschluss hat. Der 10. Vers entspricht keineswegs als Antwort der Bitte Mose's in V. 9, und was V. 6 betrifft, so deckt sich ויעבר יי על פניו nicht mit ויתיצב עמו שם V. 5. Eine Theophanie als Einführung des gött-

[1]) Vgl. noch die 40 Tage 34, 27, die zu denen 24, 18 in gar keine Beziehung gesetzt sind.

[2]) Lehrreich ist, dass 34, 24 in 23, 17—19 fehlt. Die 10 Gebote sind: 1. Du sollst keinen anderen Gott anbeten. 2. Gussgötter sollst du dir nicht machen. 3. Das Mazzothfest sollst du feiern. 4. Alle Erstgeburt ist mein. 5. Sechs Tage sollst du arbeiten und am siebten Tage ruhen. 6. Dreimal im Jahre sollen alle deine Männer (?) vor mir erscheinen. 7. Du sollst nicht mit Saurem das Blut meines Opfers vermischen (?). 8. Das Fett meines Festes soll nicht bis zum anderen Morgen übrig bleiben. 9. Das Beste der ersten Feldfrüchte sollst du in's Haus Jahve's deines Gottes bringen. 10. Du sollst das Böckchen nicht in der Milch seiner Mutter kochen.“ V. 22 gehört nicht an seine jetzige Stelle (gegen Goethe a. O.); der ältere Wortlaut von Nr. 8 ist 23, 18 erhalten. Die ersten beiden Gebote sind dieselben wie Exod. 20, das zweite hat jedoch hier eine weit beschränktere Fassung. Wie Exod. 20, 25 nicht die Altäre überhaupt, sondern nur gewisse künstliche Altäre verboten werden, so hier nur die Gussbilder, nicht Bilder und Symbole überhaupt. Statt der sittlichen Gebote, die Exod. 20 die Hauptsache sind, erscheinen Kap. 34 lauter Opfer- und Festgesetze; es hängt damit zusammen, dass dort der Einzelne, hier das Volk angeredet ist, denn der Kultus ist Sache der Gesamtheit, die Moral des Einzelnen. — Wir wissen aus Amos und namentlich aus Hosea, welche kolossale Wichtigkeit die Feste für das alte Volk hatten und wie in ihrer Feier eigentlich die ganze Religion aufging. Sehr merkwürdig, dass Exod. 20 nur der Sabbath und kein einziges Fest geboten wird. Gegen den unsrigen bezeichnet dieser erste Dekalog einen äusserst bedeutenden Fortschritt: er verhält sich zu ihm wie Amos zu seinen Zeitgenossen.

lichen Redners ist allerdings zwischen V. 5 und V. 10 ganz am Orte, aber wenn die ursprüngliche Erzählung eine solche enthielt, so ist es doch nicht die, welche wir jetzt hier finden. Diese letztere ist wohl erst erzeugt durch die Absicht, das zu naive und darum anstössige Jahve stellte sich dort zu Mose hin V. 5 authentisch zu erklären, und dabei lief das Misverständnis unter, als sei nicht Mose, sondern Jahve das Subjekt von ויקרא בשם יהוה. Der Vf. von V. 6—9 ist natürlich der von 33, 12—23. Auf ihn muss auch sehr Vieles in 34, 10—13 zurückgeführt werden. Es liegt auf der Hand, dass die Verse 12. 13 sich gründen auf V. 15. 16, den Inhalt derselben, eine Erklärung des V. 14, unpassender Weise vorwegnehmen und ihn dazu in einer Weise verstehen, die gewiss nicht der ursprünglichen Absicht entspricht, nämlich in deuteronomischem Sinne, als abzweckend auf lokale Einheit des Kultus, vgl. Deut. 7, 5. 12, 3. 2 Reg. 23, 12—15. Wir haben hier den Jehovisten, dessen (?) Verwandtschaft mit dem Deuteronomium wir bereits öfter Gelegenheit gehabt zu constatieren. In V. 10 führt auf ihn das Wort ברא, welches keine seiner Quellen gebraucht, in V. 11 wohl die Aufzählung der sechs Völker, welche wenigstens bisher, wie ich jetzt sehe, fast immer nur an überarbeiteten Stellen
556 vorgekommen ist. Von der ursprünglichen Erzählung hat der Jehovist die Bundschliessung, die hier Mose als Vertreter Israels vollzogen haben muss, ausgelassen und ausserdem den Schluss nach V. 28. Denn 34, 29—35 ist nicht die Fortsetzung des Vorhergehenden, wie vorläufig aus לחת העדת V. 29, הנשאים בעדה V. 31 erhellen möge.

3. Sondern wir nun Kap. 34 ab und untersuchen das Uebrige, so lassen sich hier zwei Berichte ziemlich gut unterscheiden. Zuerst 19, 10—19 vgl. mit 19, 20—25. Nachdem Jahve bereits längst auf den Sinai herabgestiegen, wird dies V. 20 als etwas Neues berichtet. Nachdem bereits längst der Befehl, den Sinai durch Einhegung (גבול Ezech. 40. 11) für jedermann unnahbar zu zu machen, gegeben und ausgeführt ist, wird er V. 21 sq. noch einmal wiederholt; der Einsatz des Verarbeiters V. 23, statt über diese Schwierigkeit hinweg zu helfen, macht nur darauf aufmerksam. Als die bedeutendste sachliche Verschiedenheit hebe ich hervor, dass nach 19, 10—19 Mose während der Theophanie unten beim Volk ist und Gott mit lauter Stimme zu ganz Israel redet, während er nach der Meinung von V. 20—25 bei Jahve sich be-

findet, der von vornherein ihm allein sich mitteilt. Versucht man, diese beiden Versionen weiter zu verfolgen, so ist zunächst klar, dass der Dekalog zu Nr. 1 gehört, da derselbe dem Volke nicht erst durch Mose, sondern unmittelbar von Gott selbst verkündet wird. Was auf den Dekalog folgt, das s. g. Bundesbuch, weist die herrschende Meinung ebenfalls zu dem Faden von Nr. 1, und unleugbar ist 20, 18—22 der Uebergang von den Geboten, die Gott unmittelbar, zu denen, die er an und durch den Mittler ergehen lässt, sehr geschickt und natürlich gemacht. Die weitere Fortsetzung würde dann 24, 3—8 sein, der notwendige Schluss des Bundesbuchs Kap. 21—23. Dies Stück wird denn auch regelmässig zu Nr. 1 gerechnet und darnach also 19, 10—19. Kap. 20—23. 24, 3—8 als Ein Zusammenhang angesehen. Aber zwei Bedenken erheben sich hiergegen. Erstens kann das Stück 24, 3—8, in so enger Beziehung es einerseits zu Kap. 21—23 steht, andererseits doch nicht mit dem Dekaloge in Verbindung gesetzt werden. Auf diesen verpflichtet sich nämlich das Volk hier nicht, sondern nur auf das was Mose ihnen kund gethan und aufgeschrieben hat V. 3. 4. Obwohl die Worte Jahve's von den Rechten unterschieden werden, so erlaubt doch das ויספר לעם nicht, darunter den Kap. 20 bereits in so viel eindringlicherer Weise publicierten Dekalog zu verstehen — andererseits ist es aber unnatürlich bis zur Unmöglichkeit, dass jener, wenn er vorhanden war, nicht mit beschworen wurde. Da 557
nun auch V. 3sq. 7 ausdrücklich hervorgehoben wird, alle bisher gegebenen Worte und Rechte Jahve's seien den Israeliten mitgeteilt und von ihnen feierlich anerkannt, so bleibt einzig übrig, dass 24, 3—8 den Dekalog nicht kennt. Zweitens erhebt sich gegen die Herleitung von Zehngebot und Bundesbuch aus der selben Schrift das Bedenken, dass die Erzählung vom goldenen Kalbe (und ihre Vorbereitung 24, 12—15), welche sicherlich nicht zu 24, 3—8 die Fortsetzung ist[1]) und mit dem Bundesbuch nichts zu thun hat, ihrer Grundlage nach scheint elohistisch zu sein und den gleichfalls elohistischen Dekalog vorauszusetzen[2]). Man wird also

[1]) Vielmehr sind 24, 1. 2. 9—11, die mit V. 3—8 und dem Bundesbuch nichts zu thun haben, in Zusammenhang gesetzt mit 24, 12sqq., also auch mit Kap. 32. Vgl. das S. 88. 89 Bemerkte.

[2]) Dadurch qualificiert sich erst der Abfall, und man wird auch nach Analogie von Kap. 34 berechtigt sein anzunehmen, dass ein Dekalog und zwar der von Exod. 20 auf den beiden Tafeln 24, 12. 31, 18 geschrieben stand.

genötigt, das Bundesbuch von dem Dekalog zu trennen und es mit der Kap. 19, 20—25 aufgewiesenen zweiten Version der Gesetzgebung auf Sinai zu verbinden. Gemäss dem Befehl 19, 24 — wozu sonst die Ausführung vermisst würde — naht sich Mose in das Dunkel und empfängt die Worte und Rechte, die er dann dem Volk verkündigt, sie aufschreibt und beschwören lässt. Der Uebergang 20, 21 sq. kann dann erst von redigierender Hand herstammen. Ich mache darauf aufmerksam, dass man V. 19 nach dem, was gegenwärtig folgt, erwarten würde: Gott rede mit dir, aber nicht mit uns — wie Deut. 5, 24. Wenn es nun in der That heisst: Rede du mit uns, so wird eine alsbaldige Fortsetzung der Rede Gottes nicht in Aussicht genommen und der Gegensatz ist nicht der zwischen Exod. 20 und Exod. 21—23, sondern zwischen der einmaligen Gesetzgebung am Sinai direct durch Gott und der ganzen folgenden Leitung des Volks durch Mose und seine Nachfolger.

Man wird Exod. 19, 20—25 . . . 20, 23—26. Kap. 21—23. 24. 3—8 für J in Anspruch nehmen dürfen. Der Bericht ist vollständig bis auf den Uebergang von 19, 25 auf 20, 23, in welchem gestanden haben muss, dass Mose, nachdem er dem Volke den Zu-
558 tritt zum Berge und das Zuschauen streng untersagt, einsam zu Jahve wieder emporgestiegen, ähnlich wie 20, 21. Heikliger ist es, den auf elohistischer Grundlage beruhenden Rest 19, 10—19. 20, 1—19 . . . 24, 1. 2. V. 9—14 [1]) . . . 31, 18, Kap. 32 unter einen Hut zu bringen. Mit dem Dekalog hat hier die eigentliche Gesetzgebung auf Sinai ein Ende. Mose wird dann, um noch weitere Mitteilungen zu empfangen — nicht bloss um die Tafeln abzuholen — hinaufberufen zu Gott, aber diese werden nicht auch publiciert, es handelt sich vielmehr um einen Privatunterricht, der ihn befähigt, so oft es nötig, statt Gottes zu reden zu dem Volke 20, 19 und die Thora als lebendige Potenz in ihn hineinlegt — die 40 Tage sind hier gewissermassen die Lehrzeit des Jüngers bei dem Meister. Dies im Umriss der Zusammenhang, der nach der wahrscheinlich richtigen Auffassung des Deuteronomiums getragen

Uebrigens vgl. 32, 18 גבר und חלש in Verbindung mit Mose und Josua, auch אלהים 31, 18. 32, 16. בני ישראל 32, 20 (nicht in J). In 24, 14 ist das Personal das gleiche wie 17, 8. 10 und Mose wird hier grade so als vielbeschäftigter Richter angesehen wie in Kap. 18, 13 sqq. —

[1]) . ausserdem 24, 15 ויעל משה אל־ההר und 24, 18 von ויעל אל־ההר an.

ist von dem Gegensatz der thora explicita und implicita. Aber wie gliedern sich die 70 Aeltesten 24, 1. 2. 8—11 da hinein? In Kap. 32 wird nirgend an sie gedacht, dass sie auf halber Höhe des Berges warten, und schon 24, 12sqq. sind sie vergessen; denn wie Nöldeke zeigt ist ואל הזקנים אמר vermutlich harmonistische Correctur für אל העם אמר, Aharon und Hur können doch nur den Israeliten als interimistische Richter gesetzt werden, nicht den 70 Aeltesten, als ob es wahrscheinlich wäre, dass unter ihnen Streitigkeiten ausbrächen. Auch mit 20, 19 oder 20, 20 hat 24, 1 schlechten Anschluss, dagegen 24, 12 sehr guten. Ich glaube also, dass 24, 1. 2. 9—11 ein Einschiebsel ist. Aber in E, nicht in J oder JE. Die Situation ist 24, 1sq. die von 20, 20, nicht die von 24, 3—8, Mose befindet sich noch bei dem Volke unten am Berge. Die Klammer 24, 2 nimmt Rücksicht auf 24, 12, nicht auf 24, 3—8. Die Sprachfarbe V. 8—11, obwohl in V. 10 an Q und Ezechiel erinnernd, ist jedenfalls eher elohistisch als jahvistisch, vgl. אלהים und חזה V. 11 mit 18, 21, überhaupt V. 11 mit 18, 12.

4. Die beiden Berichte, die wir eben in grossen Zügen auszuscheiden versucht haben, sind nun aber vom Jehovisten stark überarbeitet. Ich will das zunächst für die gesetzlichen Stücke nachweisen, Exod. 19—23. Einige Stellen des Dekalogs sind deuteronomisch tingiert, so גרך אשר בשעריך V. 10, מבית עבדים V. 2 und ganz V. 6 (besonders auffallend אהבי). Es hat also wohl eine 559
Rückströmung aus Deut. 5 in Exod. 20 stattgefunden: der Jehovist (?) hat deuteronomische Zusätze nachgetragen. Die Motivierung des Sabbathgebots in V. 11 rührt erst vom letzten Redaktor des Pent. her, der Q und JE verbunden hat. Denn sie ist aus Q entlehnt, d. i. aus einer Quelle, aus der Exod. 20 jedenfalls nicht stammt; sie ist ausserdem vom Vf. des Deut. nicht vorgefunden, da dieser sich bei dem Text der zehn Worte wohl Zusätze, aber keine einzige Auslassung[1]) gestattet. Im Bundesbuche scheinen die Rechte, die sich, matereriell und formell als bedingte Sätze leicht unter-

[1]) Ich erlaube mir zu bemerken, dass das apriorische und consequente Vorziehen des Exodustextes unverständig ist. Das ו vor כל תמונה V. 4 ist falsch, da sich אשר auf תמונה bezieht und dies Wort, ein Genitiv zum vorangehenden st. cstr, nichts bedeutet, was mit פסל zu coordinieren wäre. In V. 15 ist עד שקר eine blosse Erklärung von עד שוא, auch V. 7 steht שוא in diesem Sinn.

scheidbar, von 21, 11—22, 16 erstrecken, ganz intakt erhalten zu sein. Von den Worten (24, 3) gilt nicht das Gleiche. Eigentümlich ist die Erscheinung, dass während sonst überall der Singular Du in der Anrede gebraucht wird, in dem Stück 22, 17—30 einzelne Ihr auftauchen und zwar in sehr abrupter Weise. Ich glaube, dass der Plural hier als Leitfaden benutzt werden kann, um jehovistische Zuthaten zu entdecken. Er kommt zuerst vor V. 20—23. Hier ist einmal deutlich, dass אתו V. 22 sich auf den גר zurückbezieht, also der Vers nicht V. 20b. V. 21, sondern nur V. 20a voraussetzt, sodann, dass die Drohung in V. 23 ein Nimium ist nach der vorhergegangenen in V. 22 (= V. 26). Wieder erscheint der Plural im Schluss von V. 24, in einer verschärfenden Glosse zu לא תהיה לו כנשה. Dann noch einmal in V. 30: heilige Männer sollt ihr mir sein und kein zerrissenes Fleisch essen. Der hier ausgesprochene allgemeine Grundsatz passt nach meinem Gefühle nicht zum Geiste des Bundesbuchs und das Verbot der טרפה entspricht nicht ganz den Verordnungen 21, 34. 35. 22, 10. 12. Auch in 23, 1—16 kommt an zwei Stellen das Ihr vor, V. 9b und V. 13. Offenbar stammt V. 9b von der selben Hand wie 22, 20b und enthält ein deuteronomisches Motiv; V. 13 aber ist eine predigtartige Mahnung, wie sie die Späteren lieben. Nach alle dem stehe ich nicht an, auch 20, 23 den Plural als Zeichen
560 späteren Zusatzes zu beurteilen, zumal das Bilderverbot grade den Späteren sehr am Herzen lag (Deut. 4).

Einige andere Erweiterungen und Aenderungen, die sich im Bundesbuche nachweisen lassen, sind vielleicht schon vorjehovistisch. Aus Kap. 34 ist angehängt 23, 17—19, denn dass diese Verse hier nicht ursprünglich stehen, erhellt aus der Vergleichung von V. 17 mit V. 14, V. 19b mit 22, 28[1]). Ferner ist das Sprichwort 23, 8b eingeschoben, denn wenn der Satz וגר לא תלחץ V. 9 hier nach 22, 20 überhaupt eine Stelle haben soll, so muss er mit V. 7 und 8a eng verbunden sein, damit man merke, dass speciell von Bedrückung vor Gericht die Rede sei. Die schönen Verse 23, 4. 5 unterbrechen den materiellen Zusammenhang von V. 1—3 und V. 6—9 und sind wohl nachgetragen. Endlich möchte ich be-

---

[1]) Vermutlich ist schon die vorhergehende Festgesetzgebung des Bundesbuchs in 23, 15 überarbeitet, vgl. bes. כאשר צויתך und den schlechten Anschluss von V. 16.

zweifeln, ob es der ursprünglichen Anordnung entspricht, dass ein Teil der Worte den Rechten vorangeht, ein Teil ihnen folgt — von Natur gehört wie das jus so auch das fas zusammen, 20, 24—26 mit 22, 17 sqq. Das darf man behaupten, wenn man auch sonst keine grossen Ansprüche an die Redaktion eines morgenländischen Gesetzbuchs — welche übrigens in diesem Fall keineswegs confus ist — stellen will. Der feierliche Schluss des Ganzen 23, 20—33 gehört zwar nicht zu dem Codex selber, ist aber doch jedenfalls nicht Zuthat des Jehovisten, sondern stammt aus J und macht das Gesetzbuch erst zum ספר ברית geeignet. Nur zwei grössere Zusätze hat der Jehovist sich erlaubt. Einmal V. 31b. 32. 33. Diese Verse sind eine Korrektur von V. 28—30 und stehen in einem ähnlichen Widerspruch zu ihnen, wie Jud. 3, 1. 2. zu 2, 2. 3. Beachtenswert ist insonderheit, dass im Gegensatz zu V. 31b—33 in V. 28—30 Jahve das Subjekt von גרש ist: es steht dies eben nur in **seiner** Macht und nicht in der der Israeliten, kann also diesen weder als Pflicht zugemutet noch im Unterlassungsfalle als Schuld zugerechnet werden. Der zweite Zusatz ist V. 22b-25a. Denn es ist kein Platz für das Gebot in dieser Verheissung, und durch die Einschiebung desselben kommt es völlig in Vergessenheit, dass die Sätze V. 26sqq. hier nicht als kategorische, sondern nur als bedingte Aussagen, als Apodoses zu V. 22a einen Sinn haben. An dem Inhalte von V. 23—25 ist zudem nichts 561
verloren, es sind die gewöhnlichen Wendungen des Jehovisten.

Wichtiger für die Durchführung der kritischen Analyse, aber auch schwieriger ist es, in den geschichtlichen Stücken den Bearbeiter auszumitteln. In Kap. 19, welches von ויחן שם V. 2 an zu JE gehört, ist der Jehovist sehr frei mit seinen Quellen umgegangen, namentlich scheint der Anfang V. 3—9 mehr oder weniger seine Composition zu sein (סגלה nur im Deut.), obwohl vielleicht für die Vorstellung, dass schon vor der erfolgten Gesetzgebung das Volk zum Gehorsam darauf verpflichtet wurde, E zu Grunde liegt. Der 9. Vers fügt sich nicht und scheint ein Fragment aus anderer Quelle, am Schluss desselben wird V. 8 wieder aufgenommen. In V. 10—19 und V. 20—25 lassen sich im Ganzen und Grossen E und J unterscheiden. Als harmonistischen Zusatz haben wir bereits V. 23 erkannt, mit dem natürlich V. 24 gleich zu beurteilen ist: bezeichnenderweise finden wir hier wieder Aharon dem Mose beigesellt. Dass bei dem Uebergange vom Dekalog auf das Bundes-

buch der Jehovist die Hand im Spiele habe, ist oben ausführlich nachgewiesen, desgleichen über Kap. 24 das Nötige gesagt. Sehr stark ist wie Kap. 34, so auch Kap. 32 und 33 überarbeitet. Mit Recht hält man 32, 9—14 für einen Einsatz des Jehovisten, denn nach 32, 30 hat Mose nicht im Voraus Jahve's Vergebung für den Abfall des Volkes eingeholt[1]). An dem Inhalte der betreffenden Verse ist wenig verloren, sie liefern einmal wieder eine Probe von der erbaulichen Redseligkeit des Jehovisten. Als einen weiteren Zusatz sieht Nöldeke V. 26—28 an. Nimmt man jedoch diese Verse heraus, so hat V. 25 keine Consequenz und V. 29 wird ganz unverständlich, denn daran ist nicht zu denken, dass V. 29 der Nachsatz zu V. 25 sein könne. Man müsste also das ganze Stück V. 21—29 für einen Nachtrag erklären. Innere Gründe giebt es dafür eigentlich nicht, denn wenn „die Erzählung vom goldenen
562 Kalbe keine andere Bedeutung hat als die, den officiellen Cultus des Reichs Ephraim entschieden zu verdammen“, so braucht man in dieser Präfiguration späterer Verhältnisse wohl auch an den Leviten als Eiferern für den alten einfachen Gottesdienst keinen Anstoss zu nehmen, obwohl allerdings der Gegensatz von Aharon und Levi einigermassen befremdet. Doch können andere Ursachen gegen V. 21—29 Verdacht erregen. Nämlich die Verse 30—35 wissen nichts davon, dass der Abfall bereits in so grausamer Weise bestraft worden ist (V. 28), und ebenso lässt V. 20 eine andere Fortsetzung erwarten als V. 21 sqq.: man wünscht zu wissen, wie denn der Trank dem Volke bekam. Nun ist eine solche Angabe aber auch V. 30—34 nicht enthalten, erst der 35. Vers, der jedenfalls an seiner jetzigen Stelle ganz verloren steht, würde als Consequenz von V. 20 nicht unpassend sein. Hierdurch würde man also schliesslich dazu getrieben, auch V. 30—34 für ein Supplement zu halten, jedoch für ein älteres als V. 7—14 und V. 21—29. Die innere Natur des Inhalts dieser Verse setzt dem nichts entgegen, nur erhebt sich das Bedenken, dass dann gar zu wenig für

---

[1]) Wenn es sicher wäre, dass 31, 18 zu E gehörte, so würde man mit Knobel 32, 7—14 als eingeschoben betrachten müssen, denn nach 31, 18 war der Verkehr Gottes mit Mose zu Ende und ward nicht durch ein ausserordentliches Ereignis abgebrochen. Aber allerlei Anzeichen weisen darauf hin, dass der Vers zu Q gehört, obwohl jedenfalls auch in E gestanden hat, dass Mose die Tafeln empfing und dass Gott mit ihm während der 40 Tage redete. Vgl. 31, 18 mit 32, 16.

den ursprünglichen Bericht der Quelle übrig bleibt (32, 1—6. 15—21. 35).

Kap. 33 wird die vorhergehende Geschichte fortgesetzt und zwar in folgender Weise. Das goldene Kalb ist der Grund, warum Gott die Israeliten bei sich, in seiner unmittelbaren Nähe, nicht länger dulden kann. Der Sinai ist hier als der eigentliche Wohnsitz Gottes gedacht (vgl. 19, 4 ואבא אתכם אלי), und der Aufenthalt des Volks daselbst wird nicht von vornherein als ein zeitweiliger von kurzer Dauer vorgestellt, sondern als ein bleibender. Es ist eine Strafe, dass sie fortgeschickt werden, und als schwere Strafe wird es auch reuig von ihnen empfunden. Aber ihre Trauer vermag keine Aenderung des Beschlusses zu bewirken, nur einen Ersatz seiner wahren Gegenwart giebt Jahve ihnen mit, das ist die Lade in dem Ohel Moed. Ohne Zweifel ist die Herrichtung der Lade und des Zeltes — welches ohne sie keine Bedeutung hat — einst zwischen 33, 6 und 33, 7 erzählt worden, gegenwärtig klafft zwischen diesen beiden Versen eine sehr fühlbare Lücke. Man erfährt nicht, wozu der Schmuck V. 6 verwandt wird, und errät es nur aus Kap. 35, man weiss nicht, woher das Zelt V. 7 mit einem Male da ist. Da die Beschreibung des Heiligtums in extenso aus Q mitgeteilt wird, so ist der Grund der Auslassung klar. Hat nun
also die Stiftung der Lade wirklich hier gestanden[1]), so ist die- 563
selbe deshalb an diesen Ort und Zeitpunkt verlegt, weil das echte Symbol dem falschen entgegengesetzt werden sollte. Durch das Gussbild, das sie sich gemacht, haben die Israeliten den Beweis gegeben, dass sie für die unmittelbare Nähe der Gottheit nicht reif sind, sie kommen ohne eine sinnliche Repräsentation derselben nicht aus, darum giebt ihnen Jahve die Lade statt des Kalbes. Auch daraus, dass zu beiden Seiten das selbige Material, der abgerissene Schmuck, verwandt wird, ersieht man, dass eine solche Gegenüberstellung des selbstgewählten und des gottgegebenen Heiligtums beabsichtigt ist.

Die genaue und innerliche Beziehung, in welcher der Befehl zum Aufbruch und die Stiftung des wahren Heiligtums zu der Erzählung vom goldenen Kalbe steht, ist gewöhnlich nicht verstanden.

---

[1]) Ob die Lade nach der Meinung unseres Erzählers neue Gesetzestafeln enthält oder ob dieselben zerbrochen geblieben, kann nicht ausgemacht werden. Mir scheint das letztere wahrscheinlicher.

Und das ist kein Wunder. Denn abgesehen von der Bresche, welche der letzte Redaktor des Pentateuchs mit Rücksicht auf Q in den Zusammenhang von JE gebrochen hat 33, 6. 7, hat auch der Jehovist das Seinige gethan, den ursprünglichen Sinn der Fortsetzung von Kap. 32 zu verwischen. Weniger dadurch, dass er Fragmente aus J eingearbeitet hat[1]), als dadurch dass er zwischen Exod. 33, 1—11 und dem unmittelbar daran schliessenden Stücke Num. 10, 33 sqq. einmal den Anhang Kap. 34, sodann aber auch die zweiteilige Rede 33, 12—33 eingesetzt hat. Denn diese ist
564 wesentlich seine Composition, mag er auch vielleicht zum ersten Teile einige Motive aus J entlehnt haben. Mit 33, 12—16 blickt er zurück auf V. 1—11 und beseitigt den Anstoss, den die Judäer an der Vorstellung nehmen mussten, dass Jahve noch immer persönlich auf dem Sinai und nur durch Vertretung im heiligen Lande wohne[2]). Mit 33, 17—23 blickt er vor auf Kap. 34 und baut dazu die Brücke; die Stelle hängt zusammen mit und ab von 34, 6. 7, und wie diese letzteren Verse aus 34, 5 durch Korrektur und Misverständnis entstanden sind, ist bereits oben S. 85. 86 nachgewiesen.

---

[1]) Sofern 33, 1—11 das 32. Kap. fortsetzt, stammt es aus E, wo der Horeb, wie vielleicht im Reiche Israel überhaupt 1. Reg. 19, als der Berg Gottes par excellence gilt; vgl. בְּנֵי י״ V. 5. 6. In J wird der Abzug vom Sinai gleich bei der Gesetzgebung in's Auge gefasst 23, 20 sqq. und keineswegs als Strafe, wie denn das Land, wo Milch und Honig fliesst, von vornherein als Ziel der Wanderung gilt. Natürlich aber ist der Befehl zum Aufbruch auch in J vorhanden gewesen und ich vermute, dass sich Teile davon in jehovistischer Bearbeitung 33, 1. 2. V. 3 (bis zum Athnach) erhalten haben; denn wenn Jahve sagt: führe das Volk in ein Land, wo Milch und Honig fliesst, so ist das nicht im Zorn geäussert, keine harte Rede. Was in E hier gestanden haben mag, kann man etwa aus 32, 34 entnehmen. Als Fortsetzung von J 33, 1. 3a kann man V. 12. 14 ansehen: V. 12 schlägt auf V. 1 zurück. Gewiss hat auch J die Lade gekannt und deren Entstehung berichtet; ob ebenso das Zelt, ist eine andere Frage. — Josua als Tempelwächter erinnert ganz an Samuel, der im Hause Gottes schläft, das Zelt steht ausserhalb des Lagers, wie die älteren Heiligtümer ausserhalb der Städte. In Q innerhalb, wie der Tempel zu Jerusalem.

[2]) Sicherlich hat 33, 15 Bezug auf die aus 32, 34. 33, 3 zu erschliessende Meinung von 33, 5—11; פנים heisst hier im Gegensatz zu מלאך = selbst, persönlich. Mose ruht nicht, bis Jahve verspricht, den Sinai zu verlassen und nach Kanaan überzusiedeln. „Wenn du nicht selbst mit gehen willst, so führe uns nicht von der Stelle“.

5. Ueberschauen wir noch einmal die Ergebnisse der mühsamen und verwickelten Untersuchung. Der Jehovist[1]) ist hier mehr als Redaktor, er kann als der eigentliche Verfasser des Abschnittes von der Gesetzgebung auf Sinai gelten. Während er sonst ganz hinter seinen Quellen zurücktritt, teilt er sie zwar auch hier grossenteils wörtlich mit, aber doch so, dass er sie nur als Material zu dem eigenen Bau benutzt. Eine ähnliche Steigerung seiner selbstständigen schriftstellerischen Thätigkeit lässt sich auch an anderen Stellen constatieren, wo der Stoff sein Interesse im hervorragenden Masse in Anspruch nimmt, z. B. bei der Geschichte Abraham's und bei der Berufung Mose's. Es versteht sich, dass es bei so bewandten Umständen äusserst schwierig wird, aus dem einheitlichen Gewirke die differenten Fäden zu erkennen und jeden in seinem eigentümlichen Zusammenhange zu verfolgen. Ausser den Berichten der beiden fortlaufenden Quellen E und J habe ich einen dritten völlig selbstständigen Bericht in Kap. 34 nachweisen zu können geglaubt, so dass also drei verschiedene Erzählungen des Vorgangs und drei verschiedene Aufzeichnungen des Inhalts der Gesetzgebung vorlägen, der Dekalog in E, das Bundesbuch in J, das Goethe'sche Zweitafelgesetz in Exod. 34. Die drei Versionen lassen sich nach ihren hauptsächlichen Unterschieden etwa so charakterisieren. In E erfolgt die Verpflichtung des Volks und die Bundschliessung gleich zu Anfang, und erst nachdem die Huldigung zuvor eingeholt ist, schreitet Gott zur Verkündigung seines Willens
(19, 3—19). In majestätischer Theophanie offenbart er vom Berge 565
herab dem unter Mose's Führung unten versammelten Volk die zehn Gebote, dass alle hören und sich entsetzen. Als die göttliche Stimme pausiert, erklären sie, es bedürfe dieser entsetzlich eindringlichen Unmittelbarkeit der Rede Gottes nicht mehr, das Wort Mose's genüge und werde Gehorsam finden. Nach einiger Zeit empfängt dann Mose Befehl, auf den Berg hinauf zu kommen, teils um die Tafeln zu empfangen, auf denen inzwischen der Dekalog verzeichnet worden ist, teils um durch einen vierzigtägigen intimen Verkehr mit Gott die Fähigkeit zu erhalten, an Gottes statt zu reden mit dem Volke, als das Urbild der Priester und Propheten

[1]) Dessen Geistesverwandtschaft mit dem Deuteronomium tritt wiederum auffallend hervor — wenn nicht nach ihm noch ein Deuteronomist anzunehmen ist.

mit dem Quell der Weisung und des Wortes begabt zu werden. Inzwischen ist unten das goldene Kalb gegossen worden, Mose, wie er den Abfall gewahr wird, zerschmettert im Zorn die Tafeln, Gott will das Volk nicht länger bei sich dulden, lässt sich aber durch die Reue desselben bewegen, ihm statt des schlechten das rechte Heiligtum zu geben. Darauf erfolgt der Aufbruch vom Horeb Exod. 20, 1—20 . . . 24, 12—14 . . . 31, 18. Kap. 32. 33, 1—11. Num. 10, 33. — In J ist die Offenbarung, wie sonst immer, so auch hier individuell und ergeht selbst in diesem Ausnahmefall nicht an ein ganzes Volk. Mose geht allein auf den Berg und nur ihm verkündet Jahve die Bedingungen des Bundes, die Worte und Rechte, die er hernach weiter dem Volke mitteilt und in die feierlich zu beschwörende magna charta der Theokratie verzeichnet. Damit ist der Zweck des Aufenthalts am Sinai erreicht, und der Aufbruch erfolgt, ohne dass dazu ein ausserordentliches Ereignis Veranlassung gäbe. Exod. 19, 20—25 . . . 20, 23 sqq. Kap. 21—23. 24, 3—8, 33, 1 . . . . Die dritte Version Exod. 34 steht teils auf Seite von E, teils auf Seite von J. Aeusserlich erinnert Manches an E, so die zwei Tafeln, die zehn Worte, die 40 Tage. Aber die Tafeln sind nicht von Gott, sondern von Mose geschrieben, und wie das Bundesbuch Aufzeichnung dessen, was Jahve dem Mose, nicht was er dem Volke mitgeteilt. Denn darin zeigt sich die innerliche Verwandtschaft von Kap. 34 mit J: der Gedanke einer allgemeinen Offenbarung an das ganze Volk liegt fern, Offenbarung empfängt nur Mose, wenn auch ihr Inhalt zu öffentlicher Publikation bestimmt ist. Mose scheint hier sogar auch den Bund namens des Volkes abzuschliessen, obwohl das nicht mehr ganz deutlich ist. — Was die den drei Erzählungen entsprechenden theokratischen Grundgesetze betrifft, so stehen sich Exod. 20 und Exod. 34 am
566 schroffsten gegenüber, dort sind die Gebote fast nur moralisch, hier auschliesslich ritual. Das Bundesbuch, dem die Rechte ganz eigentümlich sind, vereinigt in den Worten beide Elemente. Hinsichtlich des Kultus steht es auf derselben Stufe wie Exod. 34, die Moral ist concreter, casuistischer als in Exod. 20 und von einer auffallend menschlichen, edel natürlichen Haltung.

Zum Schluss noch ein Wort über den mutmasslichen Gang der Erzählung von Q. Ausser den grossen gesetzlichen Stücken, die wir gleich anfangs abgeschieden haben, scheinen noch einige kleinere zu dieser Quelle zu gehören, die im Zusammenhange von

JE nicht wohl unterzubringen sind. Jedenfalls 19, 1. 2a, so jedoch, dass V. 1 ein nicht zu dem ursprünglichen Bestande gehöriger Nachtrag ist, ein nicht ganz durchgeführter Ansatz zur genauen Bestimmung der Zeit im Sinne von Q, vgl. ähnlich 1 Sam. 13, 1. 2 Sam 2, 10. Vielleicht ist der beabsichtigte Tag wirklich der 50ste nach dem 15. Nisan, also etwa der 7te des dritten Monats, wie die rabbinische Tradition annimmt. Was in 19, 2 nach dem Athnach folgt, gehört zu JE, Q sagt nicht ויחן ישראל. — Nöldeke vermutet ferner in 24, 14—18 ein Fragment aus Q, so viel ich sehe, mit Recht. Auszuschliessen ist jedoch der Anfang von V. 15 ויעל מ' אל־ההר und das Ende von V. 18 von ויעל אל־ההר an. Ich glaube endlich 34, 29 — 35 noch für diese Schrift ansprechen zu dürfen, wenngleich V. 33—35 vielleicht ein apokryphes Anhängsel ist. Vgl. אהרן וכל־בני ישראל und הנשאים בעדה; ferner würden die לחת העֵדת geltend zu machen sein, wenn diese nicht auch 31, 18. 32, 15 erschienen. Doch ist es nicht unmöglich, dass 31, 18 eine aus Q entnommene Angabe ist, vgl. ככלתו לדבר אִתּוֹ בהר סיני mit 34, 29. 32. 33. 34. 35. Das vereinzelte העדת in 32, 15 würde sich dann wohl ohne Schwierigkeit aus späterer Redaktion erklären. Nicht leicht ist es zu sagen, ob Kap. 25—31 da, wo es steht, seine richtige Stelle hat oder erst hinter Kap. 34 kommen muss, ob Mose hier noch auf dem Berge Sinai oder bereits wieder unten im Lager ist. Knobel zu Exod. 25, 9 entscheidet sich für die letztere Annahme und kann sich dafür namentlich auf 26, 30 אשר הראית בהר und ferner vielleicht auf בהר 25, 40 berufen. Dagegen aber spricht 25, 9 אשר אני מראה אותך, wo das Participium nur als Futurum instans erklärt werden kann, und das zweimalige העדת אשר אֶתֵּן אליך 25, 16. 21 — denn die Eduth hier nicht von dem Zweitafelgesetz zu verstehen, scheint mir mehr als bedenklich. Da nun hieraus folgt, dass die Situation von dem Schriftsteller selbst nicht consequent inne gehalten worden ist, so 567
muss entscheidendes Gewicht auf die Stellung gelegt werden, die der Redaktor dem in Rede stehenden Abschnitt angewiesen hat. Darnach befindet sich Mose hier auf dem Berge und Gott redet zu ihm dort eben die Worte, auf welche 31, 18. 34, 32 Bezug genommen wird. — Also gestaltet sich der Bericht von Q wie folgt. Nachdem die Kinder Israel von Raphidim in der Wüste Sinai angelangt sind, wird Mose hinaufberufen auf den Berg und empfängt dort genaue Mitteilungen über die Einrichtung des Heiligtums

und des Kultus, ausserdem die Tafeln des Zeugnisses, die er in die Bundeslade legen soll, deren Inhalt übrigens als bekannt vorausgesetzt wird. Wie er herabkommt, strahlt sein Antlitz vom Widerschein der Herrlichkeit Jahve's, so dass Aharon und die Fürsten der Gemeinde erst auf seinen beruhigenden Zuruf sich ihm zu nähern wagen. Darauf teilt er dem Volk alles, was Jahve ihm auf Sinai befohlen habe, mit. So parallel dieser Bericht auch im Allg. den übrigen ist, so merkwürdig ist der Unterschied, dass die Offenbarung Gottes auf dem Sinai nur das Heiligtum und den Kultus betrifft. Auch in JE wird allerdings das Heiligtum noch am Sinai gestiftet, aber — erst nach dem Sündenfalle Israels, als ein Zugeständnis an die Schwachheit des Volks. Die Kirchenväter, die von Quellenscheidung nichts wussten, combinieren in feinfühliger Weise die Versionen und fassen die Gebote des Leviticus als Strafe für das goldene Kalb auf, Const. Ap. 6, 20. Hieron. in Ezech. c. 20. Chrys. hom. 17 in Act. c. 7. Vgl. H. Grotius annot. in Exod. 15, 26 und Spencer III. 2 de rat. et orig. sacrific. 1, 3.

### Der Zug vom Sinai in's Ostjordanland Num. 10—21.

Auch hier sondere ich die Gesetze, welche insgesamt zu der gleichen literarischen Schicht (Q) gehören, im voraus ab und verfolge bloss den geschichtlichen Faden. Von einem solchen kann man freilich vielerwärts kaum reden, besonders sind die Erzählungen, mit denen der Wüstenzug ausgefüllt wird, nur lose aneinander gereiht, wie wir es ähnlich schon Exod. 16sqq. fanden. Auch die lokale Situation derselben ist teilweise vage genug, wenn nicht der Ort durch seinen Namen für den Inhalt der Historie wichtig ist.

1. Statt der kurzen Angabe in Q, die Israeliten haben nach einjährigem Aufenthalt den Sinai verlassen und sich seitdem in der Wüste Pharan angesiedelt Num. 10, 11sq., enthält JE einige Begebenheiten, die sich auf dem Wege vom Sinai bis nach Kades
568 auf verschiedenen namhaft gemachten Stationen zutrugen Num. 10, 29sqq. Kap. 11. 12. Dass hier verschiedenartige Geschichten zusammengeflossen sind, lässt sich unschwer zeigen. Obwohl der Aufbruch vom Sinai notwendig auf den betreffenden Befehl Exod. 33 folgen muss, so entbehrt doch die besondere Art und Weise, wie derselbe in Num. 10, 29—32 eingeleitet wird, jeglicher nachweisbaren Verbindung mit dem Vorhergehenden. Von Hobab ist Exod. 18 nicht die Rede gewesen; der Name Reguel erscheint zwar

Exod. 2, aber an verspäteter Stelle und nur als der eines Vaters von sieben Töchtern. Auch nach hinten fehlt dem Stücke der Anschluss, denn 10, 33 ist nicht die Antwort auf die Bitte V. 32. Aehnlich zusammenhangslos ist auch 10, 33b—36. Denn wäre 10, 33b die natürliche Fortsetzung von V. 33a, so müsste hier שלשת ימים fehlen. Soll man nun annehmen, die beiden Worte seien in V. 33a durch ein Versehen aus V. 33b eingeschlichen? Eher verhält sich die Sache umgekehrt, denn wenn die Lade dem Heere drei Tagereisen voraus schwebte, so war sie als Wegweiserin unbrauchbar, da niemand sie sah. Wenn aber an dem Wortlaut von V. 33a nichts zu ändern ist, so kann der Sinn nur sein: nachdem sie drei Tage gewandert waren — und dazu ist erst 11, 1 oder 11, 4 die thatsächliche Fortsetzung. Ich sage 11, 1 oder 11, 4. Nämlich 11, 1--3 steht mit dem Folgenden nicht in Zusammenhang, mit V. 4 verändert sich plötzlich der Schauplatz, wir befinden uns hier nicht mehr in Thabera, sondern in Kibroth hat-Thaawa und zwar ohne jede Ueberleitung. Wenn man darum sich nicht zu der Annahme entschliessen mag, die beiden verschiedenen Namen bezeichnen den gleichen Ort, so muss man anerkennen, dass zwischen 11, 1—3 und 11, 4sqq. kein wahrer Nexus bestehe. Seinerseits ist abermals nicht einmal das Stück 11, 4—34 eine natürliche Einheit, sondern eine höchst künstliche Verflechtung zweier Bestandteile, die nichts mit einander zu thun haben. Wie kann der Hunger des Volkes in Mose den Wunsch erwecken, Mitarbeiter für seine öffentliche Thätigkeit zu haben! die schafften auch kein Fleisch und es kam doch darauf an, die erste Not zu kehren. Lediglich aus Anlass einer viel zu beschränkten Deutung der Verse 11, 11. 12 scheint die Erzählung von den 70 Aeltesten (V. 14—17. 24b—29) hier eingeschaltet zu sein; und wie äusserlich dies geschehen, kann der Scenenwechsel V. 24. 31 lehren. Was endlich Kap. 12 betrifft, so mag der neidische Ausbruch Aharon's und Miriam's gegen Mose mit der Einsetzung der Siebzig
in Beziehung stehen sollen, bei welcher Gelegenheit Mose ja thut, 569
als sei er der alleinige Leiter und Führer. Zwar wird in V. 1 eine andere Veranlassung angegeben, aber im Widerspruch gegen die viel sachgemässere des V. 2[1]. Dass der Unwille des Geschwister-

[1] V. 1b ist apokryph. Den Anstoss an der fremden Frau Mose's hat erst eine sehr späte Zeit nehmen können. Den älteren Quellen fällt es nicht ein

paares erst auf der nächsten Station ausbricht, thut dem statuirten Zusammenhange keinen Eintrag. Denn der Inhalt von Kap. 12 ist gegen den Ort Haseroth indifferent und es wird zufällig gekommen sein, dass dies der Schauplatz geworden ist. Aus V. 15 erhellt nur, dass das Volk auf der Wanderung begriffen und noch nicht in Kades angelangt ist.

Zusammenhänge aufzufinden mit den früher vom Jehovisten zu Grunde gelegten Quellen, ist hier schwierig. Die Wachteln sind eine Ergänzung des Manna, der betr. Bericht scheint auf Exod. 16 zurückzublicken (11, 6) und aus der Hauptquelle (d. i. J) entlehnt zu sein. Jedoch findet sich einiges Andersartige aufgetragen. Zunächst passt die Beschreibung des Manna V. 7—9 nach V. 6, wo dasselbe als etwas längst Bekanntes gilt, nicht an diese Stelle, wie sie denn auch diejenige von Exod. 16 teils ignoriert, teils damit streitet (11, 8 vgl. mit Exod. 16, 21). Ferner entspricht die Ankündigung V. 18sqq. wenig den Thatsachen, wie sie V. 30sqq. erzählt werden. Nicht erst am folgenden Tage (V. 18) kommen dort die Wachteln (V. 32), von Heiligung des Volks ist keine Rede, und statt dass das begehrte Fleisch durch langes Essen zum Ekel würde (V. 20), straft plötzliches Sterben die gefrässige Gier. Vielleicht stehen die Verse 18sqq. in Verbindung mit den Worten und Jahve's Zorn entbrannte sehr, die sich V. 10 verloren und abgerissen genug ausnehmen; die Antwort auf Mose's Klage V. 11—13 würde dann erst V. 23 folgen und daran sich V. 30sqq. anschliessen. Wie dem auch sei, man darf wohl annehmen, dass neben J noch eine andere Quelle über Manna und Wachteln berichtete und dass der Jehovist auch diese in ziemlich freier Weise benutzt. Ohne Zweifel gehörte die wunderbare Speisung Israels in der Wüste zum Hauptstrome der Tradition und fehlte nicht leicht in irgend einer Aufzeichnung derselben. Anders steht es mit den Perikopen von den 70 Aeltesten und vom Aussatze Miriam's, das sind möglicherweise Nebenzuflüsse. Die erste ist ein
570 Pendant zu Exod. 18 und eine blosse Variante von Exod. 24, 1. 9—11, an welcher letzteren Stelle die Siebzig dadurch, dass sie mit auf den hl. Berg gehen, in eine höhere Sphäre erhoben und dem Mose selber angenähert werden[1]). Die zweite ist, wie Vor-

---

Zippora als Kuschitin anzusehen und sie betrachten Mose's Verschwägerung mit dem Priester vom Sinai als eine hohe Ehre.

[1]) Hat der Ausdruck אצל 11, 17. 25 Bezug auf die אצילי י'?

stellungen und Sprache (נאסף recipi) beweisen, jedenfalls von derselben Hand bearbeitet. Nach meinem Dafürhalten ist es die des Jehovisten, dem ich auch Ex. 33, 8—11 in seiner gegenwärtigen Form zuschreibe [1]). Den Stoff zu beiden Geschichten mag er schon vorgefunden haben; doch ist auch der zu specifisch prophetisch, zu wenig volkstümlich, um alt zu sein. Noch dem Jesaia würde der Gedanke, dass die bürgerlichen Beamten vom Geiste der Weissagung müssen berührt sein, schwerlich gekommen sein; Saul aber ist eine Ausnahme, wie das Sprüchwort lehrt.

2. Aus der Erzählung über die Kundschafter Kap 13. 14 weist Nöldeke zu Q: 13, 1—17a. V. 21. V. 25sq. (mit Ausnahmen) V. 32 (bis הוא) 14, 1—10 (mit grösseren Ausnahmen) V. 26—38 (ausg. V. 31). Knobel und Kayser ziehen die Grenzen dieser Quelle in Kap. 14 etwas enger. Anzuerkennen ist, dass 14, 3. 4 = JE, demgemäss auch Einiges aus V. 1. 2 (s. den Wechsel von Gemeinde und Volk V. 1), ebenso V. 8. 9. Was 14, 26—38 anlangt, so lässt sich hier V. 31 (= Deut. 1, 39) nicht ausheben, ohne dass zugleich die Umgebung hinten und vorn mitfällt. Denn in V. 30 versteht sich das nachdrückliche אתם nur aus dem Gegensatz טפכם V. 31 [2]), dasselbe gilt von אתם V. 32, und dieser letztere Vers ist wiederum schlecht von V. 33 zu trennen: die 40 Jahre beweisen jedenfalls nicht für Q, da sie ein ganz fester Zug der Ueberlieferung sind. Also ist Q hier einzuschränken auf V. 26—29. V. 34—36, die Integrität von V. 27. 28 ist noch dazu nicht zweifelsfrei. Der Bericht, im Ganzen dem andern parallel (wie lange 14, 27 = wie lange 14, 11), zeichnet sich dadurch aus, dass die Kundschafter, zu denen ausser Kaleb auch Josua gerechnet wird, nicht von Kades, sondern von der Wüste Pharan ausgesandt werden, dass sie nicht bloss bis Hebron, sondern bis zum Libanon kommen, und dass sie das Land nicht als uneinnehmbar, sondern als wenig begehrenswert schildern.

Was übrig bleibt, 13, 17b—24 (ausg. V. 21). V. 27—33. (ausg. 571
V. 32). 14, 3. 4. V. 8. 9. V. 11—25. V. 20—33. V. 39—45, ist „weder vollständig, noch aus einem Gusse.“ Der Anfang (vor 13, 17b) lässt sich einigermassen aus Deut. 1, 19—23 (vgl.

---

[1]) Die Stiftshütte wird Num. 10, 33—36 nicht erwähnt und ist dort schwerlich als Obdach der ruhenden Lade zu supplieren.

[2]) נשאתי ידי ist ezechielisch. Kaleb und Josua erscheinen in Q in umgekehrter Reihenfolge (Kayser). Vgl. indes Num. 26, 65.

Num. 14, 40 mit Deut. 1, 20 sq.) ergänzen; in Num. 12, 16 mag gestanden haben und sie kamen nach Kades für: und lagerten in der W. Pharan, welche Worte weder aus Q noch aus JE herrühren können. Die Lücke vor 13, 30 sqq., wo Kaleb das Volk beruhigt, ehe es zu schreien angefangen, ist nur eine scheinbare; in Wahrheit hat bloss eine Umstellung aus Redaktionsrücksichten stattgefunden, 13, 30 sqq. ist parallel mit 14, 5 sqq. und gehört an die selbe Stelle des Zusammenhanges. Der Uebergang von 13, 24 auf V. 27 ist aus den in V. 26 erhaltenen Bruchstücken (nach Kades . . . . und zeigten ihnen die Frucht des Landes) leicht zu ergänzen. Mehr Schwierigkeiten als die Lückenhaftigkeit macht die Duplicität von JE, die von Anfang an hervortritt. Die fast identischen Eingänge von 13, 19 und V. 20 können nicht von der gleichen Hand herrühren. Vermutlich ist ferner und sie kamen zum Traubenbach V. 23 eine Dublette zu und sie kamen nach Hebron V. 22, da V. 24 wünschen lässt, dass der betreffende Name noch nicht genannt sei. In V. 31—33 bedienen sich die Berichterstatter mehrfach anderer Ausdrücke wie V. 27 bis 29, bemerkenswert ist bes. בני ענק (ohne Artikel) V. 33 statt ילידי הענק V. 28. 22. Ebenso macht sich in Kap. 14 eine Verschiedenartigkeit der Bestandteile von JE fühlbar. Doch sind die Zusätze, mit denen hier der Hauptbericht (J) bereichert ist, hauptsächlich vom Jehovisten selber verfasst; so ist namentlich die grosse Rede V. 11—25 eine freie Ausführung desselben auf Grund eines ursprünglich gewiss sehr kurzen Kerns, vgl. Ex. 32, 12. 34, 6 sq. Ezech. 20. Einiges andere scheint indessen aus einer zweiten Quelle entnommen, z. B. V. 2a. 3 und die Rede V. 30—33, welche nach V. 11—24 post festum kommt. Hier weichen sowohl einzelne Ausdrücke von J ab, als auch die Vorstellung V. 30, dass Josua mit zu den Kundschaftern gehört habe[1]). Besondere Schwierigkeiten verursacht V. 25. Aus J kann er nicht stammen, denn nach dieser Quelle bleiben die Israeliten in Kades wohnen und
572 bringen dort den grössten Teil der 40 Jahre zu. An einen Zusatz des Jehovisten zu denken, verbietet der concrete Inhalt von V. 25b und die Erwähnung im Deut. 1, 40. Vielleicht war der Vers,

[1]) wenn es nicht vorsichtiger ist, anzunehmen, dass die betreffenden Worte V. 30 Glosse sind. Auch das Deuteronomium weiss nur von Kaleb als Kundschafter. Vgl. dagegen Num. 31, 8 sqq.

worauf Deut. 1, 39. 40 sqq. führt, ursprünglich der Schluss zu V. 30—33; zu dieser Version würde denn auch V. 39—45 gehören. Vgl. בני ישראל V. 39, wie V. 2a — gegen ישראל in dem Parallelbericht aus J Num. 21, 1—3.

3. In der Geschichte von der Rotte Korah Num. 16 ist ebenfalls Q mit JE verworren, aber die Scheidung ist schwierig und man kommt nicht durch, wenn man nicht drei Versionen anerkennt. Gehen wir von der zweiten Hälfte der Pericope aus, von V. 16—35. Wenn V. 16—22 zu Q gehören, so stammen V. 23—27 anderswoher, da wir uns hier nicht mehr vor der Stiftshütte, sondern allenthalben vor der Wohnung der Aufrührerischen befinden. Wenn V. 35 zu Q gehört, so werden V. 28—34 aus dieser Quelle ausgeschlossen, denn hier sind die Uebelthäter bereits von der Erde verschlungen, die V. 35 noch verbrannt werden sollen. Mithin stammt ganz V. 23—34 aus JE. Es geht nicht an, V. 23 und den Anfang von V. 24 durch einen recht kühnen Schnitt für Q zu retten, da העדה wegen V. 26 nichts beweist, im Uebrigen V. 24 sich mit V. 27 deckt und V. 23 dadurch, dass die Anrede an Mose allein ergeht, sich hinreichend von V. 20 unterscheidet. Aber wahrhaft einheitlich ist darum das Stück doch nicht. Einiges erinnert stark an J, so das Auftreten Mose's inmitten der Aeltesten, ferner אדמה, פצה, נאץ. Daneben findet sich jedoch allerlei Abweichendes, z. B. טף, רכוש, ארץ. Am meisten fällt als eine innerliche Verschiedenheit auf, dass in V. 25. 27b nur von Dathan und Abiram, in V. 32 nur von Korah, in V. 24. 27a von allen dreien zusammen die Rede ist. Nöldeke freilich, von der Ansicht ausgehend, dass Korah für Q, Dathan und Abiram für JE charakteristisch seien, hält sämtliche Erwähnungen Korah's in V. 23—34 für harmonistische Einsätze des letzten Redaktors. Aber regelmässig, wo Korah allein oder vor Dathan und Abiram genannt wird, kommen andere Eigentümlichkeiten hinzu, welche diese Stellen von ihrer Umgebung unterscheiden und unmöglich auch auf Rechnung des Redaktors gesetzt werden können. Was V. 32 betrifft, so vgl. ausser רכוש den ganzen Satz ותפתח הארץ את־פ' mit ופצתה האדמה את־פ' V. 30 und beachte dies Duplum: und der Boden spaltete sich unter ihnen, und die Erde öffnete ihr Maul. In V. 24. 27a fällt der singularische Mischkan Korah's D. u. A. gegen die plu- 573
ralischen Ohalim Dathan's und Abiram's V. 26—27b auf, und dass nach diesem Merkmal der überfüllte Text sich in zwei unge-

fähr parallele Hälften teilen lässt. Die Annahme wird unvermeidlich sein, dass der Jehovist mit der Hauptquelle J, welche Dathan und Abiram als Häupter des Aufstandes angab, eine andere verarbeitete, welche Korah angab. Und zwar Korah allein. Wo Dathan und Abiram ihm folgen, sind sie vom Jehovisten aus J nachgetragen. Das folgt aus V. 32 und aus dem Singular משכן, nebenbei auch aus der Voranstellung Korah's. Die beiden Bestandteile von JE lassen sich in V. 23—34 noch ungefähr von einander sondern. Zu J gehört sicher V. 25. 27b. V. 30. 31b. 33a, zu der zweiten Quelle sicher V. 23 sq. 27a. V. 32. 33b. 34. Einige Versprengungen lassen sich noch entdecken, so וטפם V. 27b, was nach ובניהם überflüssig ist. Ob auch der Anfang von V. 30 aus der anderen Quelle in J eingetragen ist? J gebraucht ברא nicht, aber jedenfalls hat das Wort hier nicht den selben Sinn wie in Gen. 1, sondern tritt einfach als Nebenform von פלא auf, womit es auch etymologisch zusammenhängen mag. Die Herkunft von V. 28. 29. 31a möge dahin gestellt bleiben, V. 26 rührt wohl vom Jehovisten her, mit Ausnahme der Worte וידבר אל העדה, die zu V. 27 zu ziehen sind.

Die drei Versionen lassen sich nun auch in der ersten Hälfte des Kapitels verfolgen. Abgesehen von den verworrenen ersten zwei Versen weist man hier gewöhnlich V. 3—11 zu Q, V. 12—15 zu JE. Aber schon Nöldeke hat empfunden, dass Mose in V. 8 nicht fortfährt zu reden, sondern neu anhebt, dass also V. 8—11 keine glatte Fortsetzung des Vorhergehenden sind. In der That finden sich denn auch ganz beträchtliche sachliche Unterschiede zwischen V. 3—5 und V. 8—11. In V. 3—5 sind es Laien, welche die Heiligkeit der ganzen Gemeine geltend machen gegen die Bevorrechtung Einzelner, sie eifern nicht für Levi gegen Aharon, sondern für das allgemeine Priesterrecht gegenüber jedwedem Klerus. In V. 8—11 sind es Leviten, die unzufrieden mit ihren bisherigen Privilegien noch mehr verlangen, sie eifern nicht für die Gemeine, sondern für ihren Stand und beanspruchen als niederer Klerus Gleichstellnng mit dem hohen. Besonders lehrreich ist der Vergleich von הקריב in V. 5 und V. 9. 10. Die „Näherung“ der Aufständischen ist V. 9. 10 bereits Thatsache de iure et facto, nach V. 5 ist sie eben der Gegenstand des Streites. Durch V. 6. 7
574 wird die Kluft zwischen V. 3—5 und V. 8—11 zwar überbrückt, aber nicht weggeschafft. Diese Verse sind eine Naht des letzten

Redaktors, der überall zu Gunsten von Q harmonisiert. Den letzten Satz von V. 7 רב לכם בני לוי hat er möglicherweise aus V. 3 hierher versetzt, so dass das dortige רב לכם noch die Spur der ursprünglichen Stelle verriete. Jedenfalls: standen die Worte einst in V. 3, so dass also Mose und Aharon damit von den Aufrührern angeredet wurden, so blieb dem Redaktor kaum etwas anderes übrig, als sie so zu versetzen, dass die Aufständischen selbst unter den Söhnen Levi's zu verstehen waren.

Also stammt nur V. 8—11 aus Q, V. 3—5 aber aus der zweiten Quelle des Jehovisten, die wir in V. 23—34 nachgewiesen haben. Dieser letzteren scheint noch V. 15a entnommen, dahingegen V. 12—14. V. 15b zu J gehören. In V. 1. 2 werden sämmtliche drei Versionen zusammengeworfen sein.

Von grossem Interesse ist die Vergleichung des Inhalts der drei verschiedenen Berichte, die allerdings nur fragmentarisch erhalten sind, dennoch aber ihre Pointen noch ganz gut erkennen lassen. Folgendes ist die Darstellung 1) von J. Die Rubeniten Dathan und Abiram, vornehme Männer des erstgeborenen Stammes, wollen sich den Mann nicht als Führer gefallen lassen, der sich so wenig als solcher bewährt hat, und empören sich gegen seine Herrschaft V. 13, gegen sein Richtertum V. 15b. Citiert von Mose wollen sie nicht kommen und so geht er selbst, in Begleitung der Aeltesten, zu ihren Zelten. Ein Gottesgericht entscheidet zu seinen Gunsten, der Boden spaltet sich unter den Füssen der Uebelthäter, sie fahren lebendig zur Hölle. Daran reiht sich 2) die andere Version in JE. Korah, ein weltliches Stammhaupt, und andere mit ihm treten ein für das priesterliche Recht aller Israeliten und opponieren gegen dessen Beschränkung auf die Söhne Levi's d. i. Mose und Aharon. Sie üben ihr vermeintliches Recht auch praktisch aus, indem sie ein Opfer darbringen V. 15a. Aber die Strafe bleibt nicht aus. Vor den Augen von ganz Israel, das sich auf Gottes Gebot rings von der Wohnung Korah's abgesondert hat, thut die Erde ihr Maul auf und verschlingt sie. Endlich erzählt 3) Q den Vorgang so. Korah, ein Levit, und 250 Standesgenossen mit ihm erheben sich gegen Aharon und verlangen die Gleichstellung des niederen Klerus mit dem höheren. Mit dem Küsterdienst nicht zufrieden, begehren sie auch das Priestertum. Um die Probe zu machen, ob Jahve sie dazu zulassen will, erscheinen die ehrgeizigen Neider mit Pfannen vor der Stiftshütte und bringen das 575

575 Räucheropfer dar, aber nachdem sie es angezündet haben, frisst sie das heilige Feuer.

Wie der Redaktor des Pentateuchs dazu hätte kommen können, den ersten und dritten Bericht zusammen zu schweissen, die nichts mit einander zu thun haben, ist ein Rätsel, welches Nöldeke und Kayser gestellt, aber zu beantworten nicht versucht haben. Es löst sich durch den in der Mitte liegenden zweiten Bericht, der sich auf der einen Seite mit J, auf der anderen mit Q berührt. Er deckt sich mit J darin, dass der Aufstand von Laien ausgeht und dass die Schuldigen in ihrer Wohnung von der Erde verschlungen werden. Er differiert darin, dass der Aufstand nicht gegen Mose allein, als politischen Führer, sondern gegen Mose und Aharon, als Inhaber des Priestertums gerichtet ist (womit zusammenhängt, dass die Empörer ein Opfer darbringen), und dass statt der Rubeniten Dathan und Abiram der Judäer[1]) Korah als Rädelsführer genannt wird. Gerade in diesen Differenzpunkten nähert er sich Q. Auch in Q handelt es sich um Opposition gegen die geistliche Prärogative (Aharon's) und sie geht von Korah aus, aber in der selben Richtung wie der zweite Bericht entfernt sich der dritte noch weiter vom ersten. In Nr. 1 ist von einem geistlichen Stande keine Rede, sondern nur von dem hervorragenden Einflusse einer ausserordentlichen Persönlichkeit auf das gemeine Wesen, wogegen die Opposition sich regt. In Nr. 2 haben wir ein entstehendes Erbpriestertum, das aber noch starke Widersprüche von Seiten der dadurch ausgeschlossenen Laien findet. In Nr. 3 ist der Klerus eine unbestrittene Thatsache, aber innerhalb desselben hat sich eine Scheidung von Priesteradel und gemeinen Leviten angebahnt, die noch kein fait accompli ist, sondern lebhafte Proteste hervorruft. In Nr. 1 wird Mose angefochten, wegen seiner persönlichen Stellung, in Nr. 2 Mose und Aharon, wegen ihrer kastenartigen Erhebung über die Laien, in Nr. 3 Aharon, wegen seiner Erhebung über die übrigen Leviten. Das gleiche Verhältnis zeigt sich darin, dass, während in Nr. 1 das Opferbringen für die Aufrührerischen nicht das verbotene Gut ist, wonach sie streben, sie in Nr. 2 zwar eine

[1]) Dass Korah in V. 3—5 kein Levit ist, ist gewiss. Es kann also, so weit unsere Kenntnisse reichen, nur das judäische Geschlecht Korah in Betracht kommen. Dies wird darum besonders wahrscheinlich, weil Ruben auch sonst mit Juda wechselt. Hier aber, wo es sich um einen begangenen Frevel handelt, nennt J Ruben und die andere Quelle Juda.

Mincha darbringen, aber noch nicht eben bei dieser Gelegenheit 576
untergehen, dagegen in Nr. 3 die Consequenz gezogen wird, dass sie, mitten im Räuchern begriffen, vor der Stiftshütte vom heiligen Feuer verzehrt werden.

4. In der Analyse der ebenfalls complicierten Erzählung vom Ursprung der Quelle zu Kades 20, 1—13 hat Knobel das Richtige getroffen. Der Anfang stammt aus Q. Nach dieser Quelle haben wir uns bisher noch nicht in Kades, sondern in der Wüste Pharan, der Gegend der 40jährigen Wanderung, befunden und gelangen erst jetzt in die Wüste Sin nach Kades, wahrscheinlich am Anfang des 40. Jahres (20, 22 sqq.) — das Datum V. 1a ist vielleicht aus harmonistischen Gründen verstümmelt (Nöldeke). Ausser V. 1a gehören noch V. 2. V. 3b (nach d. Athnach) und V. 6 zu Q, wohl auch V. 12. Alles Uebrige stammt aus JE. Was speciell V. 7—13 betrifft, so ist der Stab hier überall der des Mose, dieser nimmt ihn V. 8. 9, erhebt ihn und schlägt damit V. 11, offenbar aber gehört er dem, der ihn führt. Aharon ist möglicherweise V. 8 und V. 10 bloss eingeschoben; wenigstens fällt der Plural immer sogleich wieder in den Singular zurück, V. 10 in höchst auffallender Weise. Dass der Stab hier wie in Q im Heiligtum aufbewahrt wird, kann nicht befremden; das war späterhin der Platz der Reliquien, von wo sie der Priester zu Silo oder zu Jerusalem herausholte. Will man indessen in den betr. Worten V. 8 einen Einfluss aus Q sehen, so habe ich nichts dagegen einzuwenden. Nur ist festzuhalten, dass das Stück im Ganzen einer anderen Quelle entstammt, wie ja auch Q anerkanntermassen hier einen verschiedenen Bericht voraussetzt, in welchem die Widerspenstigkeit nicht auf Seiten der Gemeinde, sondern ihrer Führer ist (20, 24. 27, 14). — Der Ausdruck העדה ובעירם V. 8. 11 verbindet die Verse 7—13 mit V. 4. 5. Was also nicht aus Q stammt, gehört zusammen und ist ein einheitliches Stück von JE, und zwar nicht entlehnt aus J — dagegen spricht עדה, בעיר, קהל und nebenbei der Stab Mose's —, sondern aus der Vorlage, welche der Jehovist auch Kap. 13 sq. Kap. 16 neben J benutzt hat. Wie in Q scheinen auch hier die Israeliten jetzt zuerst nach Kades zu gelangen; wenigstens hat es keinen Sinn, wenn die Oeffnung der Quelle daselbst erst an das Ende eines langen Aufenthaltes daselbst fiele, und nach 14, 25 gehen sie ja wirklich, nachdem sie die Kundschafter von einem nicht mehr zu bestimmenden Orte aus abgesandt haben, wieder zurück

nach Süden und verbringen die 40 Strafjahre wandernd in der
577 Wüste am Schilfmeer. Dagegen hat J das Volk wahrscheinlich lange Jahre in Kades wohnen lassen, nämlich die ganze Zeit von der Aussendung der Kundschafter an bis zum Aufbruch nach dem Ostjordanlande. Dies darf man wohl aus Jud. 11, 16 sq. und aus Deut. 1, 46 schliessen[1]) und vielleicht auch annehmen, dass die Worte und das Volk blieb in Kades Num. 20, 1 ein versprengter und verstümmelter Rest des Berichts aus J sind. Kades scheint für eine Gestalt der Tradition, die in J zu Grunde gelegen hat, gegenwärtig aber durch anderweitige Berichte ganz verwischt ist, als langjähriges Standlager der Hebräer sehr grosse Bedeutung gehabt und als Ort der Gesetzgebung vielleicht mit dem Sinai selbst concurriert zu haben. Man könnte sogar versucht sein zu glauben, dass die ursprüngliche Gestalt dieser Ueberlieferung die Digression nach dem Sinai gar nicht kennt, sondern das Volk vom Schilfmeer direkt nach Kades gelangen lässt, und sich dafür auf Jud. 11 und auf die Stellung der Geschichte Exod. 17 berufen, die doch wohl in Kades spielt. Aus Jud. 5. Deut. 33 folgt über den Sinai als Berg der Gesetzgebung gar nichts.

Von Kades aus erfolgt übereinstimmend nach allen Berichten der Aufbruch in's Ostjordanland 20, 14—22, 1. Zu Q rechnet man mit Sicherheit 20, 22—29, weniger sicher den Anfang von 21, 4 und 21, 10. 11. Von Schwierigkeiten mit den Nachbarvölkern scheint dieser Bericht nichts zu wissen, er behandelt das Terrain wie tabula rasa. Die Israeliten ziehen von Kades direkt nach Osten durch Edom[2]) und lassen sich ungestört in den Arboth Moab nieder. Der Bericht von JE ist nicht ganz aus einem Gusse, J liegt zu Grunde, ist aber überarbeitet und vermehrt. Wie die auffallende singularische Behandlung der Völkernamen beweist (vgl. Exod. 14), sind die beiden Hauptstücke 20, 14—21. 21, 21—31 aus J, wenn auch vielleicht vom Jehovisten überarbeitet. Was aber in JE dazwischen liegt, scheint ziemlich buntscheckig zu sein.

---

[1]) In Jud. 11 gehören die Worte וישב י' בקדש V. 17 vielmehr an den Schluss von V. 16. In Deut. 1 steht die Version 1, 46 im schroffen und unvermittelten Widerspruch zu der anderen herrschenden 1, 40. 2, 1.

[2]) S. Knobel über die Lage des Berges Hor. Wie Mose's und Miriam's Grab muss das Aharon's an der Grenze Israels gelegen haben. Etwas anderes kann auch die Grenze Edoms im Munde eines hebräischen Erzählers nicht bedeuten.

An ganz unpassender Stelle steht 21, 1—3, ein Seitenstück aus J
zu 14, 40—45, mit einem die Folgezeit antecipierenden Schluss 578
V. 3 = Jud. 1, 17. Der V. 4 schliesst mit דרך ים סוף an 20, 21. Die Geschichte von der ehernen Schlange ist gegen die Sitte in J nicht lokalisiert und bietet keinen Anknüpfungspunkt für das משם V. 12. Das Stationenverzeichnis selber (V. 12—20) führt uns über die Situation, wie sie V. 21 sqq. vorausgesetzt wird, zu weit hinaus; in V. 20 befinden wir uns schon mitten im Gebiet Sihon's, an dessen Grenzen wir V. 21 erst anlangen. Was ursprünglich zwischen 20, 21 und 21, 21 gestanden haben mag, kann man notdürftig aus Jud. 11, 18 erschliessen. Für einen späteren Anhang an J muss ich endlich 21, 32—35 ansehen. Nach V. 31 bleibt Israel im Lande des Amoriters wohnen, in 22, 2 ist von der Unterwerfung des Königs von Basan keine Rede, ebenso wenig Jud. 11, 22. Auch unterscheidet sich die Sprache in 21, 32—35 in charakteristischer Weise von der des vorhergehenden Stückes; vgl. z. B. ויכו אתו V. 35 mit ויכהו V. 24.

## Israel im Lande zwischen Arnon und Jabbok. Num. 22. — Deut. 34.

1. Der Segen Bileams Num. 22—24 ist zwar rein aus JE, aber darum doch kein Werk einheitlicher Conception. Am deutlichsten empfindet man den Widerspruch des Stücks 22, 22—34[1]) zu seiner Umgebung. Gott hat dem Bileam vorher ausdrücklich erlaubt und befohlen, sich mit den Boten auf den Weg zu Balak zu machen: wie kann er denn V. 22 darüber ergrimmen, dass Bileam den Befehl ausführt? Offenbar steht V. 22 sqq. mit dem Vorhergehenden nicht im Zusammenhang, wie denn auch in V. 34, wo doch dringende Veranlassung gewesen wäre, von V. 20 keine Notiz genommen wird. Erst V. 35 sind wir wieder so weit, wie wir V. 20. 21 schon gewesen waren. Doch ist dieser Vers nicht die echte Fortsetzung von V. 22—34, sondern wegen seiner wörtlichen Uebereinstimmung mit V. 20. 21 b ein Zusatz des Jehovisten, wodurch er wieder Anschluss sucht mit dem Faden, den er V. 20 hatte fallen lassen. In V. 22—34 geht Bileam auch gar nicht zusammen mit anderen, sondern offenbar alleine; er hat die Boten

[1]) Aus dem Folgenden wird sich ergeben, dass V. 21 b zu V. 20, V. 21 a zu V. 22 zu ziehen ist.

Balak's ablehnend beschieden, sich dann aber doch ihnen nach auf
579 den Weg gemacht. Ferner ist es noch sehr zweifelhaft, ob in der ursprünglichen Version der Seher trotz des Widerstrebens der Eselin dennoch schliesslich weiter ritt. Ich glaube, er kehrte um; darauf erschien Balak persönlich bei ihm V. 37, und mit diesem erhielt er Erlaubnis zu gehen und ging V. 39. V. 37 und V. 39 scheinen Reste der wahren Fortsetzung des Berichtes, aus dem V. 21a. V. 22—34 entnommen sind.

Dieser Bericht ist der von J, dagegen der andere, wonach Gott Bileam auf die zweite Botschaft mitgehen heisst, der von E. Der Wechsel der Gottesnamen giebt dafür einen Fingerzeig, obwohl er nicht ganz rein erhalten ist. In V. 22 muss urspr. Jahve gestanden haben, Elohim ist eine Nachwirkung aus dem Vorhergehenden; umgekehrt giebt in V. 19 und V. 8 Jahve Anlass zu Zweifeln. Der Jehovist hält sich in der Erzählung des 22. Kapitels, abgesehen von der Episode V. 22—34, vorzugsweise an E; ausser V. 37 und V. 39 lässt sich nur in V. 18 mit Sicherheit ein Fragment aus J erkennen (denn hier kommt zu Jahve mein Gott der Ausdruck die Knechte Balak's hinzu) und ferner in V. 2—5 ein mixtum compositum aus beiden Quellen. Denn V. 3a ist = V. 3b, der letzte Satz von V. 4 setzt den V. 2 nicht voraus, in V. 5 ist ארץ ב' ע' לקרא לו eine sehr fremdartige Apposition und es steigt der Verdacht auf, dass wohl die Söhne Ammon gemeint sein möchten. Die Ausdrücke קוץ (sich fürchten Exod. 1, 12) בני י' V. 3, קהל V. 4 weisen auf E; die Aeltesten Midian's beruhen wohl auf einem Einfluss aus Q, s. zu Kap. 25.

Kap. 23 und Kap. 24 glaube ich ebenfalls an J und E verteilen zu müssen. In 24, 2 gewinnt man durchaus den Eindruck, als sehe Bileam hier zum ersten Mal herab auf das am Fuss des Gebirges lagernde Israel, nach Kap. 23 hat er aber den selben Anblick schon zweimal gehabt und z. B. 23, 10 gesagt: wer misst den Staub Jakob's und wer zählt[1]) den vierten Teil Israels! Ferner könnte man es wohl verstehen, wenn der Seher beim dritten und vierten Spruch sich vorzustellen unterliesse, nachdem er es beim ersten und zweiten gethan hatte; dass er es aber gerade umgekehrt

[1]) מי ספר. Die Aussprache der Konsonanten scheint hier öfters mislungen. In 23, 20 ist וברך erste P. Sing. des Impf. mit Vau. cons. In שתם העין steckt ש (= אשר) und eine Form von תם. Das im gleichen Zusammenhang vorkommende נפל ist Niphal von פלל und hat עינים als Genitiv.

macht, dass mit anderen Worten die Einführung 24, 3sq. 24, 15sq. erst an dritter und vierter Stelle gegeben wird, das ist auf keine 580
Weise zu verstehen. Endlich darf man den Schriftsteller, der 23, 21. 22. 24 geschrieben hat, nicht zum Plagiator an sich selber machen und ihm auch die Autorschaft von 24, 7—9 zutrauen. Aus alledem geht hervor, dass die Verbindung der Kapp. 23 und 24 erst von dritter Hand nachträglich bewirkt ist. Dabei ist anzuerkennen, dast sie sehr gut gelungen ist. Die Erzählung namentlich scheint ganz aus einem Guss und ist wohl auch wirklich vom Jehovisten neu gegossen worden. Hier erkennt man nur im Uebergange von Kap. 23 auf Kap. 24 die Fuge. Nämlich nach 23, 14 befinden wir uns auf der Spitze der Pisga, in V. 27 sollen wir den Ort verändern und werden nun auf die Spitze des Berges versetzt, der über dem Jeschimon emporragt. Das ist aber nach 21, 20 eben doch wieder der Pisga, Peor ist nur ein anderer Name dafür. Daraus wird deutlich, dass 23, 26—24, 1 grösstenteils eine Naht ist, wie denn auch das Altarbauen und Opferbringen für Kap. 24 ganz überflüssig ist, wo im Unterschiede gegen Kap. 23 der Geist Gottes ohne solche Zaubermittel über den Seher kommt. Die Prophetien selbst hat der Jehovist wohl unangetastet gelassen, doch scheint 24, 20—24 seine Erweiterung zu sein und ebenso 23, 23 auf seine Hand zurückzugehen. Denn dieser Vers zerreisst den durch 24, 7—9 gesicherten Zusammenhang von V. 21. 22. 24 und bringt einen ganz fremdartigen Ton hinein, er ist Interpretament von V. 21 und aus Misverständnis von אין entstanden. — Wenn es übrigens fest steht, dass Kap. 23 und Kap. 24 verschiedener Herkunft sind, so ist es keine Frage, dass Kap. 23 aus J stammt, vgl. die an's Heidnische streifende Präparation zur Weissagung und den Ausdruck „Jahve begegnet einem“ (Exod. 5, 3. 3, 18).

Kap. 25 ist hier noch anzuschliessen, weil es nach seinem Hauptteile ursprünglich mit einer Erzählung über Bileam in Beziehung stand. Es gehört ganz zu Q, ausser V. 1—5. Diese Ausnahme aber ist eine ganz entschiedene, 25, 1—5 ist nicht etwa eine starke Ueberarbeitung von Q (wofür Nöldeke es ausgiebt, ohne einen Kern von Q aufzuweisen und ohne begreiflich zu machen, warum die Ueberarbeitung mit V. 5 abbricht), sondern ein völlig selbständiges und eigenartiges Fragment aus JE, vgl. den bestimmten Ort Sittim statt der allgemeinen Angabe Arboth Moab

in Q. Der Anfang der Hauptquelle ist verloren, man kann ihn etwa folgendermassen aus den Prämissen der Fortsetzung und aus 31, 8. 16. Jos. 13, 22 ergänzen. Die Aeltesten Midian's sind, mit
581 Wahrsagerlohn in der Hand, zu Bileam gegangen, um sich bei ihm Rats zu erholen, was gegen die Eindringlinge zu machen sei. Er hat ein Mittel angegeben, der Gefahr die Spitze abzubrechen: die Midianiter sollen den Israeliten ihre Töchter zu Weibern geben und so das heilige Volk seiner Stärke berauben, deren Geheimnis seine Absonderung ist. Die Midianiter sind Bileam's Rate gefolgt, es ist ihnen gelungen, manche Israeliten durch die Reize ihrer Weiber zu bestricken 31, 16, eine schwere Plage ist in Folge dessen von Jahve über das untreue Volk verhängt. An diesem Punkte setzt das uns erhaltene Stück ein und zwar mit dem Berichte, auf welche Weise der Plage durch das Verdienst des Erbpriesters Pinehas Einhalt gethan worden sei 25, 6 sqq. Unter den Unterschieden dieser Erzählung gegen die in JE 25, 1—5 ist als der wichtigste der hervorzuheben, dass die Verschuldung Israels, als deren intellektueller Urheber Bileam erscheint, nicht darin besteht, dass sie sich mit dem heidnischen Götzen, sondern darin, dass sie sich mit den fremden Weibern einlassen. Es scheint allerdings, dass hie und da die jehovistische Reminiscenz mechanisch die Erzählung von Q beeinflusse V. 18. 31, 16, doch weiss man nicht recht, was mit דבר פעור an diesen Stellen gemeint sein soll, und das ist auf alle Fälle sicher, dass die Hurerei in Q nicht ein begleitendes Moment, sondern die Hauptsache ist und nicht wegen ihrer Verbindung mit Baalsdienst, sondern an sich, als das Einführen ausländischer Frauen in das israel. Lager (V. 6), getadelt wird. Dass übrigens die so auseinandergehenden Versionen dennoch aus gemeinsamer Wurzel erwachsen sind, macht Bileam, Peor und die Zweideutigkeit der Ausdrücke נצמד auf der einen und זנה auf der anderen Seite probabel [1].

2. Mose's letzte Verordnungen und Tod. Grösstenteils aus Q, wenn man vom Deuteronomium absieht. Den Faden zu entdecken ist nicht ganz leicht, auch abgesehen von den gar nicht mit der geschichtlichen Situation in Beziehung stehenden Stücken Num. 28—30. Kap. 33. Nur scheinbaren Anlass zu Bedenken giebt die Stellung von Num. 27. Man könnte meinen, zwischen

[1] Ein Anhang zu Kap. 25, ganz in der Art von Q gehalten, ist das 31. Kapitel, über dessen Stelle im Zusammenhang alsbald weiter zu reden sein wird.

den Befehl 27, 12 sqq. und dessen Ausführung dürfe sich nicht so viel eindrängen[1]), und 27, 1—11 habe erst hinter den allgemeineren Anweisungen Kap. 32. 34. 35 seinen Platz, unmittelbar vor 36, 1 sqq. Aber 1) Kap. 27, 1—11 schliesst sich an die Zäh- 582
lung Kap. 26 an, deren Zweck aus V. 52—56 erhellt. Die Bitte der Töchter Zelophchad's ist so wenig verfrüht wie die der $2\frac{1}{2}$ Stämme Kap. 32; 2) der Befehl zu sterben ergeht deshalb so unverhältnismässig früh, weil er die Veranlassung abgiebt, den Josua einzusetzen, vor der Einsetzung Josua's aber die Anweisungen über die Verteilung des Landes in Q nicht gegeben werden können; 3) die sehr weitläufige Wiederaufnahme des Num. 27, 12 gegebenen Befehls in Q Deut. 32, 48 sqq. lässt vermuten, dass man ihn inzwischen wegen beträchtlicher Einschiebungen halb vergessen hat; auch das ausdrückliche eodem die Deut. 32, 48 würde unmittelbar nach Num. 27, 23 nicht verständlich sein, erklärt sich aber sehr gut nach dem Dazwischentreten der Gesetzgebung in den Arboth Moab (Num. 36, 13), aus dem Bestreben, trotzdem die zeitliche Einheit zu wahren. Dagegen scheint mir Num. 31, der Krieg gegen die Midianiter, nicht hergehörig. Ich zweifle natürlich keinen Augenblick daran, dass dieses Kapitel durchaus im Geiste und in der Manier von Q und nach den geschichtlichen Voraussetzungen dieser Quelle abgefasst ist, und gestehe auch das zu, dass der Verfasser dasselbe auf die Stelle berechnet hat, an der es jetzt steht, hinter Kap. 26 und Kap. 27 (vgl. 31, 1. 2). Aber gerade diese Stelle würde der originale Autor von Q der Erzählung schwerlich angewiesen haben. Wer 27, 12—23 schrieb, konnte die Ausnahme 31, 2 unmöglich im Sinn haben, die gerade so gut und viel besser vorher, gleich nach Kap. 25, abzumachen gewesen wäre. Alles Uebrige betrifft die künftigen Verhältnisse der Ansiedlung, worüber Mose seinen letzten Willen ausspricht und Eleazar und Josua zu Executoren ernennt, es fällt in den Rahmen eines einzigen Tages Deut. 32, 28. Auch die Zählung Num. 26 zweckt ausgesprochener massen auf die Verteilung des Landes an die kleineren und grösseren Geschlechter und nicht auf den Krieg (Kap. 31) ab.

Nicht rein aus Q geflossen ist Kap. 32. Nöldeke glaubt, es sei hier nicht ein zweiter selbständiger Bericht hinzugekommen,

[1]) Klostermann, Stud. und Krit. 1871, S. 256.

sondern es liege nur eine redaktionelle Erweiterung von Q vor. Aber diese Ansicht ist nicht haltbar, wie ich zunächst für V. 1—32 versuchen will darzuthun. Was V. 1—15 betrifft, so kann man nur sagen, dass an wenigen Stellen Vorstellungen von Q eingetragen seien, aber nicht, dass diese Quelle hier zu Grunde liege. Wenn ferner V. 16—19 für Q nicht wohl zu entbehren sind (excl. z. T. V. 17), so scheinen diese Verse aber auch eben ursprünglich den Anfang der Rede der ostjordan. Stämme enthalten zu sollen,
583 wenigstens erklärt sich ויגשו אליו V. 16 nicht ganz gut, nachdem das Gespräch längst im Gange ist. Was endlich V. 20—32 angeht, so mache ich aufmerksam auf den Parallelismus von V. 20—27 mit V. 28—32, welcher besonders auffallend wird durch die völlig gleiche Zwieteilung beider Stücke: V. 28—30 könnte man zur Not, trotzdem darin nur V. 21—23 wiederholt wird, als den bekräftigenden Schluss der vorhergehenden Verhandlung ansehen, aber die beiden folgenden Verse 31. 32, die in jeder Hinsicht mit V. 25. 26 auf gleicher Linie stehen, machen das sehr unwahrscheinlich. Im Wesentlichen hat Knobel das Rechte gesehen, wenn er V. 16—19. V. 24 (= V. 16). V. 28—30 zu Q weist, nur hätte er V. 31. 32 noch hinzufügen müssen.

V. 1—15 . . . . V. 20—27 = JE. Eine Spur dieser Quelle findet sich auch in V. 17 (חמשים) und verrät, dass der jetzt fehlende Uebergang von V. 15 auf V. 20 noch dem Redaktor vorlag, der einzelne Elemente davon in den Ersatz aus Q V. 16—19 einarbeitete. Die sachliche Aehnlichkeit der beiden Berichte — man darf vielleicht den Unterschied konstatieren, dass die betreffenden Stämme in Q von vornherein und aus freien Stücken zur Vorhut des Heeres sich anbieten, in JE moralisch dazu gezwungen werden — erschwert die Scheidung, braucht jedoch übrigens nicht zu befremden. Wohl aber bedarf die auffallende Verwandtschaft der Sprachfarbe der Erklärung. Man kann einmal an Ueberarbeitung durch den Redaktor denken, der Vorstellungen und Ausdrücke des Vierbundesbuchs, das er ja in der That zur Grundschrift macht (Gen. 7, 8. 9), in den anderen Bericht eingetragen haben mag. Denn überall findet sich nicht etwa Q von JE, sondern umgekehrt JE von Q tingiert. Aber die Hauptsache wird sein, dass die Quelle selbst, aus der V. 1—16. V. 20—27 mitgeteilt sind, in Form und Inhalt dem Vierbundesbuch sich nähert. Es wird die gleiche sein, aus welcher der Jehovist in Kap. 13. 14. Kap. 16 neben J, in

20, 1—11 allein geschöpft hat, und deren sprachliche und sachliche Berührungspunkte mit Q bereits öfter Gelegenheit war hervorzuheben. Sie nimmt eine Mittelstellung zwischen J und Q ein und ist am nächsten mit der Darstellung des Deuteronomisten (Deut. 1—4) verwandt, den man in V. 6—15 glaubt selbst reden zu hören. Auch beim Deuteronomisten nimmt die Tradition eine entschiedene Wendung zu der Form, die in Q ausgeprägt vorliegt.

Unter den bisher von der Untersuchung ausgeschlossenen Versen 33—42 gehört sicher V. 40, den Nöldeke der „Grundschrift“
zuweist, nicht zu Q. Denn in dieser Quelle ist Machir nicht Name 584
der ostjordanischen Hälfte von Manasse. Dahingegen wird man nicht umhin können, V. 33, der ohnehin als Abschluss von V. 28—32 kaum entbehrlich ist, zu Q zu rechnen, da Num. 34, 14. 15 vorausgesetzt wird, dass neben Ruben und Gad auch halb Manasse schon durch Mose sein Erbteil angewiesen erhalten habe. Darin, dass in V. 29 halb Manasse fehlt, hat man vielleicht einen unwillkürlichen Einfluss von JE zu sehen[1]). Denn da, nach meiner Meinung, ganz V. 34—42, anerkanntermassen aber V. 39. 41. 42 zu JE gehören, so folgt, dass nach dieser Version bloss Ruben und Gad von Mose ihr Erbteil erhalten, dass aber die Landschaft Basan von einzelnen Geschlechtern Manasse's auf eigene Faust occupiert wird; in Wirklichkeit lange nach Mose, vielleicht auch nach der Meinung des Schriftstellers, der in diesem Fall die Folgezeit hier antecipiert. V. 40 ist ein Versuch, das eigenmächtige Verfahren zu legalisieren, ein Uebergang zu Q. Zu V. 34—38 vergleiche das sehr verschiedene Verzeichnis in Q Jos. 13, 15—28.

Die Anweisungen, die Mose vor seinem Tode noch über das Westjordanland giebt (Kap. 33, 50—36, 13), lassen in 33, 50—56 ein fremdes Element in Q erkennen. Aber dasselbe scheint von dem Verfasser von Q in den Zusammenhang seines Werks aufgenommen zu sein, denn kein anderer als er hat die Einführung V. 50. 51 geschrieben, ebenso den zum übrigen Inhalt gar nicht sehr passenden V. 54. Mit dieser Version verhält es sich also wohl ähnlich, wie mit dem bekannten grossen Abschnitt am Ende des Leviticus, den der Vf. des Vierbundesbuchs geichfalls seinem Werke einverleibt hat. Beachtung verdient, dass zwei auffallende

---

[1]) Aehnlich wird man die Erwähnung von Sihon und Og Jos. 13 zu erklären haben.

Wörter in Levit. 26, nämlich משכית und במה, an unserer Stelle wiederkehren.

Zum Schlusse spielt JE wieder stärker ein, namentlich in Deut. 34. Hier ist Q nur in V. 1a und V. 8. 9 (V. 7a?) zu erkennen; übrigens sprechen sämtliche Ausdrücke und Vorstellungen, aus denen man überhaupt etwas schliessen kann, gegen Q und für JE, bez. für den deuteronom. Bearbeiter von JE. So, um nur einiges zu erwähnen, das Haupt des Pisga über Jericho V. 1, das westliche Meer V. 2, die Palmenstadt V. 3, das Thal in Moab gegen Beth-Peor V. 6, das geheimnisvolle Be-
585 gräbnis V. 6, die kurzen kernigen Wendungen V. 5 (על פי יי) und V. 7b. Ob die Altersangabe V. 7a nur in Q enthalten gewesen sein kann, wird darnach wenigsten fraglich. Von Kap. 34 rückwärts gehend, darf man nach V. 5 schliessen, dass auch in JE der Befehl an Mose ergangen ist, sich zum Sterben anzuschicken. Schrader und Klostermann haben Recht, Deut. 31, 14—22[1] (und folgerecht das Lied Kap. 32) für JE in Anspruch zu nehmen, eine genaue Parallele zu Q Num. 27, 12—23. Deut. 32, 48—52. Wie Deut. 31, 14—22 mit dem Werke des Deuteronomisten verschlungen ist, soll hier nicht untersucht werden. Deut. 33 steht ausserhalb aller Verbindung.

Erwähnenswert ist, dass seit dem Segen Bileam's J plötzlich abbricht. Nur in Num. 25, 1—5, und Deut. 34 könnte man vielleicht einige Spuren dieses herrlichen Geschichtswerks finden wollen, z. B. 34, 7b.

## Die Eroberung und Verteilung Kanaans unter Josua. Jos. 1—24.

1. Wenn ich das Buch Josua hier anschliesse, so soll damit zunächst nur behauptet sein, dass es, im Unterschied zu Judicum Samuelis Regum, ein den Pentateuch auf allen Punkten voraussetzender Anhang zu demselben sei, nicht, dass darin ganz das gleiche Material in der gleichen Weise verarbeitet vorliege. Ein Teil der Quellen, bes. E in der Bearbeitung des Jehovisten, wird sich hier fortsetzen, aber allgemein kann die überall in unserem Buch zu Grunde liegende Vorstellung nicht geherrscht haben, dass Josua an der Spitze des gesamten Israels gestanden; wenn z. B. in J Josua überhaupt vorgekommen ist, so hat er gewiss nur als der

[1]) V. 23 ist Rede Jahve's mit Josua, die etwas post festum kommt.

Führer Joseph's (einschl. Benjamin's) gegolten[1]). Dass die Bearbeitung der Vorlagen hier stärker hervortritt und eine viel ausge- 586
sprochenere Färbung hat als im Pentateuch, ist längst empfunden worden. Wenn vollends mit der Thora Mose's 8, 31 nicht bloss das Deuteronomium, sondern alle fünf Bücher Mose's gemeint sein sollten (anders 24, 26), so wäre es entschieden, dass das Buch Josua in seiner gegenwärtigen Gestalt nur als Anhang, nicht aber als Abschluss des Pentateuchs angesehen werden dürfte.

Jos. 1 ist rein deuteronomistisch, d. h. von dem Schriftsteller, der das deuteron. Gesetz in die Geschichte eingefügt und die Geschichte nach dem deuteron. Gesetz bearbeitet hat, von dem Deuteronomisten, wie man ihn im Unterschied von dem Autor des eigentlichen Deut. bezeichnen kann. Vgl. Kuenen, Onderzoek[1] I. S. 184 n. 3, Hollenberg, Stud. und Krit. 1874, S. 473—478. Dass nicht der Vf. des Deut. auch Jos. 1 verfasst habe, folgert H. mit Recht aus der Vergleichung von Jos. 1, 3—5 mit Deut. 11, 24 sq. „Es ist schwer glaublich, dass ein Schriftsteller selbst sich auf diese Weise ausschreiben sollte, zumal dann nicht, wenn er die Worte zuerst in einem ganz anderen Zusammenhange und an eine andere Adresse hatte sprechen lassen. Der Vf. von Jos. 1 hat sogar irrtümlich geglaubt, in der von ihm benutzten Stelle rede Gott, dem Vf. des Deut. wäre ein solcher Irrtum schwerlich entschlüpft. Es liegt also hier deutlich die Benutzung der deuteron. Schrift von Seiten eines anderen Vf. vor."

Mit der Eroberung Jericho's (Kap. 2—6) beginnt die Erzählung von JE, vgl. Sittim 2, 1, nicht Arboth Moab wie in Q und Deuteronomium. In der Geschichte von den Kundschaftern Kap. 2

---

[1]) Jud. 1, ein, wie es scheint, uns nur sehr mit Auswahl und in Resten mitgeteilter Bericht, weiss nichts von Josua, sondern schliesst (quoad rem) an den Pentateuch an; die ersichtlich vom Bearbeiter (Jos. 1, 1) herrührende Uebergangsformel müsste sachgemässer heissen: und nach dem Tode Mose's. Die Ansiedlung vollzieht sich nach allen Berichten an drei Punkten und in drei Absätzen. In dem zuerst eroberten Ostjordanland lässt der damals mächtigste Stamm, Ruben, sich nieder. Von da geht, in Anlehnung an Ruben, die Eroberung des Landes Ephraim durch Joseph aus. Ganz selbständig agiert wieder Juda, unklar von wo aus. Die übrigen Stämme schliessen sich an, können aber z. T. nicht zu festen Sitzen gelangen. Das Bewusstsein, dass nicht Gesamtisrael auf einmal, sondern zuerst Ruben, dann Juda und Joseph Fuss fassten, ist selbst im B. Josua noch nicht verloschen; vgl. 18, 2 sqq.

scheint der Jehovist nur Einer Vorlage zu folgen; denn die unbeträchtlichen Inconcinnitäten, die besonders in den Zeitangaben zu Anfang des Kap. vorkommen. rechtfertigen nicht die Annahme mehrerer Quellen; V. 4a ist vielleicht eine vorgreifende Glosse. In V. 10. 11 haben Kuenen und Hollenberg Spuren des Deuteronomisten erkannt, im Ganzen aber ist die Rede Rahab's, in der sie thut, „als habe sie den ganzen Pentateuch gelesen," jehovistisch, s. 9, 9—11. 24. Verwickelter ist die Erzählung vom Uebergang über den Jordan Kap. 3. 4. Nach 3, 1 bleiben die Hebräer nur noch eine Nacht jenseit des Jordans, dem entsprechend sagt Josua V. 5, morgen solle der Uebergang stattfinden. Was aber zwischen V. 1 und V. 5 steht, fügt sich diesem Termine nicht, die drei Tage V. 2 rechnen von 1, 11 an. Was auf V. 5 zunächst folgt, gehört zu V. 2—4, der Befehl V. 6 ist durch V. 3. 4 vorbereitet,
587 und die Eröffnung V. 7. 8 verträgt sich wenigstens recht wohl damit, während sie im Vergleich zu V. 5 post festum kommt. Also wären V. 1. 5. auf die eine und V. 2—4. 6—8 auf die andere Seite zu stellen. In 3, 9—17 könnte man wegen „der Priester, der Träger der Lade" die Fortsetzung von V. 2—4. 6—8 zu erkennen geneigt sein. Aber in letzteren Versen heisst die Lade regelmässig die Lade des Bundes (Jahve's) V. 3. 6. 8, in V. 9sqq. niemals, wenn man genauer zusieht. Denn dass in V. 14 הברית hinter הארון eingeschoben ist, beweist der Artikel des Status constr., und wenn der ebenfalls sprachwidrige Ausdruck ארון וגו V. 11 mit dem fast ganz entsprechenden in V. 13 verglichen und in Betracht gezogen wird, dass, wie bes. die LXX lehrt, die spätere Tendenz dahin geht, die Lade des Bundes zu bevorzugen, so wird derselbe nicht etwa durch Streichung des letzten Genitivs, sondern durch Verwandlung von הברית in יהוה zu corrigieren sein. Erweist sich nun in diesem wichtigen Punkte der Sprachgebrauch in V. 9—17 als constant verschieden von dem in V. 2—4. 6—8, so werden wir genötigt, die ersteren Verse mit V. 1. V. 5 zu verbinden. Dafür spricht auch der Umstand, dass V. 9—17 wenigstens im Kern für den pragmatischen Fortschritt notwendig sind: nun aber sind V. 2—4. 6—8 deuteronomistisch (vgl. 1, 10sq. 1, 5. Deut. 2, 25), dagegen V. 1. 5 jehovistisch (s. Sittim V. 1 und vgl. V. 5 mit Exod. 19, 10sq. Num. 11, 18. Jos. 7, 13), also vermutlich dem eigentlichen Faden der Erzählung integrierend. Dass eine deuteronomistische Ueberarbeitung von V. 9—17 stattgehabt hat, ist möglich

und wahrscheinlich; dadurch wird u. a. die ursprüngliche Verbindung von V. 5 mit V. 9 oder (da dieser Vers selber einen deuter. Anflug in אלהיכם aufweist und sehr überflüssig ist) mit V. 10 unkenntlich gemacht sein. Doch glaube ich nicht, dass auch die Priester als Träger der Lade erst auf Eintragung des Deuteronomisten beruhen.

Ist aber 3, 10—17 in sich einheitlich? Mit Rücksicht auf die Isolierung von V. 12 und die augenscheinliche Ueberfüllung von V. 15. 16 wird man diese Frage kaum bejahen können, um so weniger, da die Fortsetzung 4, 1 sqq. noch deutlichere Merkmale der Zusammensetzung an sich trägt, die ich darum zunächst analysieren will. Nur scheinbar schliesst sich hier V. 4 an V. 1—3 an; denn nach V. 1—3 müssten die zwölf Träger erst ausgewählt werden, die in V. 4 als längst bestellt gelten (vgl. 3, 12). Die wahre Fortsetzung von V. 3 ist V. 8 wie die völlig übereinstimmende Sprache beweist. Nun ist in V. 8 zwar wohl von den 12 Steinen 588
die Rede, aber als das Subjekt der Verba erscheinen hier nicht wie in V. 3 die zwölf Träger, sondern einfach die Kinder Israel. Genau die selben Verba in genau der selben Reihenfolge wiederholen sich V. 3 und V. 8 — sollte die Verschiedenheit des Subjekts etwas Ursprüngliches sein? Vielmehr sind auch in V. 3 ursprünglich durchweg schlechthin die Israeliten angeredet (עמכם, חלינו), V. 2 und die drei ersten Worte von V. 3 sind ein redaktioneller Ausgleichungsversuch; in der Quelle Nr. 1 (= V. 1. 3. 8) gab es keine besonders erwähnten 12 Träger, sondern nur in Nr. 2 (= 4, 4—7. 3, 12). Weiter fördert uns V. 9, ein Pendant zu V. 8 und darum nicht mit diesem Verse, sondern mit 4, 4—7 zu verbinden. In Nr. 1 werden die Steine auf dem Lande an der Stelle, wo das Volk nach dem Uebergange das erste Nachtlager macht, aufgerichtet, in Nr. 2 mitten im Jordan selbst. Nun geht erst das Verständnis von 4, 5 auf; die Worte sind vor dem Uebergange gesprochen, die Träger sollen beim Aufbruch die Steine vom Ostufer mitnehmen, mit ihnen vor der Lade herziehen und sie dann V. 9 im Bette des Jordans an dem Stande der Priester aufstellen [1]). Während wir uns nach Nr. 1 längst am andern Ufer

[1]) Wie der Vergleich mit V. 8 lehrt, ist der Ausdruck מצב ר' ה' in V. 3 aus Nr. 2 eingetragen. Möglich, dass Lade und Priester in Nr. 1 ursprünglich überhaupt nicht vorkamen; für Nr. 2 sind sie wesentlich. Vgl. zu Kap. 6.

und im Quartier befinden, stehen wir in Nr. 2 V. 4 sq. noch vor dem Durchgang, V. 9 sind wir mitten darin begriffen — evident wird dieser Sachverhalt dadurch bestätigt, dass in V. 10 am Schluss „das Volk eilt hinüberzugehen“, und dass erst mit V. 11a der Punkt erreicht wird, auf dem wir in Nr 1 bereits 4, 1 angelangt waren (vgl. הגוי 3, 17. 4, 1 mit העם 4, 10 sq.)

Einige Grundzüge zur Charakteristik der beiden Versionen sind damit angegeben, auf eine durchgeführte Scheidung verzichte ich, weil die Bearbeitung zu stark eingegriffen und die Glieder nicht immer in der Reihenfolge ihres ursprünglichen Zusammenhangs gelassen hat. In 3, 10—17 gehören zu Nr. 2 ausser V. 12 noch die Hälften von V. 15 und V. 16. Als Fortsetzung von 4, 11a ist nicht V. 11b, sondern V. 15—18 anzusehen (= Nr. 2); V. 11b ist eine Vorausnahme des ursprünglichen Nachsatzes, die aus dem Grunde eingesetzt worden ist, weil die grosse Parenthese V. 12—14 die Verbindung von V. 11a und V. 15 unterbrach. Diese Parenthese selbst
589 ist deuteronomistisch, ebenso wie V. 20—24 und vielleicht auch V. 6. 7. — Mit Q hängt zusammen 4, 19; ob aber dieser Vers Fragment einer einst vollständigen Erzählung ist, ist sehr die Frage. העדות V. 16 beweist nicht den aus anderen Gründen unmöglichen Ursprung des Verses aus Q, sondern nur, dass ein an den Sprachgebrauch von Q gewöhnter letzter Redaktor hier thätig gewesen ist.

Der Faden der Erzählung läuft über 5, 1 (vgl. zu 9, 1) weiter auf Kap. 6, inzwischen werden an einem passenden Ruhepunkte drei bloss durch den Ort zusammengehaltene Geschichten eingesetzt. — Ueber 5, 2—9 (gleichartig mit der Tradition von JE) hat Hollenberg a. O. 493 sq. gut gehandelt und gezeigt, dass der ursprüngliche Text bestehe aus V. 2. 3. 8. 9. Die Beschneidung ist bisher bei den Aegyptern üblich, bei den Israeliten unbekannt gewesen, weshalb diese von jenen geschmäht werden. Diese Tradition steht zwar mit Exod. 4 im Einklang, aber im Widerspruch zu der gewöhnlichen Annahme (Gen. 17. Kap. 34) und wird daher V. 4—7 authentisch interpretiert; mit der Glosse hängt ושוב . . . שנית V. 2 zusammen.[1]) Die LXX sprach ושב, fand also שנית nicht vor und

[1]) Mit dieser Art harmonistischer Verdopplung vgl. das S. 18 zu שנית Gen. 22, 15 Gesagte und nicht minder die Erörterung zu 1. Sam. 11, 12-14 (נחדש) im Text der Bücher Samuelis.

in der That fehlt ἐκ δευτέρου in dem wichtigen Cod. 108 und im Vaticanus. Vgl. übrigens LXX 24, 31. — Die Verse 5, 10—12 hängen zusammen mit 4, 19 und mit Q. Da man von der Frucht des Landes nicht essen darf, ohne die Erstlingsgarbe dargebracht zu haben, so war es eine Notwendigkeit, dass die Israeliten gerade zu Ostern in Kanaan einrückten; vgl. 3, 15. 4, 18. 1 Chr. 12, 15. — V. 13—15 (gleichartig mit JE) enthalten eine Theophanie, welche die Heiligkeit der Bama von Gilgal inauguriert und darum keineswegs so zwecklos ist, wie man gemeint hat.

Dass die Erzählung von Kap. 6 verworren ist, betrachte ich
als zugestanden. Ich scheide den einfachsten Bericht so aus.
Josua erhält Befehl, die Stadt Jericho sieben Tage lang umziehen
zu lassen (V. 3. 4 z. T.) und weist das Volk demgemäss an, ihm
strenges Schweigen einschärfend, bis er zu lärmen gebiete V. 10.
Sie thun das den ersten Tag und die folgenden (V. 11. 14), bis
am siebten Josua zum Sturm auffordert (V. 15a. V. 16b. V. 17—19).
Da erhebt das Volk das Kampfgeschrei und stösst in die
Posaune (V. 20 Anf.), die Stadt fällt. Ich fusse auf den beiden
ersten Sätzen von V. 20. Das Volk bläst hier die Posaune und 590
zwar nachdem oder indem es den Kriegsruf erhebt; das Posaunen-
blasen ist ein Teil des Hurrah, nicht das Signal dazu. Dadurch
entsteht eine innere Beziehung zu V. 10: bei den Umzügen herrscht
tiefe Stille, bis Josua sagt הריעו, nicht: bis die Priester das Zeichen
blasen. Zu V. 10 gesellt sich unmittelbar V. 16b und mittelbar,
da V. 12. 13 durch Priester und Posaunen ausgeschlossen werden,
V. 14. 15a und V. 11 — wo wegen der folgenden pluralischen
Verba und wegen der Analogie von V. 14 ויסבו zu lesen und die
Lade Jahve's als redaktioneller Einsatz zu betrachten ist. Teile
von V. 3. 4 und vielleicht von V. 7 bilden den Anfang dieser
Version, bei deren Ausscheidung man zu berücksichtigen hat, dass
ihr die sieben Priester mit Posaunen, die Lade und der ganze com-
plicierte Zug fremd sind. Sie redet nur vom Volk und Josua, am
siebten Tage, scheint es, lässt sie nicht anders wie an den sechs
vorhergehenden Tagen die Stadt nur einmal umziehen, s. כמשפט
הזה V. 15 und עד יום V. 10.

Daneben existiert ein Bericht Nr. 2, dessen Selbständigkeit sich abgesehen von V. 20 besonders aus der Stellung von V. 12. 13 zwischen V. 11 und V. 14 ergiebt. In V. 12 sq. handelt es sich in Wahrheit um den ersten Umzug, denn nur bei diesem rechtfertigt

sich die Umständlichkeit der Angaben[1]); wir haben hier also eine ganz auf eigenen Füssen stehende Parallele zu V. 11, welche diesen Vers von seiner wahren Fortsetzung V. 14 trennt. Nach Nr. 2 soll der Zug so zusammengesetzt sein: 1) die Vorhut (hier aber keineswegs = die $2^1/_2$ Stämme), 2) sieben Priester mit Posaunen, 3) die Lade, 4) das übrige Heer. Das Signal geben die Priester durch das Blasen der Posaunen, beim siebten Umzuge, ursprünglich wohl des ersten Tages[2]); dann erfolgt das Kriegsgeschrei. Die Ordnung des Zusammenhangs lässt sich ungefähr so herstellen. Zuerst die Anweisung Josua's durch Jahve V. 3—5 z. T. Sodann der nötige Unterricht an die Priester, in deren Hand hier ja das Signalgeben gelegt wird V. 6. Dann der Befehl an's Volk, betreffend die An-
591 ordnung des Zuges V. 7—9. (Da V. 7 für sich völlig fragmentarisch ist, so muss sich in V. 8. 9 ursprünglich *der Befehl* fortsetzen und die *Ausführung* desselben erst V. 12. 13 berichtet werden. Der erste Satz von V. 8, der in LXX fehlt, ist später zugesetzt, wohl auch der mit V. 7 identische Teil von V. 9). Darauf, am folgenden Tage, die Ausführung des Befehls V. 12. 13, wozu aus V. 15 שבע פעמים zu ziehen ist — V. 15b ist redaktionelle Glosse. Endlich der Erfolg, V. 16a und V. 20 von ויהי כשמע an.

In diese zweite Version ist dadurch Verwirrung gekommen, dass die Posaunen von vornherein geblasen und dazu dem ganzen Heere gegeben werden. Wie sollen dann bei dem allgemeinen Lärmen die Priester noch ihr Signal zur Unterscheidung und zur Geltung bringen! Einzig die Priester dürfen in Nr. 2 Posaunen führen und blasen müssen sie erst beim letzten Umzuge — vorher tragen sie nur (נשאים V. 6. 8. 13). Die dem widersprechenden Angaben in V. 8. 9. 13 sind als Zusätze anzusehen und entstanden entweder aus naiver Freude am Fortissimo oder aus zufälligeren Anlässen. — In Nr. 1 halte ich die Vorbereitung auf Achan und die Rücksichtnahme auf Rahab für Einsätze des Jehovisten. Aber der Bann selbst und der Schatz Jahve's sind alt und stammen aus der Vorlage (= V. 17a. V. 19. V. 21. 24). Als ein harmonistisches

[1]) Nach der jetzigen Textredaktion sollen V. 12. 13 auf den zweiten Umzug bezogen und mit V. 14 verbunden werden. Dies hängt damit zusammen, dass die Verse 8. 9, die nur als Befehl einen Sinn geben, jetzt so gewendet sind, dass sie die erstmalige Ausführung des Befehls erzählen.

[2]) Auf diese Weise wurde gegen Nr. 1 die Sabbathsordnung aufrecht erhalten.

Produkt des Schriftstellers, der Nr. 1 und Nr. 2 verband, sehe ich die Angaben an, wonach die Stadt an den sechs ersten Tagen je einmal und am siebten Tage siebenmal umkreist wurde.

Kap. 7 enthält die vom Jehovisten, der V. 7—13 unverkennbar ist, dem Zusammenhang seiner Quellen eingefügte Erzählung über Achan's Diebstahl. Sie ist ganz aus einem Guss, einige scheinbare Wiederholungen fallen weniger der literarischen, als der Textkritik anheim. So ist V. 2 מקדם לביתאל Glosse, die LXX fand weder sie vor, noch ihre Veranlassung, nämlich die Verdrehung des Gotteshauses in's Teufelshaus. Ausserdem gibt es V. 24 und V. 25 beträchtliche Zusätze. Der M. T. ist zu verstehen: „Josua nahm den Achan und die gestohlenen Sachen und seine Söhne und Töchter und sein Vieh und sein Zelt und all seine Habe, (Josua) und ganz Israel mit ihm und sie führten sie hinauf zum Thal Achor . . . . und steinigten ihn (den Achan) und verbrannten sie (die gestohlenen Sachen). und steinigten sie (die Söhne, Töchter, Tiere).“ Aber die Worte וכל ישראל עמו V. 24 können nicht von Haus aus so weit von יהושע getrennt gewesen sein, sondern müssen unmittelbar hinter וזרח gestanden haben. War nun V. 24 bloss von Achan die 592
Rede — ebenso wie V. 26 bloss über ihm der Hügel aufgerichtet wird —, so wird man den Schluss von V. 25 (וישרפו וגו) für späteren (und zwar in zwei Absätzen erfolgten) Einsatz und den Plural אתם V. 24 für Korrektur halten dürfen. Das Verbrennen beruht auf V. 15, aber V. 14. 15 unterliegen selber dem Verdacht, den allgemeinen Befehl V. 13 ex eventu (nach V, 16sqq.) zu specialisieren.

In der Erzählung von der Zerstörung Ai's stösst man in 8, 12. 13 auf die Reste eines von dem massgebenden stark verschiedenen Berichts. Hier ordnet Josua erst, nachdem er und ganz Israel vor Ai angelangt sind, den Hinterhalt an, schickt ihn nicht schon von Gilgal in der Nacht voraus, ehe er selbst am anderen Morgen mit dem Hauptheere folgt. Da die Stärke des Detachements in V. 12. statt auf 30000 auf 5000 Mann angegeben wird, so scheint dies der einfachere und der primäre Bericht (Nr. 1) zu sein[1]), wozu

[1]) An gegenseitige Unabhängigkeit ist nicht zu denken. In V. 9. 11 lagert der Hinterhalt zwischen Bethel und Ai westlich von Ai, Josua und das Volk nördlich von Ai, durch ein Thal davon getrennt, in V. 12, 13 finden sich genau die selben Angaben, nur dass Josua im Thal selber übernachtet. Besonders schlagend würde der Vergleich des letzten Satzes von V. 9 mit dem

stimmt, dass er auch der kürzere ist. Im Vorhergehenden gehört V. 3a dazu, wo Josua im Widerspruch zu V. 3b—11 gleich mit gesamter Macht von Gilgal aufbricht. Zwischen V. 3a und V. 12. 13 fehlt nichts Wesentliches, dagegen ist es nicht möglich, diesen Faden in V. 14—29 weiter zu verfolgen. Eine Spur desselben verrät sich vielleicht in וישכימו וגו V. 14; denn nach dem Hauptbericht (Nr. 2) scheint selbigen Tages, an dem die Israeliten etwa Nachmittags ankommen, der Kampf loszugehen, „sobald der König von Ai ihrer ansichtig wird.“ Die Sache würde noch klarer sein, wenn man למועד nach 2. Sam. 24, 15 als einen Terminus für die Vesper verstehen und demgemäss לִפְנוֹת עֶרֶב lesen darf. Eine weitere Spur könnte man in V. 20 vgl. mit V. 21 finden, unzweifelhaft wird wenigstens V. 20c in dem folgenden Verse nicht vorausgesetzt. Durchschlagendere Ergebnisse würde die Verwertung der Beobachtung haben, dass dem Hinterhalt in der Anweisung V. 4—8
593 das (doch auf Verabredung beruhende) Zeichen nicht mitgeteilt wird, worauf er V. 18. 19 nach der gegenwärtigen Gestalt der Erzählung losbricht, dass ferner in V. 26, einem verloren stehenden Fragment, das Hochheben der Lanze gar nicht zum Signal dient, und dass dies endlich auch der Natur der Sache nach schwer möglich ist. Hiernach scheinen in der That V. 18. 26 Reste von Nr. 1 zu sein. Die Lanze Josua's nimmt hier die selbe Stelle ein wie der Stab Mose's, auch die Ausdrücke erinnern an E. Das בנטות ידך V. 20 ist dann dem Zusammenarbeiter von Nr. 1 und 2 zuzuschreiben, durch den die sakramentale Handlung zu einem überflüssigen und wenig zweckmässigen Zeichen herabgedrückt wurde. — Beachtung verdient, dass die LXX die aus der Verbindung der zwei verschiedenen Versionen entstandenen Anstösse fast alle beseitigt hat. So fehlen V. 12. 13, ebenso in V. 14 die beiden widersprechenden Zeitbestimmungen, ferner in V. 20 der letzte Satz, endlich ganz V. 26. Ein ähnliches Verfahren der LXX (oder ihres Textes) lässt sich auch sonst im Buche Josua nachweisen. Dem M. T. auf der anderen Seite lässt sich kein besseres Zeugnis ausstellen, als dass er die literarische Analyse in solchem Umfange und in solcher Genauigkeit möglich macht.

---

von V. 13 sein, die Worte sind die selben, nur dass sie V. 9 bedeuten, Josua sei die Nacht noch in Gilgal geblieben, V. 13, er habe sie vor Ai zugebracht. Aber die Wiederholung am Schluss von V. 13 beruht wohl auf Versehen, zu עמק עם vgl. חלק חל 1. Reg. 21, 23. II. 9, 36.

In dem an sehr unpassender Stelle eingefügten Stücke 8, 30—35 tritt der Deuteronomist deutlich hervor, dessen überarbeitende Hand übrigens auch in Kap. 6 und 8 in kleinen Zusätzen gelegentlich zu erkennen ist, z. B. 6, 2. 8, 1 und z. T. 8, 29. Zu dem, was Hollenberg S. 478—481 ausgeführt hat, füge ich nur hinzu, dass der griechische Text noch zu verraten scheint, dass 9, 1. 2 ursprünglich unmittelbar auf 8, 29 folgte. Uebrigens ist dieser Uebergang selber, herrührend von dem Verf. von 2, 9sq. 6, 27. 5, 1, durchaus sekundären Ursprungs; die Allgemeinheit der Aussage, conform der Vorstellung, dass Josua das ganze Land erobert und den neun Stämmen zu Füssen gelegt habe, steht ebenso wie 5, 1 in einem seltsamen Misverhältnis zu der folgenden sehr lokalen Affäre, die dadurch eingeleitet wird.

Aus 9, 2—27 hat man für Q abzuscheiden V. 17—21 und V. 15 c. (bis z. Athnach). Als einen deuteronomistischen Nachtrag sieht Hollenberg V. 22—27 an, aber diese Verse setzen vielmehr V. 16 fort, wie Nöldeke richtig angiebt; es fehlt dazwischen nur die Nachricht, auf die V. 26 sich bezieht. Deuteronomistisch ist die nach V. 23 von dem Fragsteller gar nicht erwartete Antwort V. 24. 25, jedoch nicht deshalb, weil hier der nur im Deuteronomium sich findende Befehl zur Vertilgung der Einwohner des Landes vorausgesetzt wird, sondern deswegen, weil die sprachlichen 594
Wendungen V. 24 und die Uebereinstimmung von V. 25 mit Jerem. 26, 14 darauf führen. In V. 27 rührt die Apposition אל־המקום א'י von dem Deuteronomisten, der Zusatz לעדה ו vom letzten Redaktor her.

In dem Reste hat Hollenberg S. 496 zwei Bestandteile unterschieden. Es ist nicht zu verkennen, dass V. 8. 9 von frischem anhebt, als wäre V. 6. 7 nicht vorhergegangen. Zudem verhandelt hier Josua, dort der israel. Mann. Vgl. V. 7, woraus zu schliessen, dass entweder der Anfang von V. 6 eigentlich zu V. 8 gehört, oder dass Josua daselbst vom Harmonisten nachgetragen worden. Da nun V. 8 von V. 9—11 nicht wohl zu trennen ist, V. 12—14 dagegen hinter dem offenbaren Abschluss am Ende von V. 11 neu ansetzen, so erblickt H. in den letzteren Versen die Fortsetzung von V. 6. 7, wozu er dann auch V. 4. 5 hinzunimmt. Es entseht dadurch ein nahezu vollständiger Zusammenhang, bis auf den mangelnden Schluss, denn mit V. 14 kann die Sache nicht abgethan sein. Die Nichterwähnung Josua's und die frappante

Singularconstruktion in V. 6. 7 führen auf J als Quelle dieser Version. Der zweite jehovistische Bericht, der von V. 15 an, wie es scheint, ausschliesslich befolgt wird, nähert sich an Q: ein ähnliches Verhältnis der drei Bestandteile wie Num. 16. Vgl. V. 16 nach drei Tagen mit V. 17 am dritten Tage, und namentlich die Knechte der Gemeinde mit den Knechten des Hauses resp. Altars Jahve's (gegen Ez. 44).

Die Befreiung Gibeons von der Belagerung 10, 1—15 ist eine geschlossene jehovistische Erzählung, allerdings mit einzelnen späteren Zusätzen, die aber keinen zweiten Faden darstellen. Deuteronomistisch sind in V. 1 der Satz von כאשר bis למלכה, ferner ganz V. 8, nach Hollenberg auch V. 12—14. Gewiss sind diese letzten Verse Nachtrag und ohne Zweifel führen einige Wendungen auf den Deuteronomisten, aber derselbe ist doch nicht als der eigentliche Verfasser anzusehen. Denn V. 13b und V. 14a sehen ihm gar nicht ähnlich, zu geschweigen von עד יקום גוי א', was man nach Streichung der eingeschobenen Präterita mit zum Liede rechnen kann.

Mit 10, 15 ist die Verfolgung abgeschlossen, nach wohl vollbrachter Sache kehrt Josua mit dem Heer zurück in's Lager nach Gilgal. Daraus folgt evident, dass V. 16—27 später angehängt sind, um die in dem älteren Berichte verabsäumte Erwürgung der fünf Könige nachzuholen, in einer ähnlichen Tendenz, wie sie die
595 tyrannenhasserischen Zusätze in 10, 1. 6, 2 verfolgen. Der Deuteronomist scheint diesen Nachtrag schon vorgefunden und nur hie und da (10, 27) überarbeitet zu haben. — Ein zweiter Anhang ist V. 28—43. Die in der Höhle von Makkeda begrabenen Könige werden hier noch einmal umgebracht, ursprünglich nach V. 42 ausser Adonibezek wohl alle, nicht bloss der von Hebron. Hollenberg's Einwand gegen Nöldeke trifft nicht (a. O. S. 499), ohne die Inconsequenz der Redaktoren stünde es für die Kritik schlimm. Zu 10, 1—15 verhält sich 10, 28—43 ähnlich wie 11, 10—20 zu 11, 1—9, und wie dort, so tritt auch hier die Hand des Deuteronomisten so hervor, dass man diesen als den eigentlichen Verfasser ansehen darf. Es erhellt dies namentlich aus V. 40—43, einem Schluss, der nicht bloss äusserlich angehängt ist, sondern aus den Einzelposten die von diesen selbst vorgesehene Summe zieht. Wenn Nöldeke meint, die eigentliche Quelle sei Q, so findet sich nicht ein einziger dafür bezeichnender Ausdruck, und bei der

stereotypen Sprache dieser Schrift genügt das zur Widerlegung. Die in V. 28—43 herrschende Vorstellung, wonach Josua ganz Kanaan zur tabula rasa macht, um es dann herrenlos und menschenleer der Verlosung zu unterbreiten, findet sich nicht bloss in Q, sondern auch sonst, namentlich beim Deuteronomisten. Diesem ist es sogar ein Hauptzweck, die beschränkteren Angaben seiner Quellen so zu erweitern, dass daraus die volle Erfüllung der Verheissung, d. h. die totale Eroberung des Landes durch Josua und die Säuberung desselben von den alten Bewohnern hervorgehe, vgl. 21, 43—45. So ist in dem Kern von Kap. 10 nur die Entsetzung Gibeons erzählt, daraus wird dann in der deuteronomistischen Schicht, die sich daran setzt, die Einnahme und Pacificierung des ganzen Juda's. Aehnlich werden in Kap. 11 die bescheideneren Grenzen, in denen sich nach der älteren Tradition die kriegerische Thätigkeit Josua's hält, durch die deuteronomische Bearbeitung in's Allgemeine erweitert.

Der Kern von Kap. 11 ist in V. 1—9 enthalten. Josua kommt darnach dem Angriffe der vier Könige des Nordens, die sich wider ihn verbündet haben, durch einen plötzlichen Ueberfall ihres Lagers bei der Quelle von Maron zuvor, verfolgt den Sieg aber nicht weiter, als dass er die Rosse entsehnt und die Wagen verbrennt, und kehrt dann zurück, wahrscheinlich nach dem ursprünglichen Bericht in's Lager zu Gilgal V. 10. Dem Abschlagen der Angreifer lässt der Deuteronomist, der schon in V. 2. 3 die älteren Angaben ver-
allgemeinert hat, die Eroberung des gesamten Nordens folgen 596
V. 10—15, so dass nun ganz Kanaan den Israeliten zu Füssen liegt V. 16—20. Zu V. 16—20 ist vielleicht der Schluss von V. 23 hinzuzunehmen, im Uebrigen sind die Verse 21—23 ein Anhang von noch späterem Ursprung.

Ueber die Herkunft von Kap. 12 entscheidet natürlich nicht die bloss aus Eigennamen und Zahlwörtern bestehende Tabelle V. 9sqq., sondern die Einleitung V. 1—8. Diese weist nirgends eine Spur von Q auf, dagegen viele Merkmale des Deuteronomisten, s. Hollenberg S. 499sq. Man hat keinen Grund, ihn nicht für den Verfasser des ganzen Kapitels anzusehen. Aus einer der ursprünglichen Quellen des Jehovisten ist dasselbe jedenfalls nicht entlehnt, denn diesen ist die Vorstellung von Josua als Besieger von dreissig Königen fremd. Nach 24, 12 (LXX) schlägt er zwei Könige der Amoriter, nach Kap. 6—11 nimmt er Jericho und Ai mit Gewalt,

Gibeon durch Vertrag ein, befreit letztere Stadt von den fünf südlichen und überwindet dann noch die vier nördlichen Könige.

2. Während die Erzählung über die Kriege Josua's höchstens verlorene Spuren von Q aufweist, wird uns die Verteilung der Stammgebiete vorzugsweise aus dieser Quelle mitgeteilt. Man rechnet zu ihr 13, 15—14, 5. Kap. 15 (ausg. V. 13—19 und einiges andere) 16, 1—8. 17, 1—10. 18, 1. V. 11—25. Kap. 19 (ausg. V. 49. 50) Kap. 20 (ausser einigen Zusätzen) Kap. 21. 22, 9—34. Die Einzelheiten der Ausscheidung seien zunächst dahingestellt. Zweifelhaft ist die Natur des einleitenden Stückes 13, 15—33; es ist zwar durchaus in Anlehnung an Q geschrieben, jedoch wohl von sekundärer Hand; s. V. 21. 30—33 und vgl. ausserdem 14, 3, welcher Vers nicht gut auf etwas ganz frisch Erzähltes hinweisen kann. Fraglich ist ferner, ob der Zusammenhang von Q, dessen wesentliche Vollständigkeit unbestreitbar ist, ganz in der ursprünglichen Ordnung vorliegt. Es scheint eine kleine Umstellung statt gefunden zu haben und dadurch die Vorstellung über den ganzen Hergang bedeutend modificiert zu sein. Der Vers 18, 1 muss seinen Platz vor 14, 1—5 gehabt haben. Denn nur an dieser Stelle hat der Satz „das Land lag ihnen unterworfen zu Füssen" in Q einen Sinn, und wie 19, 51 die allgemeine, nicht etwa bloss für Kap. 18. 19, sondern für Kap. 14—19 gültige Unterschrift ist, so entspricht ihr 18, 1 und 14, 1 als allgemeine Ueberschrift. Warum sollte auch, da ja in Q Juda Manasse und Ephraim
597 gleichfalls ihr Erbteil durch's Los angewiesen bekommen, bloss für die übrigen sieben Stämme hervorgehoben werden, dass ihre Lose an heiliger Stätte geworfen seien? Viermehr geht die Verlosung in Q, da sie das unterschiedslose Verfahren ist, von vornherein vor dem hl. Zelte in Silo vor sich, und 18, 1 ist eigentlich die Einleitung zu 14, 1—5. Aus dieser Annahme fliesst freilich die Konsequenz, dass die Numerierung der Lose in Kap. 19 überall nicht zu Q gehöre; diese Konsequenz hat aber auch mehr für als gegen sich. Es findet sich nämlich grade in den Einleitungsformeln mehrfach eine Doppelheit des Ausdrucks, die kaum aus irgend einer schriftstellerischen Absicht oder Gewohnheit zu begreifen ist. Wozu, nachdem לשמעון gesagt ist 19, 1, noch למטה ב' ש' hinterdrein? Aehnlich V. 17. 32. Man kann das nur aus mechanischer Verbindung zweier Quellen erklären. Wenn dieselbe in anderen Fällen (V. 10. 24. 40) nicht so ungeschickt vollzogen ist, so kann

das nicht befremden; wohl aber ist es auffallend, dass 18, 11, an der ersten und markiertesten Stelle, die Ordinalzahl fehlt: hier haben wir noch die originale Einleitungsformel von Q in ihrer einfachen Gestalt. In Q wurden die drei ersten und die sieben folgenden Stämme ganz auf gleicher Linie und in ununterbrochener Reihe behandelt; wenn die Lose Nummern erhalten hätten, so würde das Bejamin's als das vierte bezeichnet worden sein.

Der Zweck der Umsetzung von 18, 1 ist, Anschluss an die jehovistische Tradition zu gewinnen. Nach der ursprünglichen Form dieser letzteren nehmen Juda uad Joseph ihr Land vorab in Besitz, nach Anweisung, nicht nach dem Lose; das Uebrigbleibende wird hernach von Silo aus (nach einer anderen Version vielleicht von Sichem aus, siehe die charakteristische Korrektur der LXX zu 24, 1. 25) unter die anderen Stämme verlost. Die jehovistische Tradition steht völlig selbständig und unabhängig neben der des Vierbundesbuchs. Sie ist freilich nur in Resten erhalten, aber diese sind eben als Fragmente keine Ergänzungen. Grossenteils vertragen sie sich auch nicht mit dem Hauptbericht. Z. B. steht es in völligem Widerspruch zu dem letzteren, wenn in 17, 14—18 Ephraim und Manasse als Stamm Joseph zusammen nur Ein Stammgebiet bekommen. Es gelingt leider nicht, den jehovistisehen Bericht zu reconstruieren, doch will ich versuchen, seine Teile zu sammeln und, so gut es geht, zusammenzusetzen.

Derselbe ist auch hier bereits deuteronomistisch überarbeitet gewesen, als er von dem letzten Redaktor mit Q verbunden wurde. Wie Hollenberg S. 500 nachweist, rührt der grösste Teil von
13, 1—14 vom Deuteronomisten her, vielleicht nur V. 1 und V. 7 598
nicht, doch scheinen die $9^1/_2$ Stämme in V. 7 bedenklich und ich bezweifle, dass 13, 1 an diese Stelle gehört. Auch 14, 6—15 ist ganz deuteronomistisch, eine vorbereitende Sanktion des Faktums 15, 13—19; s. Hollenberg S. 501 sq. Bemerkenswerter Weise wird 14, 6 besonders hervorgehoben, Gilgal sei die Scene gewesen: zum Beweise, dass der Vf. den jehovistischen Zusammenhang voraussetzt[1]). In Kap. 15 lassen sich ausser V. 13—19 nur wenige Spuren von JE erkennen. Jenes eine Stück setzt aber nach בתוך ב' י' V. 13 voraus, dass vorher auch in JE das Gebiet Juda's beschrieben worden war. Zwei Reste dieser Beschreibung sind uns noch erhalten.

[1]) Uebrigens ein Grund mehr für die Umstellung von 18, 1.

Erstens der Schluss von V. 4: das soll euch die Südgrenze sein, in Q werden die Judäer nicht angeredet. Zweitens die Unterschrift in V. 12b, welche mit Q V. 20 (= V 1) kollidiert, natürlich nachdem V. 13—19 ausgehoben sind. Dass in JE gleichfalls ein Verzeichnis der jüdischen Städte — wenn auch gewiss nur der bedeutenderen — auf die Beschreibung des jüdischen Gebiets gefolgt ist, darf man wohl aus V. 63 schliessen, der am besten als Anhang zu einem solchen zu verstehen ist, vgl. 17, 12. 16, 10 mit 17, 11. 16, 9. Indessen wage ich nicht, בנותיה in V. 29. 45. 47 als Spur von JE anzusehen.

Bemerkenswert ausführlich, obwohl nicht vollständig, ist die jehovistische Beschreibung des Gebiets und der Städte Joseph's erhalten. Aus Q stammt nur der kleinere Teil von Kap. 16. 17 (wenigstens nach meiner Meinung, die ich jetzt zunächst begründen will), und noch dazu ist diese nicht unversehrt und in der ursprünglichen Ordnung belassen. Was sollen 17, 1a die Worte „denn er ist der Erstgeborene Joseph's“ anders begründen, als dass Manasse mit Recht zuerst aufgeführt werde? Es muss also in Q — denn vgl. 17, 1a mit 15, 1. 20. 16, 8 — Ephraim erst hinter Manasse gefolgt sein, wie 14, 4. Weiter gehört von Ephraim zu Q nur 16, 4—8. Denn in V. 1—3, gilt das Los[1]) der Söhne Joseph's als eines, wie 17, 14—18, dagegen wird 14, 4. Gen. 48, 5 in Q ausdrücklich hervorgehoben, Manasse und Ephraim seien als zwei Stämme zu zählen und darnach wird in der That 16, 8. 17, 1 verfahren. Zudem wird die Grenze 16, 1—3 in V, 4 sqq. noch ein-
599 mal wiederholt, ohne Frage nicht von dem selben Verfasser[2]). Der Anfang fehlt vor 16, 4 und ist nach 15, 1. 17, 1. u. s. w. zu ergänzen. Der Schluss ist vorhanden in 16, 8; schon dadurch werden V. 9. 10 von Q ausgeschlossen. In Kap. 17 ist umgekehrt von Manasse der Anfang erhalten V. 1a, aber der Schluss fehlt hinter 17, 9; denn von V. 10a oder V. 10b an wird nur jehovistischer Zusammenhang gegeben. Was zwischen V. 1 und V. 9

[1]) D. i. hier das Gebiet. Das ist auch eine Abweichung von Q, steht aber im Einklang mit 18, 14, wo גורל=חבל.

[2]) Die Aehnlichkeit der geograph. Ausdrücke ist dem nicht entgegen zu halten, denn einmal hat diese bei t. t. nicht viel zu besagen und sodann ist es ohnehin sicher, dass der jüngere Autor den älteren benutzt und ausgeschrieben hat. Für die Priorität kommt in Betracht, dass die Grenze zwischen Ephraim und Manasse auch in Q entweder gar nicht oder beinahe gar nicht angegeben wird.

steht, rührt übrigens auch nicht alles aus Q her. Von V. 5 (wozu V. 6 eine Glosse) befremdet der Ausdruck (חבל) und die von Knobel nicht beseitigte Inconvenienz mit V. 2, der 8. Vers trennt V. 7 und V. 9 auf üble Weise, in V. 9 selber gehört zusammen die Grenze geht südlich herab bis zum Bache Kana, was nördlich vom Bach, ist Manasse's Gebiet, dazwischen sind die Worte diese Städte gehören Ephraim unter den Städten Manasse's ein fremdartiger Einsatz, verwandten Inhalts mit V. 8.

Für JE bleibt somit übrig: 16, 1—3. V. 9. 10. 17, 5. 8. 9 (diese Städte in Manasse gehören Ephraim) V. 10b. V. 11—18. Ein vollständiger Zusammenhang ist dies nicht. Z. B. sieht der jehovistische Satz in 17, 9 auf eine längere Aufzählung von Städten Ephraims in Manasse zurück, von der jetzt nur die Notiz V. 8 übrig ist, die an En Tappuach V. 7 angeknüpft werden konnte. Auch 16, 10 setzt um so wahrscheinlicher ein vorausgegangenes ephraim. Stadtregister voraus, als das gegenwärtige Fehlen eines solchen höchst befremdlich und nur durch absichtliche Fortlassung eines samariterfeindlichen Redaktors zu erklären ist. Zusammenhangslos steht ferner 16, 9, indes scheint dieser Vers erst aus 17, 8. 9 entlehnt und vom letzten Redaktor als Nachtrag an Q 16, 4—8 angehängt zu sein. Trotz ihres fragmentarischen Charakters kann man sich doch wohl noch eine Vorstellung der jehovistischen Landesbeschreibung machen. Die beiden Hälften von Joseph erhalten nur Ein Stammland, dessen Grenzen zu Anfang angegeben werden (16, 1—3, der Norden fehlt gegenwärtig). In diesem Lande erhält Ephraim wir wissen nicht wie viele und Manasse zehn Anteile („Messschnüre“ 17, 5). Ephraim's bedeutendere Städte werden aufgezählt und daran wird eine Restriktion geknüpft 16, 10. Sodann wird Manasse's Gebiet besprochen und gesagt, einige wichtige 600
Städte darin seien ephraimitisch, seinerseits aber greife auch Manasse nach Norden über in's Gebiet Aser's und Zebulon's und besitze dort mehrere der wichtigsten Städte, deren Bevölkerung jedoch kanaanitisch sei 17, 5. 8—13. Ein Nachtrag ist 17, 14—18, in etwas verworrener (doppelter?) Gestalt überliefert und nicht ganz durchsichtig. Es ist auffallend, wie kraus hier die Gebiete durcheinander gehen, so dass sie eigentlich weniger durch bestimmte Linien, als durch Städte (לערים 18, 9) sich begrenzen lassen. Offenbar aber entspricht dies der krausen Wirklichkeit.

Der jehovistische Faden setzt sich fort mit 18, 2—10. Nachdem die beiden Hauptstämme längst sich niedergelassen haben, säumen die übrigen noch, bis Josua sie treibt, ihm eine Uebersicht des noch restierenden Landes zu verschaffen, und darnach dann jedem einzelnen durch's Los die Gegend zuweist, die er sich erkämpfen soll. Die Zeit ist inzwischen vorgerückt 18, 3, auch der Ort hat sich verändert, das Lager befindet sich nicht mehr in Gilgal 14, 6, sondern in Silo 18, 9: der betreffende Uebergang ist aber ausgelassen und durch Q 18, 1 ersetzt. Vielleicht stand ursprünglich 13, 1. 7 an dieser Stelle, sicher wird das übrig gebliebene Land in 13, 2sqq. falsch gedeutet. In 18, 7, aber auch nur in diesem Verse, erkennt Hollenberg S. 501 die Hand des Deuteronomisten, der überall die $2^1/_2$ Stämme und die Leviten nachträgt.

Gemäss 18, 2—10 müssen nun auch die Gebiete der sieben kleineren Stämme sämtlich in JE beschrieben worden sein, entsprechend dem Sepher, welches Josua hatte aufnehmen lassen. Spuren dieser Beschreibung sind, wie eben gezeigt ist, namentlich in den Eingangsformeln erhalten. Im Uebrigen muss dieselbe der von Q, wie nicht anders möglich, so ähnlich gewesen sein, dass nur selten Anlass war, die Angaben der beiden Quellen neben einander mitzuteilen. Indes mögen einige Schwierigkeiten, die das Verständnis der Grenzen macht, von geographischen Dubletten herrühren; ausserdem mögen ein paar Aufzählungen von Städtenamen in Kap. 19, welche sich in die zu Grunde gelegte Form der Grenzbestimmung aus Q gar nicht fügen wollen, von dem letzten Redaktor aus JE nachgetragen sein, z. B. V. 15. 24b. 25a. 28. 30. 35—38, denn nach 18, 9 wurde grade in JE das Gebiet nach
601 Städten beschrieben[1]). Den Schluss der jehovistischen Geographie bilden die Verse 19, 49. 50, wo jedoch wahrscheinlich eine Notiz, welche 24, 33 vorbereitet, ausgelassen ist, weil sie der späteren Vorstellung fremdartig und widersprechend war. Dazu kommt dann noch 21, 43—45.

Kap. 20. 21 enthalten ausser 21, 43—45 nichts vom Jehovisten oder Deuteronomisten. Von diesem letzteren insbesondere rühren die deuteronomistisch klingenden Zusätze in Kap. 20 nicht her, sondern, wie Hollenberg (der Charakter der alex. Uebersetzung des Buchs Josua, Mörs 1876, S. 15) gezeigt hat, sind sie sehr späten

[1]) Auf die Summen ist übrigens bei der Quellenkritik kein Gewicht zu legen, sie sind späteren Ursprungs und erst der gegenwärtigen Textgestalt beigefügt. — 19, 47 ist jedenfalls auch nicht aus Q.

Ursprungs. In der LXX fehlt בבלי דעת V. 3, und die Verse 4—6 gänzlich, mit Ausnahme der Worte עד עמדו ל״ה״למשפט. Die LXX enthält mit andern Worten die sämtlichen „deuteron.“ Ergänzungen nicht, natürlich nicht weil sie Quellenkritik getrieben hat sondern weil dieselben jüngeren Datums sind als die hebräische Vorlage der LXX. Vgl. Kayser S. 147 sq. — In Kap. 22 gehört V. 1—8 jedenfalls nicht zu Q. V. 1—6 stammen vom Deuteronomisten, V. 8 aus einer Quelle des Jehovisten. In der Mitte ist V. 7a Glosse, V. 7b der Uebergang von V. 6 auf V. 8: „und als Josua sie entliess und segnete, da sagte er ihnen auch noch“. Von V. 9 an lässt sich nirgend mehr eine Spur des Deuteronomisten erkennen, die Vorstellungen und Ausdrücke sind hier rein die von Q.

Dagegen ist Kap. 23 von Anfang bis zu Ende eine Composition des Deuteronomisten, s. Hollenberg Stud. und Krit. S. 481 sqq., der auch die ergänzende Rücksichtnahme auf Kap. 24 nachweist. Dies letzte Kapitel fand der Deuteronomist im jehov. Geschichtsbuche vor, die Quelle charakterisiert sich nach Hollenberg a. a. O. als E. Sprachlich durch א״הדברים האלה, Elohim V. 1, mit plural. Adjektiv V. 19. Gen. 20, 13, Götter der Fremde V. 20. 23. Gen. 35, 2, Schwert und Bogen V. 12. Gen. 48. 22; inhaltlich durch die Eiche bei Sichem Gen. 35, 4, durch die Bestattung der Gebeine Joseph's Gen. 50, 24 sq., durch die Vorstellung, in der Familie der Erzväter sei Vielgötterei vorgekommen V. 14. Gen. 25, 2—4. Freilich ist E, wie gewöhnlich, überarbeitet. Als deuteron. Zusätze sind zu erkennen die Worte ויקרא bis ולשטריו in V. 1 (= 23, 2), ferner ganz V. 13 (Deut. 6, 10), endlich der in LXX und Jud. 2, 6 unmittelbar auf V. 28 folgende V. 31 (wegen der Anschauung, dass die Generation Josua's noch bundestreu gewesen, dann aber der grosse Abfall erfolgt sei). Noch späteren Ursprungs ist wohl V. 26a, dagegen sind V. 9. 10 für den Zusammenhang
wichtig und nicht von Deut. 23, 5. 6 abhängig. Jehovistische 602
Zuthaten sind in V. 11 die sieben Völker[1]), in V. 12 der Anfang

[1]) Die sieben Völker haben in V. 11 gar keinen Platz, der Anfang von V. 12 aber bezieht sich durch אותם auf die Aufzählung derselben zurück und ist also gleichfalls jehovistisch. Für „zwei Könige der Amoriter“ liest die LXX richtig zwölf, Amoriter ist in E der allgemeine Name der Urbevölkerung, wie bei Amos. Darum ist auch in V. 18 את כל העמים ו spätere Zuthat.

von ואשלח bis מפניכם, endlich in V. 17—19 allerlei Retouchen, z. B. וְ את־כל־העמים V. 18, der Satz nach dem Athnach V. 19.

Das Kapitel ist sehr wichtig für die Reconstruktion von E, sowohl im Einzelnen, was die Reklamation besimmter Stücke des Hexateuchs für diese Quelle betrifft (wie Gen. 33, 19. Deut. 31, 14—22), als auch namentlich im Allgemeinen, was den Inhalt und Charakter derselben überhaupt angeht. Sie hat enthalten: die Geschichte der Erzväter, die Einwanderung Israels in Aegypten, die Plagen, den Durchzug durchs Schilfmeer, den langjährigen Aufenthalt in der Wüste, die Eroberung des östlichen Amoriterlandes, die Vereitlung der feindlichen Absicht Balak's und Bileam's, die Einnahme Jericho's, die Vertreibung von im Ganzen 12 Königen des westlichen Amoriters, endlich die Verteilung des gewonnenen Landes, wobei Josua und Eleazar besonders bedacht werden. Also umfasste E den ganzen historischen Stoff des Pentateuchs (wenigstens von der Erzvätergeschichte an) und des Buches Josua: für das letztere scheint es die eigentliche Hauptquelle zu sein. Als charakteristische Eigentümlichkeiten treten hervor: 1. der Name Amoriter als Generalbezeichnung der früheren Bevölkerung Palästina's. 2. Sichem als heilige Versamlungsstätte. 3. Josua als zweiter Mose (V. 25, vgl. Deut. 27. Jos. 8). 4. Aharon neben Mose wie Eleazar neben Josua (V. 5. 33). 5. das Interesse für Joseph (V. 32) und die Lokalitäten in Ephraim (V. 30. 33). 6. die Altersangabe 24, 29. 7. das starke Bewusstsein von der Einzigartigkeit der Religion Israels im Vergleich zu den übrigen gleichzeitigen und älteren Religionsstufen, der ausgeprägte Begriff des Heidentums, den z. B. J gar nicht kennt. 8. die Umdeutung der Masseba im Tempelbezirk von Sichem in ein Erinnerungszeichen.

Die Untersuchung des Erzählungsstoffes im Hexateuch ist damit abgeschlossen und es bleibt nur noch übrig, die grossen gesetzlichen Corpora einer literarischen Analyse zu unterwerfen.

## III. Die grossen Gesetzeskörper des Pentateuchs hinsichtlich ihrer inneren Struktur und ihrer Verbindung mit der Erzählung.

XXII Wir haben bisher bloss den Erzählungsfaden verfolgt und die
407 ihn unterbrechenden grossen Gesetzsamlungen ausgeschieden, gegenwärtig ist es die Absicht, die letzteren auf ihren literarischen Cha-

rakter zu untersuchen. Wir beginnen mit dem Priestercodex, wie man kurz die Gruppe von Gesetzen bezeichnen kann, deren Kern der Leviticus ist, zu der ausserdem die zweite Hälfte des Buches Exodus von Kap. 25 an (ausgenommen Kap. 32—34) und der sämtliche gesetzliche und historisch-gesetzliche Stoff des Buches Numeri gehört. Dies ist anerkanntermassen eine gleichartige Stufe der Gesetzgebung, die sich von der jehovistischen (Exod. 20—23. Kap. 24) und deuteronomischen unterscheidet, und durch Inhalt und Sprache ebenso wie durch direkte Beziehungen mit Q in engster Verbindung steht. Aber die materielle Gleichartigkeit bedeutet nicht systematische Einheit. Der Priestercodex in seiner gegenwärtigen Form und Grösse weist nicht die planvolle Gliederung
und strikte Construktion auf, wodurch sich Q auszeichnet, es ist 408
ein Conglomerat, worin sich an einen ursprünglichen Kern (= Q) andere Schichten in gleichartiger Krystallisation angesetzt haben. Es wird jetzt die Aufgabe sein, dem literarischen Process, worin die Schichtung der Gesetzesmasse des mittleren Pentateuchs entstanden ist, nachzuspüren. Vgl. de Wette, Beiträge II, 273 sqq., Kuenen, Th. Tijdschrift IV (1870), 487 sqq. 395 sq.

### Die Einrichtung des Priesterdienstes der Stiftshütte. Exod. 25 — Lev. 16.

1. Das erste grosse Stück des Priestercodex läuft von Exod. 25 — Lev. 10. Hier wird es leicht zugegeben werden, dass Lev. 1—7 den Zusammenhang zwischen Exod. 40 und Lev. 8 in einer jedenfalls von dem Verfasser von Exod. 40 nicht vorgesehenen Weise trennt, s. Ewald[3] I S. 141. Nachdem die Arbeiten für das Heiligtum beendigt und abgeliefert sind, wird 40, 1—15 befohlen, erstens das Tabernakel mit seinen Geräten aufzustellen, zweitens es zu salben und die Priester einzuweihen; beides soll am 1. Tage des 1. Monats (des 2. Jahres) geschehen. Es heisst dann weiter, Mose habe alles gethan, was ihm aufgetragen. In Wirklichkeit aber besorgt er am 1. Tage des 1. Monats bloss die Aufrichtung der Hütte 40, 17—38, dagegen folgt die Einweihung der Hütte und der Priester erst Lev. 8. Diese Trennung der zwei zusammengehörigen Teile in der Ausführung entspricht nicht ihrer sachlichen und zeitlichen Verbindung in dem Befehl: dem Verfasser von 40, 1—15 muss Exod. 40 und Lev. 8 in unmittelbarer Folge und ohne Dazwischentreten von Lev. 1—7 vor Augen gelegen haben.

Die Veranlassung, weshalb Lev. 1—7 hier eingedrungen ist, ist leicht zu finden. Da Lev. 8 die ersten Opfer dargebracht wurden, so schienen die allgemeinen Opferregeln vorher ihren Ort zu haben. Hätte aber der Verfasser von Exod. 29. Lev. 8 selbige vorausgesetzt, so hätte er nicht nötig gehabt, noch einmal in solcher Ausführlichkeit das Verfahren anzugeben: in historischer Form gehalten ist Exod. 29. Lev. 8—10 ein Pendant zu Lev. 1—7, das nur nicht ganz so vollständig ist. Vgl. das Sündopfer Exod. 29, 10—14. Lev. 9, 8—11. V. 15, das Brandopfer Exod. 29, 15—18. Lev. 9, 12—14. V. 16, das Dankopfer Exod. 29, 19—28. 31—34. Lev. 9, 18—21 und das Thamid Exod. 29, 38—43; ferner die Mincha beim Dankopfer Exod. 29, 2sq. 23sq. und beim Brandopfer Lev. 9,
409 4. 16. 10, 12sq., endlich den Anteil der Priester Exod. 29, 27sq. Lev. 9, 21. 10, 12—20 und der Darbringer Exod. 29, 31—34. Was die Reihenfolge der Opfer betrifft, so erhält man darüber sogar ausschliesslich aus Exod. 29. Lev. 9 Auskunft, wie überhaupt hier in Folge der gewählten historischen Einkleidung ein viel anschaulicheres Bild des wirklichen Herganges bei einem grossen Opferfeste gegeben wird. Trotz aller Gleichartigkeit herrscht übrigens keine volle Uebereinstimmung in den beiden Opferordnungen. Ich will nur auf einen Punkt aufmerksam machen, nämlich auf die Differenz in dem Sündopferritus, von der schon der Nachtrag Lev. 10, 16—20 Akt genommen hat. In Lev. 4 wird das Blut beim gewöhnlichen Sündopfer an die Hörner des Brandopferaltars gestrichen, dagegen beim Sündopfer des Hohenpriesters und des Volkes in das Innere der Hütte gebracht, an den Vorhang gesprengt und an die Hörner des Räucheraltars gestrichen. Dieser Unterschied wird Exod. 29 und Lev. 9 nicht gemacht, vielmehr wird 29, 12. 9, 9. 15 auch beim Sündopfer des Hohenpriesters und des Volkes das Blut nur an den Opferaltar gestrichen. Es ist dies aber hier offenbar der solenne Ritus, denn es hat keinen Sinn anzunehmen, bei der Einweihung der Hütte sei ausnahmsweise drei Male eine weniger feierliche Form beliebt worden, und ausserdem wird 29, 14. 9, 11. 15 das Fleisch grade so draussen vor dem Lager verbrannt, wie es nach Lev. 4 nur bei den heiligsten Sündopfern geschieht, deren Blut in's Innere der Hütte gekommen ist[1]). Also eine un-

---

[1]) Dies der Anlass der Correktur 10, 16—20, welche auf dem Boden von Lev. 4 steht. Gegen Kuenen.

leugbare und unauflösbare Differenz. Lev. 4 geht einen Schritt über Exod. 29. Lev. 9 hinaus, die Steigerung erscheint auch darin, dass hier als Sündopfer des Volkes ein Farre gefordert wird, während Lev. 9 (vgl. Kap. 16) nur ein Ziegenbock. Schliesslich scheint es nach der Unterschrift 7, 38, als ob die Ueberschrift 1, 1 erst später zugesetzt worden sei, um Lev. 1—7 in die Stiftshüttengesetzgebung einzufügen; jedoch wird die letztere sachlich vorausgesetzt.

Was übrig bleibt, ist eine zusammenhängende Gottesdienstordnung in historischer Form, zerfallend in die Anweisung Exod. 25—31 und in die Ausführung Kap. 35—40. Lev. 8—10. Man hat hier unleugbar den Eindruck pragmatischer Konsequenz, gut in einander greifender Glieder. Dennoch ist das Ganze, literarisch betrachtet, nicht aus Einem Guss.

2. In der Anweisung, mit der wir die Untersuchung beginnen, 410
ist alles, was hinter Kap. 25—29 folgt, ein Nachtrag von späterer Hand. Zuerst wird da Befehl und Vorschrift gegeben 30, 1—10, einen goldenen Räucheraltar zu machen. Man hat sich von jeher den Kopf darüber zerbrochen, warum erst an dieser Stelle, warum getrennt von den übrigen Geräten des inneren Heiligtums, warum sogar nach der Verordnung über den Priesterornat und die Inauguration des Gottesdienstes. Der Grund, warum der Verfasser von Kap. 25sqq. an der Stelle, wo er die innere Einrichtung der Hütte, bestehend in Lade und Kapporeth, Tisch und Leuchter, beschreibt, den goldenen Räucheraltar nicht mit aufführt, ist der, dass er von letzterem nichts weiss. Vergessen kann er ihn nicht haben — so bleibt keine weitere Möglichkeit, alle sonstigen Erklärungen sind vergeblich. Insbesondere ist es verkehrt, den Anstoss dadurch zu beseitigen oder zu applanieren, dass man ihn auf gleiche Stufe mit anderen angeblichen Wunderlichkeiten der Anordnung setzt, z. B. damit, dass die Geräte des Tabernakels Kap. 25 vor diesem selber Kap. 26 angeordnet werden. Dies ist ganz sachgemäss, im Befehl kommt erst der Zweck und dann das Mittel, in der Ausführung umgekehrt erst das Mittel und dann der Zweck. Ebenso ist es durchaus nicht auffallend, wenn untergeordnete Apparate wie die Schlachttische oder das Waschbecken, die keine Bedeutung für den eigentlichen Kultus haben, entweder überhaupt nicht aufgeführt oder nachgetragen werden. Das lässt sich damit gar nicht vergleichen, dass das wichtigste Gerät des Heiligen an der Stelle, wo es notwendig hingehört, übergangen wird.

Die Tragweite meiner Aufstellung erfordert es, sie eingehender zu begründen. Ezechiel unterscheidet nicht zwischen dem Tisch und dem Altar im Naos, sondern setzt beides gleich. Denn er sagt 41, 21sq.: „vor dem Adyton stand etwas, aussehend wie ein hölzerner Altar, drei Ellen hoch, zwei Ellen lang und breit, und hatte vorstehende Ecken, und sein Gestell und seine Wände waren von Holz: das ist der Tisch, der vor Jahve steht.“ Dem entsprechend bezeichnet er den Dienst der Priester im inneren Heiligtum als den Dienst am Tisch 44, 16. Tisch ist der Name, Altar der Zweck. Entsprechend nennt Maleachi umgekehrt den s. g. Brandoperaltar Tisch.

Im Priestercodex selber erscheint der Räucheraltar nur in gewissen Stücken, fehlt aber in anderen, wo man ihn erwarten muss. Es ist bereits darauf hingewiesen, dass der Ritus des feierlichsten Sündopfers zwar in Lev. 4 am goldenen Altar, in Exod. 29. Lev. 8. 9
411 aber ohne denselben vor sich geht. Auffallender noch ist, dass in Stellen, wo es sich um das feierlichste Räucheropfer handelt, von dem betreffenden Altar keine Spur zu entdecken ist. So namentlich in Lev. 16. Um im Heiligtum zu räuchern, nimmt Aharon eine Pfanne, füllt sie mit Kohlen vom Brandopferaltar — so richtig Ibn Ezra, vgl. V. 12 mit V. 18—20 — und thut im Adyton den Weihrauch darauf. Ebenso wird Lev. 10, 1sqq. Num. 16 Kap. 17 auf Pfannen geräuchert, deren jeder Priester eine besitzt. Die Kohlen werden vom Brandopferaltar genommen Num. 17, 11, der mit den Pfannen der Korahiten überzogen ist V. 3. 4 [1]) Nämlich der Altar schlechthin ist überall der Hauptaltar. Der Name Brandopferaltar kommt erst in den Partien vor, die den Räucheraltar voraussetzen (ausser dem Pentateuch nur in der Chronik), in den älteren Partien heisst es einfach der Altar, z. B. Exod. 27, wo es doch besonders nötig gewesen wäre, die nähere Bestimmung hinzuzufügen — vgl. dagegen die Parallele 38, 1sqq.

Dass 1 Reg. 7, 48 goldener Altar und goldener Tisch unterschieden werden, muss ich anerkennen. Aber der Text dieses Kapitels ist corrupt und interpoliert. In dem angeführten Verse ist das Schlusswort זהב jedenfalls unecht, denn man kann zwar wohl einen vergoldeten Tisch einen goldenen Tisch nennen, aber nicht sagen: er machte den Tisch aus Gold, für: er überzog

[1]) Wer das Feuer anders woher nimmt, ist des Todes Lev. 10, 1 sqq. Ganz richtig verstehen diese Stelle Aphraates S. 62 und Georgius Syncellus.

ihn mit Gold. Wahrscheinlich ist ausserdem ואת־השלחן Interpolation, da 6, 20. 22 nur von der Verfertigung des goldenen Altars die Rede ist. Was wir gewöhnlich den goldenen Tisch nennen, sah nach Ezech. 41, 21 aus wie ein Altar und kann demgemäss hier der goldene Altar genannt werden. Selbst im nachexilischen Tempel scheint es einen besonderen Räucheraltar neben dem Tisch nicht gegeben zu haben. Allerdings wird 1 Macc. 1, 21. 4, 49 erzählt, er sei mit den übrigen Geräten des Heiligtums von Antiochus IV. fortgeschleppt und beim Tempelweihfest neu gemacht. Aber dieser mehr in Bausch und Bogen gehaltenen Angabe tritt die sichere Thatsache gegenüber, dass die Römer bei der Zerstörung Jerusalems nur Tisch und Leuchter vorgefunden und erbeutet haben. Und höchst bemerkenswert ist es, dass in der LXX die Stelle Exod. 37, 25—29 fehlt, der Räucheraltar also zwar wohl befohlen, aber nicht ausgeführt wird. Unter diesen Umständen ist 412
endlich auch die schwankende Ortsangabe Exod. 30, 6 und der vermeintliche Irrtum des Verfassers des Hebräerbriefes wichtig und begreiflich.

Das gewonnene Resultat ist zugleich ein kritisches Princip von einschneidenden Konsequenzen. Die genuine Gesetzgebung von Q, zu der jedenfalls Exod. 25sqq. schon wegen der historischen Form gehört, kennt den Räucheraltar nicht. Alle Stücke, in denen derselbe integrierend vorkommt, gehören einer secundären Schicht an, ebenso alle die, in denen der Hauptaltar nicht einfach המזבח, sondern מזבח העלה genannt wird. Lassen wir indessen die Konsequenzen vorläufig auf sich beruhen und fahren fort in der Prüfung von Exod. 30.

Es folgt hier V. 11—16 die Verordnung der Kopfsteuer für die Aboda. Wenn es darin zu Anfang heisst: „wenn du die Summe der Kinder Israel aufnehmen wirst nach ihren Gemusterten, so sollen sie jeder sein Sühngeld geben,“ so wird damit verwiesen auf eine künftige Musterung und zwar auf die, welche Num. 1 vorgenommen wird. Das konnte nun aber nur ein Späterer thun, dem Num. 1 fertig vorlag, nicht der ursprüngliche Verfasser, der jenes Kapitel noch gar nicht geschrieben hatte und es also auch nicht voraussetzen konnte: er hätte mindestens den Befehl berichten müssen, dass die Musterung angestellt werden solle, ehe er davon als von einer bekanntlich demnächst eintretenden Thatsache in einem Nebensatze redete. Die Konsequenz ist ebenso notwendig, wie die Prämisse sicher.

Ein ferneres wichtiges Merkmal für den sekundären Charakter von Kap. 30 tritt in der Verordnung über das Salböl hervor V. 22—33. Hier wird nämlich in V. 30 befohlen, nicht bloss Aharon (= der Hohepriester), sondern auch seine Söhne (= die gewöhnlichen Priester) sollen gesalbt werden. Anderswo jedoch zeichnet die Salbung den obersten Priester vor den Amtsgenossen aus, s. Knobel zu Lev. 8, 10—12. So vor allen Dingen in der Ordinationsceremonie Exod. 29, auf die natürlich das grösste Gewicht zu legen ist; vgl. V. 7 mit V. 8. 9 (Lev. 8, 12 mit V. 13) und ausserdem V. 29sq., wo die Salbung ebenso wie die Anlegung des heiligen Ornats (Num. 20, 26. 28) die Succession zum Hohenpriestertum bedeutet. Gleicherweise aber auch Lev. 4, 3. 5. 16. 6, 13. 15. 16, 32. 21, 10. 12. Num. 35, 25; besonders deutlich spricht der Name *der gesalbte Priester* = der Hohepriester, vgl. Dan. 9, 25sq. 2. Macc. 1, 10. Dagegen stimmen mit der Exod. 30, 30 herrschenden Anschauung überein die Stellen Exod.
413 28, 41. 30, 30. 40, 15. Lev. 7, 36. 10, 7. Num. 3, 3. Dass hier ein Widerspruch vorliegt, ist unzweifelhaft; dass es ein bewusster ist, geht aus Exod. 40, 15 hervor: *du sollst sie* (= die gewöhnlichen Priester) *salben, wie du ihren Vater gesalbt hast.* Es fragt sich nun, was das Ursprüngliche ist. Sehen wir uns die Stellen näher an, welche die Salbung auch auf die Söhne Aharon's ausdehnen, so greift Exod. 28, 41 inhaltlich dem 29. Kapitel vor und steht formell in einem schiefen Verhältnis zu V. 40, als sei dort nicht bloss von Aharon's Söhnen, sondern zugleich von ihm selber die Rede, was nicht der Fall ist und nach V. 39 auch nicht der Fall sein kann. Lev. 7, 36 ist eine simple Glosse, beruhend auf Misverständnis des Wortes משחה V. 35, welches *Salbung* gedeutet wird, während es *Anteil* heisst. Lev. 10, 7 bezieht sich zurück auf den Befehl 8, 35, wonach die Priester nach der Weihe sich für eine gewisse Zeit von der Stiftshütte nicht entfernen sollen; aber jener Befehl gilt nur für die ersten sieben Tage nach der Weihe, und da diese bereits 9, 1 und mithin erst recht 10, 1—5 abgelaufen sind, so erhellt, dass die Verse 10, 6. 7 aus dem chronologischen Rahmen herausfallen und erst später angehängt sind. Noch deutlicher ist es endlich, dass der Zusammenhang, in dem Num. 3, 3 vorkommt, nämlich Num. 3, 1—13, nicht ursprünglich an seine gegenwärtige Stelle gehört, sondern ein Nachtrag ist, der weder von 3, 14sqq. noch insbesondere von 3, 40sqq. voraus-

gesetzt wird. Es bleiben also übrig Exod. 30, 30 und Exod. 40, 15. Was die letztere Stelle betrifft, so verrät sie eben dadurch weil sie sagt, die Söhne sollen gesalbt werden, wie der Vater gesalbt worden sei, dass die Salbung des Vaters das Primäre (schon Perfekte?) und die der Söhne etwas Hinzugefügtes ist. Das Urteil über Exod. 30, 30 ergiebt sich darnach von selbst; der Vers beweist, dass das Stück V. 22—33 einer sekundären Schicht im Priestercodex angehört, wofür die Ausdehnung der Salbung Merkmal ist, welche nach der ursprünglichen Bedeutung des Ritus offenbar ebenso wie der Purpur den Priesterkönig auszeichnet[1]).

Nachdem diese drei wichtigen Punkte, jeder für sich in unab- 414
hängiger Untersuchung, festgestellt worden sind, genügt es für das Uebrige die Consequenzen des Zusammenhangs zu ziehen. In der Eröffnung über die Berufung Bezalel's 31, 1—11 erscheint der Räucher- und der Brandopferaltar, desgleichen wird die Verordnung über das Salböl vorausgesetzt. Den Stücken 30, 17—21. V. 34—38 wird durch ihre Umgebung präjudiciert. Das eherne Becken ist zwar auf keine Weise so zu beurteilen wie der goldene Altar, es hat notwendigerweise existiert und muss auch dem Verfasser von Exod. 25sqq. bekannt gewesen sein. Er hat es aber nicht mit in die göttliche Anweisung aufgenommen, weil es kein heiliges, sondern ein ganz untergeordnetes[2]) Gerät ist, wie die Schlachttische, von denen er auch schweigt. Die Verordnung über das Räucherwerk lässt in V. 36 Bekanntschaft mit dem goldenen Altar durchblicken und steht mit der vorhergehenden über das Salböl auf einer Stufe. Was endlich die Einschärfung des Sabbaths betrifft 31, 12—17, so wird auch diese durch den Zusammenhang mit fortgerissen, zumal da ausserdem die Sprache zwar von Q abhängt, aber nicht völlig damit übereinstimmt. Vgl. שבתתי V. 13, den Sabbath חלל und עשה V. 14. 16, נפש von Gott gesagt V. 17.

3. Nachdem die Anweisung über die Einrichtung des Heilig-

[1]) Weiter kann man nun auch zweifeln, ob die Salbung des Zeltes und der heiligen Geräte, wie sie in der jüngeren Schicht Exod. 30, 22—33 vorgeschrieben wird, wenigstens sachlich mit der älteren Vorstellung übereinstimmt. Sie wird allerdings Lev. 8, 10sq. ausgeführt, aber Exod. 29, 7 nicht befohlen, und bei der vollkommenen Gleichheit von Exod. 29 und Lev. 8 ist das ein sehr bedenklicher Umstand bei einem so wichtigen Ritus.

[2]) Seinem Zwecke nach. Hatte es eine Bedeutung, so hing sie von dem künstlerischen Wert ab.

tums geprüft und Kap. 30. 31 als späterer Anhang erkannt ist[1]), ist damit zugleich ein Massstab zur Beurteilung der Ausführung gewonnen. Untersuchen wir zunächst Exod. 35—39. Dass dieser Abschnitt eine blosse Wiederholung von Exod. 25—28 ist, in mehr mechanischer Ordnung, ist längst aufgefallen und dazu benutzt worden, ihn für eine Kopie des Originals zu erklären. Est-il probable, sagt Munck (Palestine, p. 129), que le même auteur ait écrit deux fois de suite tous ces longs détails, en changeant seulement la formule „et tu feras“ en „et on fit?“ Nöldeke aber stellt die Gegenfrage, welcher Spätere wohl ein Interesse daran gehabt habe, dies Alles nachzutragen, traut also „die unbeschreibliche Pedanterie“ lieber dem Verfasser von Q selber zu, der allein
415 eine solche Originalität sich habe erlauben können. Thatsache ist jedenfalls, dass der fragliche Abschnitt inhaltlich ganz und gar bedeutungslos ist, dass er nicht vermisst würde, wenn er fehlte. Daraus folgt wenigstens die Möglichkeit späterer Einsetzung; allerdings muss aber noch eine Instanz dazukommen, um den Beweis der Möglichkeit zum Beweis der Wirklichkeit zu ergänzen. Diese Ergänzung nun hat uns bereits die frühere Untersuchung an die Hand gegeben. Wir haben gefunden, dass die Verordnungen Exod. Kap. 30. 31 von zweiter Hand stammen und nicht zu dem ursprünglichen Stock gehören. In der Ausführung aber werden sie überall als integrierende Bestandteile der Stiftshüttengesetzgebung angesehen und behandelt. Im engen Anschluss an Kap. 31 wird hier mit der Einschärfung des Sabbathgebots und der Ernennung Bezalel's begonnen (Kap. 35), der Räucheraltar wird stets unter den heiligen Geräten mit aufgeführt, der eigentliche Altar in Folge dessen immer durch die Bezeichnung Brandopferaltar unterschieden. Mithin sind die Kapitel 35—39 nicht älter, wahrscheinlich sogar jünger als Kap. 30. 31 und rühren in jedem Falle nicht von dem eigentlichen und ersten Autor her, der Kap. 25—29 verfasst hat.

Was von Exod. 35—39 gilt, gilt auch, obwohl nicht ohne Unterschiede, von Kap. 40 und Lev. 8. In Betreff von Exod. 40 vgl. man den Räucheraltar V. 5. 26, den Brandopferaltar V. 6—29,

---

1) Einige unbedeutende Zusätze mögen auch in Kap. 25—29 vorkommen, z. B. 27, 20sq. 28, 13. 14. V. 41—43. 29, 35—37. Gegen das Alter von 29, 38—46 bringt Kuenen Godsdienst II S. 270sq. nicht unbegründete Bedenken vor.

die Salbung des Zeltes und der sämtlichen Priester V. 15, und
beachte ausserdem, dass die Befehle V. 1—16 einzeln bereits alle
schon einmal gegeben sind und dass in der Ausführung V. 17sqq.
diejenigen Angaben, nach denen gleich jetzt der Kultus im Taber-
nakel in regelrechten Gang gebracht wird, wie z. B. V. 27. 29, der
nachfolgenden Einweihung desselben, wie sie Exod. 29 vorgeschrie-
ben und Lev. 8 vollzogen wird, und dem ersten ordentlichen Opfer
Lev. 9 in sehr störender Weise vorgreifen. Bei dem zweiten hier
zu untersuchenden Stücke, Lev. 8, steht die Sache allerdings etwas
anders. Der Zusammenhang zwischen Exod. 40 und Lev. 8 scheint
mir einseitig zu sein, der Verf. des ersteren Stückes hat sicher das
letztere vor Augen gehabt und will es als die zweite Hälfte zu
40, 17sqq. aufgefasst wissen[1]), aber das Umgekehrte ist nicht der
Fall. Also Exod. 40 entscheidet nicht schon über Lev. 8. Be-
denken gegen dies letztere Kapitel entstehen jedoch aus der Ver- 416
gleichung von Exod 29. Schon früher ist darauf hingewiesen, dass
in Lev. 8, 10sq. Hütte und Geräte gesalbt werden, wovon Exod. 29
nichts geboten ist. Ebenso wenig steht dort etwas vom Entsün-
digen des Altars (abgesehen von dem Nachtrage 26, 36), wovon
Lev. 8, 15 geredet wird. Beide Punkte sind aber weder zufällig
noch unbedeutend, die Uebertragung der eigentlich nur auf Per-
sonen anwendbaren heiligen Handlungen auf neutrale Objekte —
denen die s. g. Oelsteine darf man nicht vergleichen, bei denen
es sich um ein Oelopfer handelt — ist die äusserste Consequenz
der Mechanisierung des Begriffs der Heiligkeit (Ezech. 43, 26).
Hinzu kommen noch zwei andere lediglich formale, gleichwohl
nicht auflösbare Differenzen. Bei der Aufzählung der auf den
Altar gelangenden Teile des Brandopfers kommt Lev. 8, 20 zu
Kopf und Gliedern der פדר hinzu, abgesehen von Bauch und
Knöcheln. Derselbe fehlt Exod. 29, 17, und dass dies etwas auf
sich hat, ergiebt sich daraus, dass er Lev. 9, 13, in einem unzweifel-
haft primären Stücke, auch nicht vorkommt, wohl aber Lev. 1, 8
in einem secundären. Aehnlich ist wohl die Differenz zwischen
Exod. 29, 8 und Lev. 8, 16 zu beurteilen, vgl. Lev. 3, 3. 9. 14.
Endlich wird zu den zu räuchernden Teilen des Dankopfers in

[1]) Nach Exod. 40, 2. 17 werden darum die sieben Tage der Weihe Lev. 8 und der achte, an dem zum ersten Male Aharon rite fungiert, vom 1. Nisan an gerechnet, Jos. Ant. III. 8, 4. Darauf bezieht sich Meg. Thaanith No. 1, wie ich richtig gemutmasst habe, Pharis. und Sadd. S. 59.

Lev. 8, 26 ein Mazzenkuchen, dagegen Exod. 29, 23 ein Laib Brod dargebracht. Der Unterschied betrifft nicht die Sache, aber doch ist die Ersetzung des ungenauen Ausdrucks durch den bestimmten Lev. 8, 26 deshalb von Bedeutung, weil nach älterer Sitte in der That die Opferteile des Dankopfers auf gesäuertem Brode[1]) dargebracht wurden, eine Sitte, die später abgeschafft werden sollte — vgl. den Fortschritt von Lev. 7, 13 (23, 17. Amos 4, 5) zu 7, 12. Nach alle dem glaube ich annehmen zu dürfen, dass auch Lev. 8 nicht zu dem ursprünglichen Bestande der Stiftshüttengesetzgebung gehört. Es fehlen allerdings die gewissesten Zeichen dafür, der Brandopfer- und der Räucheraltar; doch lässt sich dies teils aus dem engen Anschluss an Exod. 29 erklären, teils daraus, dass Lev. 8, obwohl es auch sekundär ist, darum doch mit Exod. 35—40 nicht ganz auf gleicher Linie steht.

Ueberhaupt denke ich nicht daran, Exod. 30. 31. Kap. 35—40. Lev. 8 deshalb, weil sie im Vergleich zu Exod. 25—29 posthum
417 sind, in einen Topf zu werfen[2]). Mir ist aber hier die Ausscheidung des originalen Kerns die Hauptsache. Zu diesem gehört bloss Exod. 25—29 und Lev. 9, inzwischen hat in Q nur noch die Nachricht gestanden, dass, nachdem Jahve die Anweisung über die Einrichtung des Kultus vollendet und die beiden Tafeln des Zeugnisses übergeben hatte, Mose herabstieg vom Berge und that, wie er geheissen war. Die Zeitbestimmung Lev. 9, 1 fordert nicht notwendig das voraufgehende Kapitel zu ihrer Beziehung, sondern ist vollkommen verständlich nach Exod. 29, 38, obwohl es mir wahrscheinlicher ist, dass in der zwischen Exod. 29 und Lev. 9 anzunehmenden summarischen Nachricht über die Vollziehung der auf dem Sinai erhaltenen Befehle durch Mose die Angabe enthalten war, dass nach der Einweihung die Priester sieben Tage im Heiligthum consigniert blieben. Gegen den Einwand, dass Lev. 9 nur als Fortsetzung von Lev. 8 Sinn habe, könnte man den Umstand halten, dass in Kap. 8 das Altarfeuer bereits sieben Tage brennt, ehe es 9, 24 am achten herabkommt. Diese Inconcinnität bleibt indes, auch wenn man Lev. 9, 24 mit Exod. 29, vielleicht sogar

[1]) Auch Mincha genannt, aber Thenupha. Die eigentliche Mincha wird ursprünglich bloss für das Brandopfer vorgeschrieben.

[2]) Auch Lev. 1—7 sind nicht gleichmässiger und einheitlicher Conception, sondern es sind ältere Stücke von einem jüngeren Verfasser benutzt. Darauf einzugehen ist indessen hier nicht nötig.

mit den voraufgehenden Versen des selben Kapitels vergleicht, mit V. 10. 13. 14. 17. 20 — wenigstens wenn הקטיר seinen vollen Sinn hier behalten hat. In jedem Falle also kommt die Angabe 9, 24 post festum und ist als Instanz gegen Lev. 8 nicht zu gebrauchen.

Zu ähnlichen Resultaten über Exod. 35—40. Lev. 8 ist auf ganz anderem Wege gelangt Julius Popper, der biblische Bericht über die Stiftshütte (Leipz. 1862). Er geht davon aus, dass jene Kapitel im Ganzen eine mechanische Kopie des voraufgegangenen Originals seien, findet dann aber doch sachliche und formelle Differenzen, welche die Verschiedenheit des Kopisten von dem Autor verraten. An sachlichen Unterschieden kommen folgende Punkte in Betracht, die ich an Popper's Stelle hervorgehoben haben würde. 1. Das Gebot, die Arbeiten am Sabbath ruhen zu lassen, 31, 12sqq., wird 35, 3 dahin verschärft: ihr sollt am Sabbath kein Feuer brennen an all' euren Wohnorten. Dieser Zusatz ist darum nicht original, weil es sich nach der ursprünglichen Absicht nicht um die Sabbathsruhe im allgemeinen, sondern speciell um die Einstellung auch der Arbeiten am Tabernakel am 7. Tage handelt. 418
2. In 35, 18 wird die Mechanik des Zeltes durch Pflöcke und besonders durch Spannseile vervollständigt (ebenso 39, 40 und Num. 4), welche in der Anweisung nicht erwähnt und schwerlich stillschweigend supponiert werden: wenigstens bei dem Holzgerüste des eigentlichen Tabernakels sind sie kaum angebracht. 3. Nur 38, 8 kommt die Angabe vor, das eherne Waschbecken sei aus den Metallspiegeln der Tempelmägde gemacht. Trotz LXX 38, 22 (= Num. 17, 3sq.) hat Popper Recht, dieselbe haggadisch zu nennen. 4. Die Stelle 38, 21—31, die in noch auffallender Weise als die entsprechende 30, 11—16 den Anfang des Buches Numeri als bekannt voraussetzt, misversteht zugleich den Zweck der Kopfsteuer. Sie sei zum Bau der Stiftshütte verwandt und alles dazu nötige Silber daraus bestritten, wie rechnungsmässig bewiesen wird. Wozu dann aber 25, 3. 35, 5. 24 das Silber? und soll nicht der Bau lediglich aus freien Gaben bestritten werden? Es handelt sich um falsche Auffassung der Worte על עבדת אהל מועד 30, 16. Diese bedeuten da nicht „zur Verfertigung der Stiftshütte", sondern für den Gottesdienst in der Stiftshütte Neh. 10, 33. 2. Chron. 24, 6[1]).

[1]) S. Haneberg, Die relig. Altertümer der Bibel, 2. Aufl. § 461. Vergl. Pharis. und Sadd. S. 59.

Darnach wäre also der halbe Sekel zum Unterhalt des regelmässigen Kultus bestimmt, namentlich wohl zur Bestreitung des Thamid. 5. Für eine Glosse zu מעשה חושב Exod. 28, 7 hält Popper mit Recht die technische Beschreibung der Goldfädenfabrikation 39, 3.

Das Hauptgewicht legt er auf die sprachlichen Verschiedenheiten, die zwar an sich geringfügig sind, dadurch aber allerdings an Bedeutung gewinnen, dass sie mit Varianten übereinstimmen, welche der Samaritaner schon Exod. 25sqq. gegen den MT aufweist[1]). Die gemeinschaftliche Wurzel jener Verschiedenheiten und dieser Varianten erblickt Popper in dem Sprachgebrauch einer späteren Zeit, welcher im MT bloss auf die damals entstandenen Zusätze gewirkt habe, im Samaritaner aber auch in den älteren Text hineincorrigiert sei. Diese Betrachtungsweise scheint mir haltbarer als
419 die Nöldeke's, welcher sagt: wenn der Samaritaner die vorhergehenden Stellen nach den folgenden corrigiere, so sei das eben ein Zeichen, dass jene Lesarten alt seien. Meinte denn der Samaritaner, der Befehl müsse sich nach der Ausführung richten? Wenn Nöldeke ferner einwendet, ein Ergänzer würde sich wohl gehütet haben, leichtsinnig die Sprache seiner Vorlage zu ändern, die er sonst so streng beibehalte, so redet Popper gar nicht von leichtsinnigen, sondern von unwillkürlichen unbedeutenden Aenderungen, die gewissermassen in der Luft lagen. Endlich ist es eine petitio principii, zu sagen, dass so radicale (??) Veränderungen im Pentateuch unbegreiflich seien zu einer Zeit, welcher der Sprachsinn verloren gegangen[2]) u. s. w. Indessen darin muss ich doch Nöldeke Recht geben, dass jene paar Differenzen zu schwach sind, um das Gewicht der Konsequenzen zu tragen, die an sie gehängt werden: als Hauptargument hätte Popper sie nicht benutzen dürfen.

Der gelehrte Rabbiner richtet endlich noch die Aufmerksamkeit auf den Text der LXX Exod. 35sqq. und meint denselben als eine

---

[1]) Statt איש אל אחיו, אשה אל אחתה Exod. 25sqq. heisst es Kap. 35sqq. regelmässig אחד אל אחד, אחת אל אחת. Statt חברת 26, 4. 10 מחברת 36, 11. 17. Statt עשרים קרש 26, 18. 19sq. ע״ קרשים 36, 23. 24. 26. Noch einige andere Beobachtungen ähnlicher Art a. O. S. 84sqq. Vgl. Kuenen Godsd. II. 265.

[2]) Was für eines Sprachsinnes bedarf es, um nach Exod. 25sqq. die Kopie Exod. 35sqq. zu verfertigen? Nicht einmal zur Abfassung von Exod. 25sqq. ist viel Sprachsinn erforderlich, jedenfalls nicht mehr als z. B. der Verfasser der Chronik hatte.

frühere Stufe in dem Process des Wachstums ansehen zu müssen, dessen Endresultat der masorethische Text der betreffenden Kapitel sei. Diese Meinung ist nicht erweisbar[1]), wenn auch zugegeben werden muss, dass fast in allen Fällen, wo ein solches Schwanken des Textes vorkommt, man es mit jüngeren Abschnitten zu thun hat. In Popper's Stelle würde ich bei der Vergleichung der LXX den Nachdruck darauf gelegt haben, dass die Kap. 35sqq. einen anderen Vertenten haben als Kap. 25sqq. (a. O. S. 173). Bei der völligen Gleichheit des Inhalts der beiden Abschnitte ist das sehr verwunderlich und am ersten daraus zu begreifen, dass der Vertent von Kap. 25sqq. eben Kap. 35sqq. noch nicht vorfand; zumal dann im Leviticus die Uebersetzungsmanier wieder in das alte Fahrwasser einlenkt. Aehnlich liegt die Sache bei Num. 4, sie zu verfolgen würde hier zu weit führen.

4. Wir gehen in der Untersuchung des Priestercodex weiter 420
und prüfen Lev. 10, einen von Kap. 9 abhängigen Anhang. Es ist oben gezeigt S. 140, dass V. 6. 7 von späterer Hand stammen, weil hier die sieben Tage Exod. 29, 30. 37. Lev. 8, 33 noch laufen, die in Wahrheit bereits 9, 1 vorüber sind. Von V. 6. 7 hangen wiederum die Verse 8—11 ab, ein Nachtrag zum Nachtrag, mit der bisher unerhörten Einleitung: und Jahve sprach zu Aharon (Num. 18). Ebenfalls ist früher schon die Posthumität von V. 16—20 nachgewiesen, S. 136. Nach Lev. 9, 15 hat Aharon den Sündopferbock ebenso behandelt wie den Sündopferfarren, d. h. ihn verbrannt. Dies entsprach der Verordnung Lev. 4 nicht, wonach bloss die Tiere zu verbrennen sind, deren Blut in's Heilige gekommen und an den Räucheraltar gesprengt ist — was Lev. 9 nicht der Fall[2]). Es ist also das Stück 10, 16—20 eine Korrectur des Verfahrens in Lev. 9 auf Grund der Regeln des Opfercodex Kap. 1—7. Als primär können demnach in Kap. 10 nur gelten V. 1—5 und V. 12—15. In Bezug auf letztere Verse ist darauf

[1]) Beachte, dass 39, 1 des MT (= 39, 12 LXX) auch in LXX hinter 38, 31 (= 39, 10sq.) steht, obwohl der Vers konsequent hinter 36, 8 (LXX) stehen müsste; ebenso, dass 38, 21—23 des MT (= 37, 19—21 LXX) hinter 38, 20 (= 37, 18) auch in LXX steht, obwohl er als zum Folgenden gehörig vor 39, 1 (LXX) stehen müsste.

[2]) Der Sündopferfarre Lev. 9 konnte in keinem Falle dem Priester zufallen, weil er von diesem selber bezahlt wurde.

aufmerksam zu machen, dass sie von den in Kap. 1—7 gegebenen Verordnungen nichts zu wissen scheinen.

Wie eine unmittelbare Fortsetzung von 10, 1—5. 12—15 giebt sich durch die Einleitung Kap. 16, welches die Gottesdienstordnung der Stiftshütte (Exod. 25—Lev. 10) durch die Anweisung über den Gebrauch des Debir ergänzt und abschliesst. Das Stück weiss nichts vom Räucheraltar und nennt allein Aharon den gesalbten Priester (V. 32) — Merkmale der Zugehörigkeit zum ursprünglichen Bestande von Q, zu denen noch die Einfassung in den historischen Rahmen hinzukommt (V. 1sq.),

Inhaltlich passen freilich auch Kap. 11—15 so ziemlich an die Stelle, wo sie stehen, nach der Einrichtung des Heiligtums und der Eröffnung des Dienstes daran (15, 31 vgl. 10, 9)[1]), vor der Anordnung über die Generalsühne für alle Befleckungen und Verstösse (16, 16). Aber ob der Verf., der 16, 1 an Kap. 10 anschloss, inzwischen Kap. 11—15 eingeschoben hat? und ob die Prolepse des technischen Lagerbegriffs (als des Kreises zum Centrum
421 der Hütte), wie sie Kap. 13—15 vorkommt, dem Verf. von Num. 1sqq. zugeschrieben werden darf? Zu Zweifeln veranlasst auch das häufige זאת תורת 11, 46. 12, 7. 13, 59. 14, 2. 32. 54. 15, 32, ferner der eigentümliche Ton von 15, 31, ebenso die Eingangsformel 11, 1. 13, 1. 14, 33. 15, 1, wenn man sie mit 16, 1 zusammenhält: das Ergehen der Rede Gottes an zwei Personen zugleich ist jedenfalls das minder ursprüngliche und eine psychologisch unerklärbare Vorstellung. Doch entscheide ich nicht und bemerke nur das, dass sich innerhalb der Gruppe der Reinigkeitsgesetze selber einige Nachträge erkennen lassen. In Kap. 11 ist V. 24—40 ein Einsatz, der es nicht mit dem Essen, sondern mit dem Berühren unreiner Tiere zu thun hat und sich ferner dadurch unterscheidet, dass es für: שקץ ist es euch einfach heisst: טמא ist es euch, und dass der Aufzählung der verunreinigenden Fälle die strafgesetzliche Wirkung auf die betreffende Person hinzugefügt wird. Den Faden von V. 23 nimmt erst V. 41 wieder auf (אכל, שקץ) und fügt dem שרץ העוף V. 20—23 das שרץ הארץ bei; auch die Unterschrift V. 46sq. ignoriert den Inhalt von V. 24—40 und berücksichtigt bloss die vier Abteilungen der nicht zu essenden Tiere V. 2—8.

[1]) Die 7 Tage der Reinigung des Aussätzigen etc. vor seiner Reception zum Mitglied der Gemeinde sind analog den 7 Tagen der Vorbereitung vor der Priesterweihe. Ezech, 43, 25. 44, 26. Auch übrigens herrscht Analogie.

9—12. 13—23. 41 sq. Das 12. Kapitel ist schon durch seine Stellung verdächtig, denn stofflich ist es eine Unterabteilung von Kap. 15; die Posteriorität wird klar durch 12, 2 vgl. 15, 19, dem Verfasser von Kap. 12 hat Kap. 15 bereits fertig vorgelegen. Die Thora des Aussatzes Kap. 13. 14 wird durch eine Generalunterschrift und durch mehrfache Rückbezüge der späteren auf die früheren Teile zusammengehalten. Indessen kann man kaum zweifeln, dass das Gesetz über den Häuserfrass 14, 33 sqq. nicht bloss sachlich, sondern auch literarisch jüngeren Datums ist. Nur so erklärt sich seine Stellung, hinter 14, 1—32 statt hinter 13, 47—59, und seine neue Eingangsformel 14, 33 sq., worin noch die Besonderheit auffällt: ich gebe die Plage des Aussatzes. Das sachlich bei weitem älteste Stück des Ganzen ist natürlich 13, 1—46, welches sich auch stilistisch durch den regelmässigen Ansatz אדם כי V. 2. 9. 18. 24. 29. 38 und ferner durch das Fehlen des sonst überall in Kap. 11—15 constanten וזאת תורת auszeichnet.

Also Exod. 25—Lev. 16 ist zwar alles Priestercodex, aber nicht alles Q. Die Novellen liegen nur in der Sphäre von Q und entstammen dem selben Boden, sind aber verschiedenen und meistens oder auch sämtlich jüngeren Ursprungs. Anders steht die Sache im folgenden Lev. 17—26, wo eine kleine Gesetzsamlung, die allem Anschein nach älter als Q ist, nicht in Q, aber in den 422
Priestercodex hineingearbeitet ist.

## Die Gesetzsamlung Lev. 17—26.

Ueber diese Kapitel ist viel verhandelt worden. Bei Kap 18—20 hat zuerst Ewald die sprachlichen Eigentümlichkeiten wahrgenommen und sie daraus erklärt, dass der Verfasser (von Q) hier stärker als sonst sehr alte Quellen benutze. Knobel dehnte diese Beobachtungen weiter aus, z. B. auf Kap. 17. 26, gab aber die betreffenden Stücke für jehovistisch aus und verleibte sie seinem Kriegsbuche ein. In dem Festgesetze Kap. 23 hatte bereits viel früher George grössere Partien erkannt, die sich fremdartig gegen ihre Umgebung abhoben; seine Resultate, die übrigens nicht die verdiente Beachtung fanden, wurden von Hupfeld erneuert. Zusammenfassend hat endlich Graf zu zeigen versucht, dass Kap. 18—26 eine ältere Samlung von Aufsätzen sei, die der Verfasser von Q aufgenommen und durchgearbeitet habe. In seinen Spuren sind Kuenen und neuerdings Kayser weiter gegangen, welcher letztere das nicht unverdiente Unglück gehabt hat, die Funde George's und Hupfeld's noch einmal zu finden.

Auf Grund dieser Verhandlungen ist meine Meinung folgende. Die Kapitel Lev. 17—26 gehören sicher nicht zu dem jehovistischen Geschichtsbuche, sondern ihrer vorwiegenden Art nach zum Priestercodex. Aber im Vergleich zu Q und den darauf fussenden Novellen haben sie doch viele hier stärker dort schwächer hervortretende Eigenheiten, wodurch sie sich dem Deuteronomium und dem Ezechiel nähern. Es scheint hier in der That eine ältere selbständige Gesetzsamlung in den Priestercodex aufgenommen zu sein, welche dabei aber an manchen Stellen stark überarbeitet und zwar zumeist materiell ergänzt wurde. Eine Samlung, nicht einzelne Stücke. Denn ein ziemlich manirierter religiös-paränetischer Ton, der gar nicht mit Q stimmt, durchzieht das Ganze und kommt namentlich auch in der Schlussrede Kap. 26 zum Ausdruck. Der Verfasser des kleinen Corpus hat zum Teil auf Grund älterer Vorlagen gearbeitet, und so erklärt sich das Verhältnis von Kap. 18 zu Kap. 20. Zur Begründung Folgendes.

Lev. 17 vergleicht sich mit Deut. 12; dies Gesetz verlangt ebenfalls die Centralisierung des Opferdienstes, hält aber trotzdem die Forderung aufrecht, dass alle Schlachtung Opfer sein müsse. Vier Absätze werden eingeleitet durch die Formel „jedermann vom Hause Israel und den darunter weilenden Fremden", in der einmal
423 die Fremden ausbleiben, ohne dass dies einen Unterschied macht. Sachlich sehr in einander fliessend lassen sie sich a potiori so characterisieren: V. 3—7 Verbot zu schlachten, ohne zu opfern; V. 8. 9 Verbot, die Opfer einem anderen Gott und an einem anderen Orte darzubringen als dem Jahve bei seiner Wohnung; V. 10—12 Verbot, das Fleisch im Blute zu essen; V. 13—16 Verhalten bei nicht opferbarem, jedoch zu essen erlaubtem Fleische, wozu auch, mit einer kleinen Beschränkung, Nebela und Terepha gehört.

Die grosse formelle und sachliche Aehnlichkeit von Lev. 17 mit Q liegt auf der Hand[1]), dennoch ist es kein Stück daraus und keine simple Novelle dazu. Sonst wäre die Stellung ebenso un-

[1]) Z. B. die stete Ausdehnung der Gesetzgebung auf die Gerim — was auf eine gemeinsame Situation, aus der beide Codices hervorgegangen sind, schliessen lässt, nämlich auf das Vorwiegen der Religion über die Nationalität, vgl. Lev. 24, 22.

verständlich wie die durchgehende Wiederholung längst gegebener Verordnungen, s. Knobel S. 495. Der Opferdienst und der Ort desselben steht anderswo überall an der Spitze, so im Deut. Kap. 12, im Bundesbuch Exod. 20, 24—26, im Ezechiel Kap. 40sqq. Vor Allem aber beginnt Q selber damit, in der allerausführlichsten Weise. Denn die Voranstellung der Stiftshütte Exod. 25sqq. hat doch den Sinn, dass, um dem Cultus den Boden zu verschaffen, zuerst das rechte wahre und einige Heiligtum da sein müsse; in die Beschreibung desselben wird die des Opferdienstes hineingeflochten, und nirgends wird späterhin bei einer rituellen Handlung unterlassen zu bemerken, sie müsse vor dem Tabernakel geschehen. Es ist ein höchst verwunderlicher Irrtum, zu meinen, dass abgesehen von Lev. 17 im Priestercodex von Einheit des Cultusortes nichts zu finden sei; die Stiftshütte ist ja doch die Basis des Ganzen, ohne welche es zusammenbräche, und sie hat keine andere Bedeutung als eines Gesetzes der Kultuseinheit in historischer Form. Was soll also Lev. 17, 1—9 in Q, sowohl überhaupt, als auch besonders an dieser Stelle?

Hinzukommt, dass, sofern dies Gesetz wirklich etwas Neues bringt, es mit Q (und den Novellen) nicht im Einklang steht. Dies ist besonders hinsichtlich der Forderung der Fall, dass jede Schlachtung Opfer sein müsse. Q lässt die Patriarchen nicht opfern, gestattet aber die Schlachtung ganz ausdrücklich in den noachischen Geboten, welche vielfach an Lev. 17 erinnern. Im Gegensatz zu Sabbath und Beschneidung haben nun zwar diese Gebote 424
ihre bleibende Geltung mehr für die übrige Welt als für Israel; aber die Erlaubnis, Tiere ohne Opfer zu schlachten — von der das ältere Heidentum keinen Gebrauch gemacht hat — soll ohne Zweifel auch für den Mosaismus in Kraft bleiben. Denn nur so ist der Charakter des Opferdienstes in Q zu begreifen: die abstrakt gottesdienstlichen Opfer, von deren Fleisch nichts für den Darbringer selbst abfällt, herrschen einseitig vor, das s. g. Dankopfer und die dazu gehörige Opfermahlzeit tritt ganz zurück — was auf Grund von Lev. 17 nicht hätte geschehen können und selbst im Deuteronomium noch nicht geschehen ist, wo vielmehr noch immer das gemeinschaftliche Essen und sich Freuen vor Jahve als die Hauptsache beim Opfer gilt. Dass im Priestercodex nicht jede Schlachtung Dankopfer ist, geht auch daraus hervor, dass von dem letzteren Keule und Brust an den Priester abgegeben werden

sollen — das konnte doch in jenem Falle unmöglich verlangt werden, wie denn auch Lev. 17 davon keine Rede ist. Unleugbar wird die Schlachtung endlich in Lev. 7, 22—27 als ein profaner Akt vorausgesetzt, der an jeder Stelle verrichtet werden kann und mit dem Altardienst nichts mehr zu thun hat.

Auf eine weitere sachliche Differenz hat schon Knobel hingewiesen, nämlich auf die Motivierung der gebotenen Massregel durch den Götzendienst 17, 7, eine Rücksicht, die dem Priestercodex ferne, dagegen dem Deuteronomium nahe liegt, namentlich wenn unter den Seirim nach 2. Chron. 11, 15 die Gottheiten der Bamoth zu verstehen sind, vgl. Lev. 26, 30. Auf einige Abweichungen des Ausdrucks hat gleichfalls Knobel aufmerksam gemacht, dahin gehören die Wendungen in V. 7. 10 und die Einleitungsformel V. 3. 8. 10. 13. Die Aehnlichkeiten überwiegen hier freilich, aber es findet dabei gewöhnlich entweder ein quantitativer oder auch ein bedeutsamer qualitativer Unterschied statt. Beides trifft zusammen bei der bekannten Phrase ונכרתה הנפש ההיא מעמיה, sie kommt in Q seltener vor als in Lev. 17sqq., immer aber in dieser Form mit נפש als passivem Subjekt; in Lev. 17sqq. dagegen ist ihre Form freier, und sie bekommt dadurch ein ganz anderes Leben, dass zuweilen die aktive Konstruktion „ich richte mein Angesicht gegen ihn und rotte ihn aus von seinen Verwandten" den Sinn der passiven erklärt 17, 10. 20, 3. 5. Nie tritt inmitten eines Gesetzes des eigentlichen Priestercodex das göttliche Ich so hervor. Beachtung verdient noch, dass Lev. 17 sowohl in seinen Aehnlichkeiten mit Q als in seinen Abweichungen davon mit den folgenden Kapiteln zusammentrifft.

425 Die Hand desjenigen, der unsere Sammlung in den Priestercodex aufgenommen hat, ist in der Ueberschrift 17, 1. 2 erkennbar, die zu dem Inhalt des Kapitels nicht passt, welcher bloss an das Volk und nicht an die Priester gerichtet ist. Ferner ist in V. 4 eins von beiden überflüssig und störend, entweder אל פתח אהל מועד oder לפני משכן יהוה. Die Entscheidung fällt gegen den ersteren Ausdruck, der der gewöhnliche ist, aber in Kap. 18—26 nur einmal in einer Interpolation vorkommt. Darnach wird man geneigt, denselben auch an V. 6 und V. 9 für Korrektur des Ueberarbeiters zu halten, vgl. 19, 21. 22. Ob dieser noch sonst eingegriffen hat, muss dahin gestellt bleiben.

In Kap. 18 unterscheidet sich die eigentliche Materie V. 6—23, welche meist ganz trocken aufgezeichnet ist (bes. V. 7—17), von der paränetischen Einfassung am Anfang und Schluss, deren Ton an das Deuteronomium anklingt. Dort geht die singularische, hier die pluralische Anrede durch. Den materiellen Kern fand der Verfasser grösstenteils schon schriftlich oder mündlich fixiert vor, vgl. zu Kap. 20; die Einfassung hat er selber concipiert und dadurch dem Gesetz eine geschichtliche Situation gegeben, die sein eigenes Zeitalter verrät. Es heisst V. 3: ihr sollt es nicht machen wie die Aegypter, in deren Lande ihr gewohnt habt, und auch nicht wie die Kanaaniter, in deren Land ich euch bringen werde — und übereinstimmend damit V. 24: verunreinigt euch nicht mit solchen Greueln, wie die Völker, die ich vor euch vertreiben werde. Dagegen V. 25: das Land hat seine alten Bewohner ausgespieen — V. 27. 28: alle diese Greuel haben die Völker geübt, welche vor euch waren, hütet euch, dass das Land nicht auch euch ausspeie, wie es das Volk vor euch ausgespieen hat — ähnlich V. 30. Da bricht die wirkliche Zeit des Verfassers, wo man mit der Exilierung gar wohl vertraut war, deutlich durch; aber schon an sich giebt das ganze Motiv etwas zu denken. Vgl. 20, 23sq. 26, 33sqq.

Die Unterschiede von Kap. 18 gegen Q sind allgemein anerkannt. Man beachte namentlich die jener Schrift völlig fremde Formulierung der Gesetze in der singularischen Anrede an das Volk V. 7—23. Auch die Einfassung V. 1—5. 24—30 hat zwar manches, was an's Deuteronomium, aber nichts, was an Q erinnert; hier (und V. 20—23) finden sich im Gegenteil die durchgehenden Eigentümlichkeiten des Corpus am meisten vereinigt. Nicht einmal von einer nachträglichen Ueberarbeitung im Sinne des Priestercodex lässt sich in Kap. 18 eine Spur auffinden.

Das 19. Kapitel lässt sich in drei Teile zerlegen. Erstens 426
V. 2—8. An der Spitze steht der Befehl „Mutter und Vater zu fürchten“ und Jahve's Sabbathe zu halten, dann folgen andere Gebote kultischen Inhalts für das Volk. Also ein Analogon der s. g. ersten Tafel des Dekalogs, es fehlt nur das „du sollst den Namen Jahve's nicht zur Lüge aussprechen“, vielleicht weil der falsche Schwur ausschliesslich unter den Gesichtspunkt der Schädigung des Nächsten gestellt und so zu sagen das dritte mit dem neunten Gebote combiniert ist, V. 12. Anrede mit Ihr; der eigentümliche Ton des Verfassers tritt hervor, namentlich am Anfang

und am Ende. — *Zweitens* V. 9—22. Dieser Absatz enthält bis V. 18 ausschliesslich Gebote betreffend die Pflichten gegen den Nächsten, nur V. 19—22 fallen nicht unter diese Kategorie. Hier sind nun V. 21. 22 Interpolation des von Q ausgehenden Ueberarbeiters, als solche kenntlich fast an jedem einzelnen Worte: es genüge, dass das Heiligtum sonst nie in diesen Kapiteln *Ohel Moed* heisst, sondern immer *Miqdash*, und dass das Schuldopfer 22, 14 völlig unbekannt ist. Die beiden vorhergehenden Verse sind ein älterer und authentischer Anhang zu V. 9—18, sich unterscheidend V. 19 durch die besondere Einleitung, V. 20 durch den Mangel der Anrede (wie im Bundesbuch die *Rechte* gegenüber den *Worten*). A potiori wird man trotz V. 19—22 sagen können, dass der zweite Absatz der zweiten Tafel des Dekalogs entspricht[1]): eine offenbar beabsichtigte Zwieteilung. Der Verfasser hat hier gewiss öfter, als es sich nachweisen lässt, den Wortlaut älterer Quellen beibehalten, aus denen er zusammenstellte; er hat sich, wie es scheint, auch da, wo er umschmolz oder selbständig gestaltete, ihrem Stile conformiert. Daher im Gegensatze zu V. 2—8 und zu V. 23—37 das durchgehende *Du* in der Anrede; die *Ihr* sind vereinzelt und kommen ausser in V. 11 und an dessen unmittelbaren Grenzen bloss in V. 9 und V. 19 vor — mehr als einmal in Collision mit dem Contexte. — *Drittens* V. 23—37. Anderweitige religiöse (V. 23—32) und moralische (V. 33—37) Gebote, eine Art Nachtrag zu den beiden vorhergehenden Teilen, mit einem besondern Eingange. *Ihr* geht durch, *Du* findet sich V. 27. 29. 32, in drei kurzen Sätzen, die wahrscheinlich bereits geprägt vorlagen, wie der Vergleich von V. 34 mit V. 18 lehrt.
427 Der Verfasser bewegt sich hier viel freier als V. 9—22, seine Manier tritt stark hervor, stärker noch als V. 2—8. Was zunächst V. 22—37 betrifft, so liest sich dies wie ein Stück aus dem Deuteronomium, mit einer starken Beimischung von Ezechiel; das merkwürdige משורה V. 35 findet sich ausser 1. Chron. 23, 29 nur Ezech. 4, 11. 16, und V. 36 stimmt wörtlich mit Ezech. 45, 10. In V. 34 ist ואהבת לו כמוך der Form nach aus V. 18 wiederholt, jedoch mit einer interessanten Erweiterung des Sinnes, sofern der ältere Spruch, dessen originale Form der Schriftsteller V. 18 mitgeteilt hat, unter dem Nächsten den Volksgenossen versteht, er

[1]) „Das fehlende Verbot des Ehebruchs ist Kap. 18 und 20 zu ausführlichen Gesetzen gegen die Unzucht erweitert." Graf, Geschichtl. Bücher S. 78.

selbst aber den Fremden[1]) mit einschliesst und das Gebot der Liebe auch auf diesen ausdehnt (wie 24, 22). Was sodann V. 23—32 anlangt, so scheint hier ebenfalls mit wenigen Ausnahmen überall freie Composition des Verfassers vorzuliegen. Das Trauerverbot V. 27, 28, welches in anderer Form im Deuteronomium vorliegt, ist zur Zeit Jeremia's (16, 9) noch nicht wirksam; die Uebertragung des Begriffs der Vorhaut auf die Bäume ist moderne Abstraktion; auf die V. 26. 30 wiederholten Gebote legt Ezechiel besonderes Gewicht und bei letzterem tritt auch הוסיף für אסף auf, wie V. 25.

Dass Kap. 19 nicht aus Q stammt, bekundet nicht bloss die Sprache (Du, Ihr), sondern auch der Inhalt (u. a. das starke Hervortreten des Ackerbaues). In beider Hinsicht zeigt sich dagegen Verwandtschaft mit den alten Debarim in Exodus; das ist der Grund, warum Knobel die Kapitel Lev. 17—20 zu JE gewiesen hat. Richtiger wird man sagen, dass unser Schriftsteller — unleugbar ein Epigone — den Dekalog und das Bundesbuch gekannt und benutzt hat, aber auf einer fortgeschrittenen Stufe steht, die mit der deuteronomischen wesentlich übereinkommt. Vgl. das zu V. 23—37 Bemerkte und weiter zu 24, 15—23. Auf den Redaktor des Priestercodex ist, wie gezeigt, V. 21. 22 zurückzuführen, vielleicht auch die Formulierung der Ueberschrift in V. 1. 2a, aber auf keinen Fall, wie Kayser will (das vorexil. Buch S. 69), V. 5—8.

Lehrreich für das literarische Verfahren des Autors von Lev. 17—26 ist das Verhältnis des 20. zum 18. Kapitel. Die Hand, welche 20, 2. 3. 5 oder 20, 22sq. geschrieben hat, ist die gleiche, welche 17, 3. 8. 10. 13 oder 18, 24sqq. geschrieben hat, d. i. die des Gesamtverfassers. Aber ihrem ursprünglichen Kerne nach sind die Gesetze Kap. 18 und Kap. 20 zwar wohl aus der gleichen, zum
Teil schon formell fixierten (18, 21sq. = 20, 13sqq.) Tradition ge- 428
schöpft, unmöglich aber von dem selben Originalverfasser hinter einander niedergeschrieben, vielmehr erst von der Hand eines Dritten in dieser Weise bearbeitet und zusammengestellt[2]). Denn ursprünglich sind es einander ausschliessende Parallelen, nicht zusammenschliessende Hälften eines Ganzen. Man sagt zwar, Kap. 18 enthalte die Verbote, Kap. 20 die Strafbestimmungen — doch damit

[1]) Vgl. über die Bedeutung von גר 25, 35 und dagegen auch 25, 45. 47.

[2]) der übrigens seinen Quellen der Zeit, dem Geiste und der Sprache nach sehr nahe stand.

kann höchstens der Compilator vor sich selber die Zusammenstellung der beiden Aufsätze gerechtfertigt und demgemäss V. 6 und V. 27 (abgesehen von V. 2) hinzugefügt haben, um auch auf Kap. 19 einige Rücksicht zu nehmen. Hingegen für die eigentliche Hauptmaterie des Kap. 20, nämlich für V. 9—21, lässt sich nicht auf diese Weise neben dem 18. Kapitel Raum gewinnen. Vgl. Graf S. 76. 77, ausserdem ein paar auffallende formelle Differenzen in der Fassung gleichartiger Gebote 18, 17. 20, 14. 18, 19. 20, 18, und besonders das durchgehende Fehlen der Anrede in Kap. 20.

Eigene Zuthaten des Verfassers der Samlung sind hier wie sonst namentlich der Schluss V. 21—27 und der Anfang V. 1—9. Der letztere indessen ist etwas complicierterer Natur. Nämlich V. 4. 5 ist eine Glosse zu V. 2. 3 — in V. 2 wird die Tötung des Verbrechers dem Volke zur Pflicht gemacht, in V. 3 wird sie Gott vorbehalten; diese Differenz wird nun V. 4. 5 so ausgeglichen, dass, wenn das Volk seine Pflicht nicht thue, dann Gott direct einschreiten werde. Schwierig ist es nun aber zu sagen, ob der Widerspruch von V. 2 und V. 3 ein ernsthafter ist, oder ob der Autor gar kein Gewicht auf die Strafbestimmungen legt und sorglos auch solche mit einander verbindet, die sich ausschliessen. Mir scheint eher das Letztere der Fall zu sein, denn auch in dem Hauptteil V. 9—21 werden unterschiedslos göttliche und menschliche Strafen angedroht, freilich nicht für das selbe Vergehen.

Für das Verhältnis zu JE kommt V. 24 זבת חלב ודבש[1]) in Betracht, für das zum Deuteronomium 20, 20, wo ebenso wie 18, 14 das Levirat verboten wird, für das zum Priestercodex 20, 18, wo der Tod auf ein Vergehen gesetzt wird, welches 15, 24 mit einer achttägigen Unreinheit gebüsst wird. Erwähnung verdient
429 noch, dass 20, 15 auf ein Gesetz über reine und unreine Tiere zurückgesehen wird, welches hier vielleicht einst gestanden hat, aber von dem letzten Redaktor mit Rücksicht auf Lev. 11 ausgelassen ist.

Wenn es für Kap. 18—20 zugestanden ist, dass sie erst nachträglich in den Priestercodex aufgenommen sind, ursprünglich aber

---

[1]) Mit gleichem Rechte wie diese Worte darf man auch 19, 15 oder 24, 17—21 streichen. Gegen Nöldeke.

einer selbständigen Sammlung angehörten, so bedarf dies für Kap. 21. 22 noch weiteren Beweises. Es ist gewiss, dass diese Gesetze durch ihre Materie (Priester, Opfer) und ihre hierokratische Anschauung (hervorragende Stellung des heiligen Klerus, Hoherpriester, das Heiligtum als Mittelpunkt der Theokratie) mit dem Priestercodex nahe verwandt sind. Ebenso durch ihre Sprache, soweit sie mit dem Kultus und dessen Kunstausdrücken zusammenhängt. Viel weiter reicht aber die Verwandtschaft auf dem letzteren Gebiete nicht. So lautet z. B. 21, 8: du sollst den Priester heilig halten, denn das Brod deines Gottes bringt er dar, heilig sei er dir, denn ich bin heilig. Wo findet es sich in Q, dass über die Priester in dritter Person gehandelt wird in einem Gesetze, das sie selber betrifft?[1]) dass dagegen das Volk angeredet wird und zwar in 2. Sing.? wo ist dort schlechtweg von dem Priester die Rede, wenn damit nicht ein einzelner, sondern der ganze Stand gemeint wird? Phrasen ferner wie 21, 6. 11. 15. 23. 22, 9. 15. 16. 31—33 führen so entschieden auf den Verfasser von Lev. 17sqq. und von Q ab, dass man sich wundern muss, wie man sie für irrelevant hat halten können. Auch in Einzelheiten unterscheidet sich der Ausdruck von Q. Dahin gehört לחם אלהים 21, 6. 8. 17. 21. 22. 22, 25, eine höchst charakteristische Bezeichnung der Opfer, die bisher nirgends vorgekommen ist und auch später nur Num. 28, 2 sich findet. Ferner die schwankende Benennung der Priester, die bald Bruder, bald Same, bald Söhne Aharon's[2]) heissen: in Q sind diese Verhältnisse völlig fest und starr ebenso wie der ihnen entsprechende Sprachgebrauch. Endlich das constante Fehlen des אהל מועד, auch an Stellen, wo dasselbe in Q unvermeidlich gewesen wäre — statt dessen heisst es, wie in Kap. 19 und 20, immer המקדש, nach einer unbestimmteren und 430
laxeren Vorstellung des mosaischen Instituts. Man sieht, die äusseren Unterschiede führen schliesslich auf innere zurück; die Dinge sind hier noch nicht so weit und so fest entwickelt wie in Q. Das zeigt sich noch deutlicher in Folgendem.

---

[1]) Vgl. die Discrepanz zwischen der im Stil von Q gehaltenen Ueberschrift V. 1 zu dem Anfang des eigentlichen Gesetzes לנפש לא יטמא בעמיו.

[2]) So jedoch nur in den Ueberschriften, deren Originalität öfters zu Zweifeln Anlass giebt. Die Anrede passt nicht nur nicht 21, 1, sondern auch nicht V. 17. Nach V. 21 scheint מזרעך corrigiert aus מזרע אהרן, eben um der Anrede der Ueberschrift zu genügen.

Wenn Jemand eine heilige Abgabe unrechtmässiger Weise verzehrt hat, heisst es 22, 15, so soll er zur Strafe sie erstatten und ein Fünfteil dazu legen. Im Priestercodex wird ausserdem noch ein Schuldopfer gefordert Lev. 5. 15. 16: davon ist hier keine Rede[1]. Auch 22, 17 sqq. wird auf Sünd- und Schuldopfer gar keine Rücksicht genommen; dies hätte aber notwendiger Weise geschehen müssen, wenn sie von solcher Wichtigkeit und Ausdehnung gewesen wären wie im Priestercodex. Vgl. zu 19, 21 sq. Vielleicht darf man hinzufügen, dass der Unterschied von hochheiligen und heiligen Abgaben hier höchstens erst im Werden ist. Nach dem Priestercodex überlässt Gott die ihm zur Verfügung stehenden Opfer und Gaben, wenn er sie nicht allein geniesst, entweder vollständig oder teilweise dem Priester; im ersteren Falle heissen sie Qodashim, von denen nichts auf den Altar gelangt, im letzteren Qodshe Qodashim, von denen etwas auf den Altar gelangt, der Rest aber (מן האש Num. 18, 9) dem Priester zufällt. Zu dem Qodashim gehören Erstgeburten, Erstlinge, Zehnten u. s. w., zu den Quodshe Qodashim Schaubrode, Mincha, namentlich aber die Schuld- und Sündopfer. Die Brand- und Dankopfer fallen überhaupt nicht unter diese Betrachtungsweise, weil sie teils vollständig verbrannt und also menschlichem Genusse überhaupt entzogen werden, teils im Besitz des Darbringers verbleiben; abgesehen von gewissen Stücken, die vom Dankopferfleisch abgegeben werden und vollständig dem Priester zufallen, also Qodashim sind. Praktisch ist der Unterschied insofern, als die hochheiligen Gefälle nur von den Männern aus Aharon's Geschlecht und zwar bei dem Altare, die heiligen dagegen von männlichen und weiblichen Angehörigen an jedem reinen Orte verzehrt werden durften; levitische Reinheit der Geniessenden wird beidemal gefordert. Vergleicht man hiermit die Bestimmungen unseres Kapitels, so ist dort von den Qodashim und ihrem Genuss ausführlich die Rede 22, 1—16; derselbe steht allen reinen zum Hause des Priesters gehörigen Personen zu, auch den Sclaven, die im Priestercodex nicht mit einbegriffen werden. Aber zwischen Qodashim und Qodshe Qodashim wird, praktisch wenigstens, nicht unterschieden. Selbst wenn man
431 das Lehem Elohim 21, 16—24 mit Qodshe Qodashim gleichsetzt, so gewinnt man dadurch nichts; denn 21, 16—24 wird vom Dar-

[1] Lev. 27, 13. 15. 19 u. s. w. sind natürlich ungleichartige Fälle.

bringen des Lehem Elohim gehandelt, hingegen 22, 1—16 vom Essen der Qodashim — der Gegensatz findet also nicht statt zwischen Lehem Elohim (= Qodshe Qodashim) und Qodashim, sondern zwischen Darbringen an Gott und Essen der Priester; und aus der für sich betrachteten Darstellung kann man nur den Eindruck gewinnen, dass im Ganzen und Grossen der selbe Gegenstand Lehem Elohim heisst, sofern er auf Gottes Altar und Tisch kommt, und Qodashim, sofern er Eigentum des Priesters wird. Uebrigens würde auch die Bezeichnung Lehem Elohim auf die Qodshe Qodashim möglichst schlecht passen. Denn die letzteren bestehen vorzugsweise in den Schuld- und Sündopfern, von diesen aber geniesst Gott nie das eigentlich Essbare, es sind keine Essopfer. Dagegen fallen Brand- und Dankopfer nach 22, 25 unter den Begriff des Lehem Elohim: diese sind hinwiederum nicht Qodshe Qodashim. Mit andern Worten finden die ausgebildeten Begriffe des Priestercodex in Lev. 21. 22 noch keine Anwendung. Wenn 21, 22 das „Brod Gottes" sowohl Hochheiliges als Heiliges umfasst, so ist das materiell gewissermassen richtig, aber formell ist dieser Unterschied dem originalen Verfasser unbewusst und die betreffenden Worte, die indessen meine Beweisführung nicht stören, sind nachgetragen.

Also verhalten sich diese beiden Kapitel zum Priestercodex wie eine Vorstufe. Ihre Zugehörigkeit zu Kap. 17 sqq. folgt aus dem Sprachgebrauch, teilweise auch aus den Ideen, z. B. der prononcierten Hervorhebung der Heiligkeit des Tempels. Der Verfasser hat auch hier vielleicht manchmal älteres Material benutzt; so heben sich z. B. die Verse 21, 5. 6 durch die pluralische Konstruction ziemlich schroff von V. 2—4 und von 7. 8 ab[1]). Deutlich ist in 22, 27—29 die Beziehung auf die Gesetzgebung von JE, die hier modificiert wird. Vgl. V. 27 mit Exod. 22, 29, V. 28 mit Exod. 23, 19 und V. 29 mit Exod. 23, 18; denn die Thoda ist allem Anschein nach die Hagiga und für die gewöhnlichen Dankopfer gilt die Bestimmung 19, 6.

In Kap. 23. trägt allerdings die grössere Hälfte der Verordnungen den reinen Charakter der grossen priesterlichen Gesetzgebung an sich, aber die andere Hälfte weicht davon ab. Was 23, 9—22 betrifft, so lässt sich die besondere Ueberschrift, die aller-

---

[1]) In V. 7 muss offenbar der Singular יקח gelesen werden.

432 dings zunächst deshalb auffällt, weil ja hier auch noch von Ostern gehandelt wird, damit rechtfertigen, dass die Darbringung der Gerstengarbe als ein Voractus zu Pfingsten aufgefasst und darum von dem Mazzoth-Passahfeste getrennt wird. Aber mit Recht stösst sich George[1]) an dem ממחרת השבת in V. 11. Wie lässt sich das mit dem Vorhergehenden in Verbindung bringen? was ist mit dem Sabbath gemeint? Hitzig behauptet, das Passah V. 5 sei der 14. Nisan, der immer auf den Sabbath gefallen sei, da das Kirchenjahr stets mit dem Sonntag begonnen habe. Allerdings wird der Terminus מחרת השבת Jos. 5, 11 aufgefasst als מ״הפסח, aber nicht deshalb, weil Passah stets auf den Sonnabend traf. Denn wäre dies der Fall, so müsste notwendig der 14. Nisan, als Sabbath, ein voller Feiertag sein, aber Passah beschränkt sich, wie ausdrücklich hervorgehoben wird, auf den Abend des 14., und der erste Feiertag ist der 15., der auf Passah folgende Tag[2]). Vielmehr ist in Jos. 5 der Sabbath von Lev. 23, 11 einfach uneigentlich genommen und auf Passah gedeutet. Analog deutete ihn die sehr alte Tradition der Juden auf den ersten Festtag, mit dem selben Rechte. Denn willkürlich sind beide Erklärungen, schon ihre gleiche Möglichkeit macht sie unmöglich. Es sind ja in V. 5—8 drei heilige Termine in der Osterwoche hervorgehoben, der 14., 15. und 22. des ersten Monats — welcher soll nun mit השבת V. 11 gemeint sein? Das hätte doch gesagt werden müssen! Ferner wird שבת sonst nirgends allgemein für Festtag gebraucht, und für unsere Stelle speciell wird diese Bedeutung durch V. 16 unmöglich gemacht. Dort nämlich kann ממחרת השבת, weil gar kein Festtag in der Nähe ist, auf keine Weise anders verstanden werden als von dem auf den eigentlichen Sabbath folgenden Tage; dazu zwingt auch V. 15, mag man nun die שבע שבתות als Wochen oder Sabbathe verstehen. Natürlich aber kann man den identischen Ausdrücken V. 11 und V. 16 nicht verschiedenen Sinn unterlegen. Durch die Beibehaltung der wirklichen Bedeutung des Sabbaths V. 16 gewinnt man endlich noch den Vorteil, dass man nun nicht die שבתות V. 15 im Sinne von שבעות zu nehmen braucht, und

[1]) Die älteren jüdischen Feste. Berlin 1835. S. 122sqq.

[2]) Die s. g. heilige Tagesrechnung ist hier nicht befolgt, der Abend gehört zum vorhergehenden und nicht zum folgenden Morgen. Meine Darstellung in Pharis. u. Sadd. S. 59sq. ist confus und falsch. Vgl. Berach. 8b (oben) zu Lev. 23, 32.

dass der Parallelismus des Jobeljahrs zur Pentekoste klar hervortritt, vgl. 25, 8 sqq.

Wenn dem so ist, so existiert keine rücksichtnehmende Verbin- 433
dung von V. 9 sqq. mit dem Vorhergehenden, und dann ist der Sabbath V. 11 rein nach den Voraussetzungen von V. 10 zu verstehen, nämlich als der nächste Sabbath nach dem Beginn des Gerstenschnitts. Ostern fällt auf den Anfang der Ernte, nicht auf einen fixen Termin. Genau so verhält sich die Sache — bei allen Festen — in der Gesetzgebung von JE und im Deuteronomium. Insbesondere wird Deut. 16, 9 Pfingsten angesetzt „sieben Wochen nach dem Anhieb der Sichel in das Kornfeld“, grade wie in unserem Gesetze (und mit der selben Formel תספר לך); nur ist in diesem der Wochentag des Oster- und Pfingstfestes fixiert (= Sonntag). Aber dies ist eine unbedeutende Differenz dem gegenüber, dass der Monatstag nicht fixiert ist. Durch diesen letzteren Punkt scheidet sich das Gesetz Lev. 23, 9—22 von der Gesetzgebung des Priestercodex, wo die Feste sämtlich auf ein bestimmtes unwandelbares Datum fallen; und dieser Unterschied ist kein nebensächlicher, sondern ein principieller und hängt mit einer Veränderung des Wesens der Feste zusammen. Denn dadurch, dass sie in ihren Terminen sich richten nach dem Stande der Ernte, charakterisieren sie sich eben als Erntefeste, während dieser Charakter dadurch verwischt wird, dass sie von dem Wechsel der Erntezeit unabhängig und vom Monde abhängig gemacht werden, Gen. 1, 14. Man entdeckt in der That, dass in Lev. 23, 1—8 und V. 22—38 die Feste ihre Ratio nur in dem unmotivierten Willen Gottes haben und in gar keiner Beziehung zum natürlichen Leben stehen, dass hingegen V. 9—22 der Landbau als Basis derselben deutlich hervortritt.

Noch weitere Gründe macht George geltend S. 127, um die Sonderstellung von Lev. 23, 9—22 zu erweisen. „Alle anderen Stücke unsers Kapitels zeigen eine gewisse Conformität in den Ausdrücken und Redensarten, die immer wiederkehren, und ebenso auch in der Anordnung der einzelnen Elemente der Festfeier — dies zeigt sich hier weit weniger. Während es sonst nur auf die Bestimmung der Feste, der Feiertage, und ihrer allgemeinen Bedeutung ankommt, aber nichts von bestimmten Opfern erwähnt wird, die an ihnen gesetzlich waren, werden dieselben hier auseinandergesetzt und erscheinen fast als die Hauptsache.“ Wie

richtig und wie wichtig in der That diese letztere Beobachtung ist, lehrt der Vergleich von Num. 28sq. Denn dies Gesetz, welches im übrigen Lev. 23 offenbar voraussetzt und ergänzt, nimmt sonderbarer weise gerade auf V. 9—22 gar keine Rücksicht und collidiert
434 damit. Vgl. George S. 147, und Hupfeld, de primitiva et vera festorum apud Hebraeos ratione II p. 3sqq.

Auf gleicher Linie mit 23, 9—22 steht nun aber auch die Verordnung über das Herbstfest V. 39—44. Auch dies Stück hat zuerst George abgeschieden S. 142sqq., aber Hupfeld gebührt das Verdienst, den Zusammenhang mit V. 9—22 erkannt zu haben. „V. 37sq. ist ganz deutlich eine Schlussformel, die notwendig am Ende dieser ganzen Zusammenstellung gestanden haben muss." Was folgt, V. 39—44, stammt anderswoher. Es ist aber nicht einfach eine ergänzende Glosse, denn „es würde selbst hinreichen für die Darstellung unseres Festes, indem es das vorher Gesagte völlig wiederholt und noch wichtige Einzelheiten über die Bedeutung und den besonderen Ritus des Festes hinzufügt." Es finden sich auch kleine Differenzen gegen V. 33—38. In V. 40. 41 wird zweimal die Festdauer auf *sieben* Tage angegeben wie Deut. 16, 13. Das steht nicht im Einklang mit V. 36, wonach noch der *achte* Tag gefeiert wird und zwar ebenso sehr wie der erste. Allerdings währt nun V. 34 das Sukkothfest ebenfalls *sieben* Tage, und andererseits werden V. 39 der erste und *achte* Tag als Hauptfesttage zusammengestellt. Aber während es nicht auffällt, dass in V. 34 zunächst die Dauer des eigentlichen Laubhüttenfestes auf sieben Tage angegeben und dann zum Schluss in einem expressen Zusatze ein mehr selbstständiges Nachfest, eine eintägige Azereth[1]), angehängt wird, so befremdet es dagegen, dass in V. 39 gleich an der Spitze, jedoch ziemlich nebenbei, von einem ersten und achten Tage des *siebentägigen* Festes die Rede ist, hinterher aber der achte Tag völlig ignoriert wird. Und da wir nun aus dem Vergleich von 1 Reg. 8, 66 mit 2 Chron. 7, 9 wissen, dass die Laubhütten zunächst in der That nur eine Woche hindurch begangen wurden und dass später ein achter Feiertag hinzukam (Neh. 8, 18), so werden wir um so geneigter sein, diese Differenz auch zwischen

---

[1]) So ist Pfingsten die Azereth zu Ostern, das Schlussfest des siebenwöchentlichen tempus clausum, das zwischen Anfang und Ende der Kornernte liegt.

Lev. 23, 39—44 (Num. 29, 35) und V. 34—38 anzuerkennen. Man wird dann den letzten Satz V. 39 (hinter dem Athnach) als Interpolation des Redaktors des Priestercodex anzusehen haben. Derselbe hat wohl auch das fixe Datum in V. 39 hinzugefügt, denn das passt nicht zu der folgenden Bestimmung „wenn ihr den Ertrag des Feldes eingebracht habt“ und auch nicht zu der allgemeinen
Angabe V. 41 „im siebenten Monate“. Das Fest V. 39 sqq. steht 435
deutlich in Verbindung mit der Lese, wie in JE und im Deuteronomium. Es wird noch nicht, wie V. 34 חג הסכות, sondern einfach חג יהוה genannt, wie im Buch der Könige. Nur der Ritus der Laubhütten, der V. 34 sqq. durch den Namen — bei dem vielleicht auch der Gedanke an die שוכות mit einspielte Jud. 9, 48 sq. — vorausgesetzt wird, wird V. 42—44 behandelt; in einem Nachtrage, in welchem zu der natürlichen Seite des Festes eine historische hinzutritt.

Für die Verbindung von V. 39—44 (oder wenigstens V. 39—41) mit V. 9—22 spricht der gleiche Grundcharakter der Feste als Erntefeste, die dem entsprechende Bedeutsamkeit der Riten, die deutliche Reciprocität von Schnitt und Lese am Anfang und am Ende der beiden Hauptjahreszeiten. Gemeindeopfer werden allerdings für das Lesefest in V. 39 sqq. nicht gefordert, sondern nur private Opfermahlzeiten, ושמחתם לפני יי, wie im Deuteronomium. Für die Zugehörigkeit beider Stücke zu dem Corpus Lev. 17 sqq. lässt sich geltend machen vor allem das Verhältnis zu JE, zum Deuteronomium und zum Priestercodex, sodann der Acker- und Obstbau als Basis des Lebens und des Gottesdienstes (vgl. 19, 9. 10. 19. 23 und die hervortretende religiöse Bedeutung des Landes in den Drohungen von Kap. 18. 20), endlich die formelle Aehnlichkeit zwischen 23, 10 und 19, 23 (כי תבאו אל־הארץ, häufig im Deuteronomium), zwischen 23, 22 und 19, 9. 10, zwischen 23, 39 und 19, 9 (בקצרכם, באספכם). Uebrigens lassen sich in Kap. 23 die Stücke V. 1—8. V. 23—38 natürlich nicht als Ergänzungen betrachten, sondern sie bilden ein eben so vollständiges und auf sich beruhendes Ganze wie V. 9—22. V. 39—44. Es sind also zwei Festgesetze hier zusammengestellt und zwar von einem Redaktor, der seinerseits von den Voraussetzungen des Priestercodex ausgeht, wie die Interpolationen in V. 39 beweisen, welche mit denen in 21, 22. 19, 21. 22 sich vergleichen lassen.

In Kap. 24 ist V. 1—9 zweifelsohne eine Novelle zu Q, welche

in dieser Schrift selber ihren Platz bei der Beschreibung der Stiftshütte hätte haben müssen. Ihre jetzige Stellung ist mir nur dann begreiflich, wenn hier ursprünglich eine der Sammlung Lev. 17 sqq. entsprechende Verordnung gleichen Inhalts (= der Thamid-Gottesdienst im Gegensatz zum extraordinären Kap. 23) stand, die durch den letzten Bearbeiter durch eine neue dem Priestercodex völlig conforme ersetzt wurde. Auch die Historie V. 10—14. V. 23 ist ganz unverkennbar im Stil von Q gehalten, sie ist aber erst aus dem
436 Gesetze V. 15—22, welches sie in einen geschichtlichen Rahmen fasst, entnommen, genau in der Weise, wie Lukas es mit den evangelischen Reden zu machen pflegt. Das Gesetz seinerseits (V. 15—22) hat weder mit der vorausgehenden Geschichte, noch mit dem Priestercodex überhaupt etwas zu thun. Es kann von keinem anderen Verfasser stammen als von dem, welchem wir die Sammlung Lev. 17 sqq. verdanken. Noch klarer als sonst liegt hier die Bezugnahme auf das jehovistische Bundesbuch zu Tage, dessen Verordnungen zum Teil wiederum einen anderen Sinn bekommen, wie z. B. die dort sehr beschränkt geltende Talio in V. 20 zu einem ganz allgemeinen Strafgrundsatz erhoben wird. Vergleiche ferner איש איש כי V. 15, עמית V. 19, namentlich aber V. 22 mit 19, 34 sq. Dass der priesterliche Bearbeiter aus den mannigfachen Geboten von V. 15—22 nur das eine, welches auf Kultus und Religion sich bezieht, herausgegriffen und dazu eine Geschichte gemacht hat, ist nicht bloss für ihn bezeichnend, sondern auch für die Grundlage, von der er ausging.

Gleicher Art wie die bisherigen Kapitel ist im Ganzen und Grossen auch Kap. 25[1]). Was zunächst V. 1—7 betrifft, so ist dies Stück mit 23, 9—22 nächstverwandt, sowohl nach der Form (25, 1 : 8 = 23, 9 sq. : 15) als nach dem Inhalt (Religion des Landbaues). In beider Hinsicht scheidet es sich hingegen vom Priestercodex. Während dieser bis zuletzt (Arboth Moab) die Form der Wüstengesetzgebung einhält, athmet unsere Verordnung über das Sabbathjahr in der Luft des Ackers. Ihre Sprache ist originell, kaum ein Wort kommt vor, welches an Q erinnert[2]), אמה heisst es V. 6 und nicht שפחה, das Volk wird im Singular angeredet. Noch ein Grund gegen die Herleitung aus Q ist, dass sich 25, 1—7 sichtlich gründet auf das jehovistische Gebot Exod. 23, 10. 11,

[1]) Vgl. Hupfeld, de primitiva etc. part. III.

[2]) שבת שבתון collidiert V. 4 mit שבת לי״י und ist wohl eingearbeitet.

welches hier ebenso wie in den ähnlichen früher von uns beobachteten Fällen eine andere Wendung bekommt und zwar dadurch, dass zum Object des Liegenlassens nicht wie Exod. 23, 11 die Ernte, sondern der Boden selbst gemacht wird.

Zweifelhafter ist die Entscheidung über V. 8—18 (Jobeljahr) oder besser über V. 8—13. Denn in V. 14—18 drängt sich die Manier der vorhergehenden Kapitel so stark wie irgendwo auf, jedes einzelne Wort von V. 17. 18 ist ein Beweis für den Verfasser von
Kap. 17sqq. Dahingegen stehen die Verse 8—13 dem Priestercodex 437
nahe, nicht bloss durch Einzelheiten (דרור? Exod. 30, 23), sondern auch durch den weitläufigen Stil, der sich überall breit macht. Freilich fussen sie andererseits ganz auf V. 1—7, scheinen im Folgenden vorausgesetzt zu werden, und sind — was das wichtigste ist — der nicht dem Priestercodex entstammenden Verordnung über die Pentekoste 23, 15 sqq. nachgebildet. Darauf führt nämlich sowohl der gleiche Eingang 25, 8. 23, 15, als auch der Parallelismus der Sache. Wie der 50. Tag nach den 7 einfachen Sabbathen als Schlussfest der 49 Tage gefeiert wird, so das 50. Jahr nach den 7 Jahrsabbathen[1]) als Schlussfest (gleichsam Azereth) der 49 Jahre. Sonach wird man gedrängt, für V. 8—14 eine ältere Grundlage anzunehmen, welche überarbeitet ist von dem Redaktor, der die Sammlung Lev. 17sqq. in den Priestercodex aufgenommen hat. Dies Sachverhältnis lässt sich namentlich an V. 9 aufzeigen, indem hier der hinter dem Athnach folgende Satz deutlich Interpolation ist. Ist es etwa glaublich, dass das Ausposaunen des Jobeljahres deshalb am 10. des 7. Monats stattfand, weil auf diesen Tag das Kippur fiel? Es scheint im Gegenteil dieser Lärm mit der Idee des Sühnfestes gar nicht recht zu stimmen und eher anzudeuten, dass der 10. Thisri nach der Voraussetzung der originalen Gestalt von V. 9 noch nicht mit einer so ganz andersartigen Feier besetzt war. Er kann hier nur als Neujahr gelten (vgl. Lev. 23, 24 die Bedeutung des Anblasens), wie Ezech. 40, 1: zu Neujahr, am 10. des Monats. Unter den vier Jahresanfängen, welche m. Rosh hassh. 1, 1 aufgeführt werden, fällt der vierte nach Hillel und und Schammai auf den 15. Shebat; es gilt also nicht für not-

[1]) Die 7 Wochensabbathe hatten eben dadurch, dass sie die Ernte unterbrachen, eine besondere Aehnlichkeit mit den Jahrsabbathen, die den Ackerbau überhaupt unterbrachen. Vgl. Exod. 34, 21. Ueberall ausserhalb des Priestercodex hat der Sabbath eine nahe Beziehung zum Ackerbau.

wendig, dass der Beginn des Jahres mit dem des Monats zusammenfällt.

Die nächstfolgenden Verse 19—22 greifen in einer auffallenden Weise zurück, sie handeln nicht, wie man erwartet, vom Jobeljahr, sondern stehen — stillschweigend — noch beim Sabbathjahr. Von einigen Kritikern werden sie für einen Nachtrag gehalten, aber daraus erklärt sich ihre Stellung nicht. Und das ist das einzige an ihnen, was einer Erklärung bedarf. Denn übrigens sind sie
438 vollkommen in der deuteronomistischen Art der Kapitel 17sqq. gehalten und bereits von dem Verfasser des Kap. 26 vorgefunden, vgl. 26, 10 mit 25, 22. Es ist also wohl besser anzunehmen, dass diese Verse zufällig an einen falschen Ort geraten sind und eigentlich hinter V. 7 gehören.

Nach Ausscheidung von V. 19—22 hat man V. 23 als Schluss von V. 9—18 anzusehen und den neuen Absatz, der bis V. 28 geht, mit V. 24 zu beginnen. Im 50. Jahre fällt ohne weiteres aller verpfändete Grundbesitz an den Eigentümer zurück V. 9—18. 23, aber auch vorher ist jederzeit die Einlösung gestattet und geboten V. 24—28. Vgl. das ähnliche Verhältnis von V. 47sqq. zu V. 39sqq. Die Ausdrücke und Wendungen sind hier im ganzen die des Priestercodex, doch kommt die Wurzel מך in demselben nicht vor (abgesehen von Kap. 27, dessen Sprache von den vorhergehenden Stücken beherrscht wird), und auf diejenigen Berührungen ist kein Gewicht zu legen, die zugleich Uebereinstimmungen mit Ezechiel sind, z. B. אחזה und ממכר. Aber man kann doch nicht umhin, mindestens eine starke Ueberarbeitung des Absatzes im Sinn und Stil des Priestercodex anzunehmen. Zum Eingange von V. 24 vgl. V. 35. 39. 47.

Die folgenden Verse machen Voraussetzungen, die an dieser Stelle völlig unverständlich sind. Weder nach Lev. 17sqq., noch nach dem Priestercodex überhaupt haben wir bisher etwas von den Leviten erfahren. Wir wissen gar nicht, wer sie sind, und nun werden sie plötzlich V. 32. 33 als bekannt behandelt, ebenso ihre Städte und Weideplätze. Der Absatz V. 29—34 ist jedenfalls später eingetragen. Dazu passt auch sein Inhalt; denn er bringt eine Ausnahme zu der Regel des Jobel nach, und zwar zu Gunsten städtischen Besitzes, an den bisher nirgend gedacht ist.

In V. 35—38 bemerken wir wieder die unverfälschte Art des Verfassers von Kap. 17sqq., der mehr Verwandtschaft mit dem

Deuteronomium als mit Q hat. Dagegen in V. 39—46 und auch
V. 47—55 hat eine Ueberarbeitung stattgefunden, zu deren Spuren
ich indessen das Wort פרך nicht rechne, welches hier und im
Ezechiel häufig, im Priestercodex selten ist. Uebrigens vergleiche
die singulare Anrede an das Volk und zwar durch das göttliche
Ich; ויראת מאלהיך V. 43; אמה; שאר כשרו; Sätze wie V. 42 und
55; die Verwandtschaft der Materie mit Exod. 21 und Deut. 15.
Abermals bricht dann in 26, 1. 2, welche Verse man besser mit
Kap. 25 als mit Kap. 26 verbindet, der Ton des ursprünglichen
Autors wieder ganz rein durch. Er scheut sich nicht, wenn auch
an unpassender Stelle, auf seine Lieblingsgebote zurückzukommen: 439
das Heiligtum darf nicht entweiht, die Sabbathe müssen streng
gehalten werden, 19, 3sq. 30. 20, 3. 21, 23. Zu משכית s. Num.
33, 52 und dazu S. 115. 116.

Es befremdet, dass in Kap. 25 das Sabbathjahr so kurz (V. 2
—7), das Jobel so ausführlich behandelt wird. Das ist gar kein
Verhältnis, denn jenes ist praktisch viel wichtiger und überdies in
der übrigen Literatur des A. T. (Exod. 23. Deut. 15. Jer. 34.
Ezech. 46, 17. Neh. 10, 32) allein bezeugt. Nur im Priestercodex
wird umgekehrt das Jobel hie und da, dagegen das Sabbathjahr
nie berücksichtigt. Da nun Lev. 26, welches deutlich an Kap. 25
anknüpft, in diesem letzteren Kapitel nur von Sabbathjahren etwas
gefunden zu haben scheint, so könnte man vermuten, dass das
Jobel in dem gegenwärtigen Texte des Kap. 25 überall erst auf
die Ueberarbeitung zurückzuführen wäre und dass dort ursprünglich
die Functionen desselben, wenn auch nicht in so ausgebildeter
Form, vielmehr vom Sabbathjahre ausgesagt gewesen wären. Sicher
sind dieselben erst dem letzteren entlehnt und dann erweitert.
Die Freilassung des hebräischen Knechts hatte ursprünglich im
7. Jahre des Kaufes, dann im 7. Jahre schlechthin zu geschehen;
in Lev. 25, 40 ist sie auf das 50. Jahr verlegt. Analog ist das
andere Element des Jobel, der Rückfall des verpfändeten Grund-
besitzes an den Erbeigentümer, erst erwachsen aus dem Schulden-
erlass, der Deut. 15 für das Sabbathjahr gefordert wird; offenbar
hängt beides wenigstens sachlich auf's engste zusammen, wie Lev. 25,
23sqq. zeigt. Dazu halte man nun noch, dass, wie oben gezeigt,
das Jobel eine auf das Sabbathjahr aufgebaute künstliche Nach-
ahmung des Wochenfestes ist, und dass sein Name דרור (25, 10)
bei Jeremias, wo er 34, 17 ganz in der gleichen Phrase vorkommt,

vielmehr das Sabbathjahr bedeutet[1]). Wenn also die Vermutung, dass ursprünglich Lev. 25 nicht bloss in V. 2—7 vom Sabbathjahre handelte, nicht aus der Luft gegriffen ist, so würde sich plötzlich die sonderbare Stellung von V. 19—22 sehr einfach erklären. Genau genommen lässt auch V. 23sq. die Beziehung auf die vorherstehenden Verordnungen vermissen.

Ueber 26, 3—46 s. Kuenen, Godsdienst II S. 92. Jedenfalls ist diese Rede mit specieller Absicht auf das Nächstvorhergehende
440 geschrieben. Fasst man sie nicht als Schlussrede auf wie Exod. 23, 20—33. Deut. 28, so ist ihre Stellung, an einem beliebigen Orte des Priestercodex, ganz unbegreiflich. Sie knüpft denn auch sichtlich an die Gesetze Kap. 17—25 an. Das Land und der Ackerbau haben hier die selbe fundamentale Bedeutung für die Religion wie Kap. 19. 23. 25, die Drohung des Ausspeiens Kap. 18. 20 wird hier ausführlicher wiederholt, das einzige namhaft gemachte Gebot ist das der Brache des 7. Jahres 26, 34. Mit der für den Verfasser von Kap. 17sqq. so charakteristischen, wenn auch nicht in so stereotyper Form gebrauchten Wendung אם בחקתי תלכו ואת מצותי תשמרו beginnt die Rede, etwas abgewandelt kehrt dieselbe V. 15. 43 wieder. Hierzu kommt die Unterschrift 26, 46, welche augenscheinlich ein Corpus von „Sätzen, Rechten und Weisungen“ abschliesst. Auf dem Berge Sinai, wie 25, 1.

Wenn die Absicht von Lev. 26, zu Kap. 17—25 den Schluss zu bilden, unbestreitbar ist, so liegt es am nächsten, den Verfasser jener Sammlung, auch für den Verfasser der Rede anzusehen. Nun meint aber Nöldeke, die Sprache von Lev. 26 weiche dazu zu sehr von Kap. 17—25 ab. Jedoch muss er selber einige und zwar gewichtige Berührungen zugeben[2]), — andererseits lassen sich auch bei einzelnen der früheren Kapitel seltene und originelle Worte zusammenstellen, wenn auch in geringerem Umfange. Was wirklich von Differenzen bleibt, erklärt sich genügend aus dem Unterschied des Stoffes: bisher Gesetze in sachgemäss trockener,

---

[1]) Nach Jer. 34, 17 hat sich auch das Verständnis von Ezech. 46, 17 zu richten: das vom Könige einem Diener gegebene Grundstück bleibt nur bis zum Sabbathjahre in dessen Besitz. — Möglich, dass Exod. 23 die Brache noch nicht in einem festen siebenten Jahre für alle Grundstücke gemeinsam stattfindet.

[2]) Die Erwähnung der Bamoth, Gillulim und Hammanim ist eher eine Berührung als eine Differenz.

jetzt Prophetie in poetisch-pathetischer Rede. Dort tritt die Subjectivität des Verfassers meistens hinter dem Objekt, das er öfters sogar geformt vorgefunden hat, zurück; hier kann sie sich frei äussern. Es ist billig, das nicht zu übersehen. Der apriorischen Wahrscheinlichkeit, dass Kap. 26 nicht bloss an Kap. 17—25 angeleimt ist, sondern dazu gehört, muss mit stärkeren Gegengründen begegnet werden, als Nöldeke sie vorgebracht hat.

In zwei Hauptpunkten möchte ich die Gleichheit von Lev. 17—25 und Kap. 26 noch etwas näher begründen. Jene Gesetze berühren sich in auffallendem Masse nach Tendenz und Sprache mit dem Propheten Ezechiel. Die Meinung Graf's, dass derselbe der Autor sei, ist freilich von Nöldeke und Kuenen hinlänglich widerlegt; aber die Hauptsache bleibt, nämlich die nahe Verwandtschaft[1]. Um diese nun richtig zu würdigen, muss daneben fest- 441
gehalten werden, 1) dass diese Gesetze durchweg — und zwar ausgesprochenermassen — auf den jehovistischen fussen[2], 2) dass sie selbige etwa in der Art modificieren wie es im Deuteronomium geschieht, mit welchem Buche sie überhaupt in einem fast ebenso engen Verhältnis stehen wie mit Ezechiel[3], 3) dass sie vom Deuteronomium zum Priestercodex hinneigen, in welchen sie, überarbeitet und mit anderen Elementen versetzt, samt und sonders aufgenommen sind.

Ebenso ausgesprochen ist nun aber die Verwandtschaft des 26. Kap. mit Ezechiel, vgl. V. 11. 15. 19. 26. 30. 33 und vor allem V. 39. Der dem mörderischen Schwerte der Feinde entgangene Rest des Volkes schmachtet im Exil, unter dem Druck des vergangenen Unglücks und der gegenwärtigen Leiden. „Und die Uebrigen von euch verfaulen in ihrer Sündenschuld in den

---

1) Kayser a. a. O., S. 177—179. Ich hebe noch hervor die durch Jahve's Wohnung bewirkte Heiligkeit des Landes, welche zu respectieren die Religion der Bewohner ist. Das Land Jahve's ist wichtiger als das Volk Jahve's; es ist, als ob er das Land und nicht das Volk erwählt hätte.

2) Vgl. meine Bemerkungen zu Kap. 18—20. Kap. 22. 24. 23. 25. Kayser, S. 67. Wie man das hat übersehen oder in Abrede stellen können, ist mir platterdings unbegreiflich.

3) Vgl. besonders die Auswahl der Materien und beachte dabei, dass in Kap. 20 auch wohl einst ein Gesetz über Rein und Unrein gestanden hat. Daneben die Paränesen und die dabei gebrauchten Wendungen, z. B. der Hinweis auf die Ausführung aus Aegypten, wo die Israeliten Knechte und Fremdlinge gewesen seien.

Ländern eurer Feinde, und auch in der Sündenschuld ihrer Väter verfaulen sie — dann gestehen sie ihre und ihrer Väter Sünde ein u. s. w." Bei Ezechiel erfolgt dies Eingeständnis wirklich von seiten seiner Mitverbannten. Sie sprechen 33, 10: „unsere Missethaten und Sünden lasten auf und uns wir verfaulen darin und können nicht aufleben." Aehnlich droht 24, 23 der Prophet, er werde in seiner dumpfen Trauer über den Tod seines Weibes das Vorbild des Volkes sein: „ihr werdet nicht weinen und klagen, ihr werdet verfaulen in eurer Sündenschuld." Unleugbar eine sehr significante Parallele. Auch die begleitenden Erscheinungen, die wir neben der ezechielischen Färbung bei den vorhergehenden Gesetzen constatiert haben[1]), fehlen in unserer Rede
442 nicht. 1) Wenn sich von einem Einfluss der jehovistischen Gesetzgebung (abgesehen davon, dass Exod. 23, 20sqq. das Muster wie zu Deut. 28, so zu Lev. 26 gewesen ist) natürlich hier nichts spüren lässt, so wird dies dadurch compensiert, dass der Einfluss der Propheten um so deutlicher ist, auch der älteren, wie des Amos V. 31. So wenig wie das Buch Ezechiel's, ist unser Kapitel denkbar ohne die Grundlage der vorhergehenden prophetischen und prophetisch-geschichtlichen Literatur. 2) Was das Verhältnis zum Deuteronomium betrifft, so ist die Aehnlichkeit von Lev. 26 mit Deut. 28 sehr gross, nicht bloss im Stoff, sondern auch in dem Princip der Anlage. Lexikalische Berührungen giebt es zwar nicht viele, aber die wenigen sind gewichtig. Die Ausdrücke 26, 16 kehren im A. T. nur Deut. 28 (V. 22. 65) wieder, ebenso auch ראשנים V. 46 in dieser Bedeutung nur Deut. 19, 14 und in der späteren Literatur (Isa. 61, 4). Der Tropus לבבם הערל V. 41 kommt im Gesetz gleichfalls nur an einer Stelle des Deuteronomium noch einmal vor, ausserdem in der gleichzeitigen oder etwas späteren prophetischen Literatur Ezech. 44, 7. 9. Jerem. 4, 4. 9, 24. 25. Anklänge an Jeremias finden sich noch mehrere, meist jedoch unbestimmtere. Hervorzuheben ist die Beziehung von Jerem. 16, 18 einerseits zu V. 30, andererseits zu V. 18 unseres Kapitels. Hier wird die Sünde siebenfach, bei Jeremia wird sie doppelt bestraft. So auch Isa. 40, 2. 61, 7: mit diesem Propheten hat Lev. 26 ferner

[1]) Auf Nöldeke haben einzelne seltsame und öfters wiederkehrende Ausdrücke des Kap. 26 einen so starken Eindruck gemacht, dass er darnach die Sprache überhaupt für sehr originell hält, während sie überall an Reminiscenzen sich anlehnt.

den auffallenden Gebrauch von רצה (mit Sünde oder Schuld als Objekt) gemeinsam. Stände unser Kapitel nicht im Leviticus, so würde man es ohne Zweifel für eine Reproduktion zum geringsten Teil der älteren, zum grössten Teil der jeremianisch-ezechielischen Weissagungen halten. 3) Mit dem Priestercodex berührt sich Lev. 26 in פרה ורבה V. 9, הקים ברית V. 9, התודה, אֲנִי (nie אנכי), in der übertriebenen Anwendung der Akkusativpartikel und Vermeidung der Verbalsuffixe, in der Vorliebe für das allgemeine נָתַן statt speciellerer Verba V. 11. 17. 31.

Der andere Punkt, worin ich Kap. 26 mit Kap. 17—25 vergleiche, betrifft die reale historische Situation. In Kap. 26 scheint sie klar durch, es ist die des Exils und zwar des babylonischen. Man hofft freilich mit dem assyrischen auszukommen, aber wo steckt die Verwandtschaft unserer Rede mit dem alten ächten Jesaia? Während zu Ezechiel's Zeit nachweislich solche Gedanken, Gefühle und Ausdrücke herrschten, wie sie hier vorliegen, wird es schwierig sein zu zeigen, dass Samariens Fall diese Art von De- 443
pression in Jerusalem hervorbrachte — denn ausserhalb Jerusalems ist Lev. 26 nicht geschrieben, da die Einheit des Kultus vorausgesetzt wird. Mir scheint es sogar gewiss, dass der Verfasser von Lev. 26 entweder gegen Ende des babylonischen Exils oder nach demselben lebte, weil er nämlich zum Schluss die Restitution in Aussicht nimmt. Bei Propheten wie Jeremia und Ezechiel hat eine solche Ausschau in die fröhliche Zukunft Sinn, hier aber widerspricht sie dem Zwecke der Drohung und scheint am natürlichsten durch den Zufall, d. h. durch die Wirklichkeit sich zu erklären. Indessen braucht darauf kein Gewicht gelegt zu werden, sondern nur auf den exilischen Ursprung des Kapitels im allgemeinen. In dieser Hinsicht mache ich noch aufmerksam auf 2. Chron. 36, 22 (3 Esdr. 1, 55), wo Lev. 26, 34 citiert wird als ein Wort des Propheten Jeremia: dies ist, cum grano salis verstanden, ein richtiger und unbefangener Eindruck von der Sachlage.

Wäre nun Lev. 17—25 nicht in den Priestercodex aufgenommen, welcher bekanntlich nach der übereinstimmenden Annahme aller Einleitungen in's A. T. lange vor dem Exil fertig gewesen sein muss, so sprächen innere und sachliche Gründe nicht dagegen, diesen Gesetzen die gleiche Abfassungszeit zu geben wie der dazu gehörigen Schlussrede. Die Centralisation des Kultus, die Polemik gegen Seirim (= Bamoth) und Bilderdienst führen uns auf die

Zeit des Königs Josia. Die durch das Deuteronomium geschaffenen Zustände werden als gesetzlich vorausgesetzt, die Verordnungen des Bundesbuches in deuteronomischem Sinn verstanden. Das העביר למלך ist vor Jeremia's Zeit als Volkssitte nirgends nachweisbar, spielt dann aber bei ihm und Ezechiel eine grosse Rolle; die Wertlegung auf exakte Sabbathfeier findet sich Isa. 40sqq. und bei andern Schriftstellern des Exils, von Jeremia an. Unter die Zeit des Deuteronomiums hinab scheint das Verbot der Schwagerehe in Lev. 18. 20 zu führen; denn diese ist jedenfalls Volkstradition, die vom Deuteronomium noch aufrecht erhalten, hier beseitigt wird — auffallender Weise in einer wenig polemisch gehaltenen Form. Unter die Zeit Jeremia's führen die Trauerverbote, an welche dieses Propheten Seele (Kap. 16) noch nicht denkt. Das Exil selbst wird, wenn auch natürlich nicht so ausführlich wie Lev. 26, doch in nicht misverständlicher Weise am Ende von Kap. 18 und Kap. 20 gedroht, und überall abstrahiert schon der Gedanke der Theokratie von der notwendigen Zugehörigkeit des
444 Volkes zum heiligen Lande und der heiligen Wohnung. Israel und die Kanaaniter werden nicht eben verschieden beurteilt, vgl. Ezech. 16.

Ich will hier die für unübersteiglich geltenden literarischen Schwierigkeiten nicht leichtsinnig übersteigen und darum, unter Hervorhebung der literarischen und sachlichen Gleichartigkeit von Lev. 17—25 und Lev. 26, es dahin gestellt sein lassen, was daraus zu folgern ist. Nur das bemerke ich noch, einmal dass „das unbeschnittene Herz“ seine Genesis bei Jeremia hat und sowohl Deut. 10 als auch Lev. 26 als fertiger und bekannter Terminus übernommen ist, sodann, dass Ezechiel die bezeichnende Phrase verfaulen in der Sündenschuld nicht aus Lev. 26, sondern aus dem Volksmunde entlehnt hat, endlich, dass die Berührungen von Kap. 17—26 mit Ezechiel nicht für sich stehen und also nicht aus einer individuellen Vorliebe dieses Propheten grade für dies kleine Corpus zu erklären, sondern auf einen allgemeineren Boden zu stellen sind.

Das 27. Kapitel ist mit Recht zum Leviticus gezogen, es will nach V. 34 auch noch zu den Befehlen auf dem Berge Sinai gehören, kommt aber freilich hinter 26, 46 nach Thoresschluss. Es ist ganz und gar in der Weise des Priestercodex gehalten und stammt wohl von der Hand dessen, der Lev. 17—26 in diesen aufnahm. Eine sprachliche Reminiscenz ist מך V. 8, deutlicher jedoch die inhaltliche Anknüpfung. Die Verordnungen über die Qodashim, hauptsächlich über die gelobten und lösbaren, enthalten gewissermassen einen kasuistischen Kommentar zu Kap. 22, mit besonderer Berücksichtigung des Einflusses des Jobeljahrs (Kap. 25) auf die Lösung. Als Anhang werden zum Schluss die festen Abgaben der Priester behandelt, Erstgeburten (nicht Erstlinge), Zehnten von Feld und Herde. Ueber das Verhältnis zu Num. 18 s. Kuenen a. O. II 268.

### Das Lager und die Leviten. Die Gesetzgebung in den Arboth Moab. Num. 1—10. 15—19. 26—36.

Der Leviticus trägt seinen Namen insofern unpassend, als darin von Leviten nicht die Rede ist. Das erste Hauptstück des Gesetzes in Q (Exod. 25 — Lev. 16) hat es zu thun mit der Gründung des Fundaments, das ist die Stiftshütte und das Priestertum und der auf beiden ruhende Kultus. Daran schliesst sich nun zweitens: das Lager und die Leviten, der Mittelpunkt von Num. 1—19, JE abgerechnet. Das Lager ist die äussere Peripherie der Hütte, die Leviten ein concentrischer innerer Ring; nur in Beziehung zu jenem Centrum der Theokratie haben Volk und
Leviten Bedeutung. Die letzteren sind hier nicht der natürliche 445
Untergrund, woraus Aharon als Spitze hervorwächst, sondern nachträglich, nachdem das Priestertum längst besteht, werden sie als Abgabe an Aharon von den Laien bezahlt. Ihre Stellung in der Hierokratie nimmt das Hauptinteresse dieser Kapitel in Anspruch, das auch Kap. 16—18 wieder durchbricht, nachdem schon der mit JE gleichlaufende geschichtliche Faden in Q wieder aufgenommen ist.

Hineingestreut in diese Hauptmaterie finden sich andere Gesetze, die nichts oder nur wenig damit zu thun haben, obwohl sie die Art und Sprache des Priestercodex unverkennbar zeigen — eine Erscheinung, die dem Buch Numeri eigentümlich ist. So begegnet mitten zwischen der Schwingung der Leviten Kap. 8 und der Anweisung über den Aufbruch des Lagers 9, 15sqq. eine Verordnung über die nachträgliche Feier des Osterfestes 9, 1—14. Erst ein Jahr später, als das Hauptgesetz Exod. 12 gegeben war, machte ein zufälliger Anlass diesen Zusatz nötig, welcher also ganz absichtlich hier steht, weil die Anordnung des Priestercodex nicht bloss sachlich, sondern zugleich historisch-chronistisch sein soll. Aehnlich verhält es sich mit Kap. 5. 6. 15. 19; nicht aus sachlichen, sondern aus occasionellen Gründen ist die Stellung dieser Stücke zu erklären, es ist eine beabsichtigte Unordnung. Man darf z. B. Kap. 19 nicht verrücken, denn der Priester Eleazar vertritt hier schon seinen Vater, der bald darauf stirbt. Daraus folgt indessen nicht, dass diese Kapitel, in ihrer Planlosigkeit, aus dem Plan des Autors von Q entsprungen sind. Es hat etwas Widersinniges, anzunehmen, dass er von vornherein, gleich bei der ersten Ausgabe seines Werkes, etwas sollte an den verkehrten Ort gestellt haben, um der historischen Zufälligkeit den gebührenden Tribut zu bringen, die allerdings die gesetzgeberische Thätigkeit des wirklichen Mose ganz nnd gar bedingen musste.

Die Gebote Kap. 5. 6 sind sämtlich allein an Mose geredet und ausser 6, 22—27 für das Volk bestimmt. 1) 5. 1—4. Da die Verordnung den Lagerbegriff voraussetzt, so steht sie hier ganz passend, passender als ihres Orts Lev. 11—15. Gonorrhoe und Berührung einer Leiche werden 5, 2 auf gleiche Stufe gestellt mit dem Aussatz und haben die selbe Wirkung der Verbannung aus dem Lager; dies widerspricht den Bestimmungen von Lev. 15 (vgl. 13, 46) und von Num. 19. Die Rabbiner haben sich dadurch geholfen, dass sie den Begriff des Lagers für den Aussätzigen ganz anders
446 fassten als für den Samenflüssigen und Leichenbefleckten, s. Raschi zu Num. 5, 2. Was der Verf. realiter unter מחנה 5, 2 verstanden hat, ist unklar; nach b. Baba kamma 82b durfte in Jerusalem keine Leiche über Nacht bleiben. — 2) 5, 5—10 Defraudation, freiwillig eingestanden, soll erstattet und ein Fünfteil darauf gegeben werden, natürlich an den Beschädigten. Ist aber dieser ohne Erben gestorben, so fällt das Erstattete dem Priester zu; abgesehen von dem Sühnwidder, der in jedem Falle an diesen zu entrichten ist. In der Sache herrscht hier zwar insofern Uebereinstimmung mit Lev. 5 (gegen 22, 14), als ausser der gesteigerten Restitution auch noch ein Opfer zu bringen ist; aber abweichend ist, dass dieses Opfer nicht אשם, sondern איל הכפרים heisst, und dass mit אשם vielmehr die dem betrogenen Eigentümer zu bezahlende Schuld bezeichnet wird. Auffallend ist ferner, dass nicht das Heiligtum oder die Priesterschaft, sondern der fungierende Priester die Abgaben empfängt V. 8, der, dem sie der Darbringer geben will, wie V. 9. 10 als allgemein gültiger Grundsatz ausgesprochen wird. —

3) 5, 11—31. Die Behandlung der des Ehebruchs verdächtigen Frau. Eigentümlich ist מזכרת עון V. 15 (Ezech. 21, 28. 29. 29, 16), das heilige Wasser V. 17, und im Ritus der Mincha V. 25 sq., der übrigens nach Lev. 2 sich richtet, die nur hier vorkommende Thenupha. Zur Sache vgl. Globus 1872. S. 138 sqq. 1875. S. 285. — 4) 6, 1—21. Die Verpflichtungen des Nazir V. 1—8, Unterbrechung seines Gelübdes durch zufällige Berührung einer Leiche V. 9—12, Ceremonie der Auflobung V. 13—20. Der Eingang 6, 1. 2 hat die Form von 5, 5 sq. In V. 9 wird die Reinigung von der Leichenberührung als bekannt vorausgesetzt, aber weder mit 5, 1—4 noch mit Kap. 19 herrscht innere Verbindung: denn von dem Aschenwasser ist in unserem Kapitel, vom Taubenopfer Num. 19 nicht die Rede. Vielmehr ist der Ritus 6, 9—11 auf Lev. 14, 9. 15, 14 sq. 30 gegründet, auch זאת תורת 6, 13. 21 (5, 29) kommt ausser Lev. 6. 7 nur in Lev. 11—15 vor, הזיר Lev. 15, 31. Ebenso wie die Wiederaufnahme des Aussätzigen Lev. 14 ist die des Nazir zum freien Mitgliede der Gemeinde eine abgeschwächte Copie der Priesterweihe Exod. 29, vgl. Num. 6, 15 mit Exod. 29, 2. 3 — nur wird 6, 15 sonderbarer Weise noch eine Mincha obendrein gefordert. — 5) 6, 22—27. Der Priestersegen. Man hätte ihn Lev. 9, 23 (ויברכו את־העם) erwarten sollen. — Ueber 8, 1—4, welches auch hierher gehört, ist weiter nichts zu bemerken; vgl. Lev. 24, 1—4. In Betreff von Num. 9, 1—14 hat zwar Nöldeke Recht, dass das Datum (Passahmonat des 2. Jahres) 447
mit der Sache zusammenhängt; dass es aber darum nicht dem von 1, 1 widerspricht, vermag ich nicht einzusehen. Die Gleichartigkeit mit Q ist hier so wenig wie sonst gleichbedeutend mit ursprünglicher organischer Zugehörigkeit. Sonderbar ist die Konstruktion V. 1—3, es scheint, als wäre V. 2 von Haus aus nicht Befehl, sondern einfache Erzählung und ויעשו Präteritum gewesen. In 9, 6 wird ebenso wie 6, 9 ein Gesetz über die Verunreinigung durch Leichen vorausgesetzt.

Kapitel 15 (an Mose) scheint von dem Bearbeiter (nicht von dem Autor) der Sammlung Lev. 17—26 verfasst, denn es finden sich bemerkenswerte Reminiscenzen und Aehnlichkeiten. Die Erzählungen Num. 15, 32—36 und Lev. 24, 10—14. 23 sind völlig über den selben Leisten geschlagen, auch darin, dass sie den gesetzlichen Tenor zu unterbrechen scheinen und doch zugleich ein folgendes Gesetz motivieren; denn die Zizith sollen nicht zum we-

nigsten an das Sabbathgebot erinnern. Weiter vergleiche den im Deuteronomium gewöhnlichen Eingang Num. 15, 2. 18 mit Lev. 19, 23. 23, 10. 25, 2 (in Q erst Num. 34, 2), ferner Num. 15, 3 mit Lev. 22, 21 und beachte den „jehovistischen“ (Knobel) Ton in V. 31, die Paränese V. 40 sq. und die materielle Verwandtschaft von V. 37—41 mit Deut. 22, 12 [1]). — Kap. 19 (geredet an Mose und Aharon) zerfällt in V. 1—13 und V. 14—22. Die Ceremonie V. 1—13 ist der von Lev. 14, 1 sqq. analog, an die Stelle des Vogels — die Araber stellten so das Leben oder die Seele dar — tritt die Asche von der roten Kuh, an arische Reinigungsmittel erinnernd. Aber von aller Analogie abweichend und höchst auffallend ist es, das hier bei der Wiederaufnahme in's Lager kein Opfer verlangt wird, s. zu 6, 1—21. Eigentümliche Ausdrücke und Wendungen sind חטאת V. 9, מי נדה V. 9. 13, „die Wohnung Jahve's hat er verunreinigt und seine Seele werde ausgerottet aus Israel“ V. 13 vgl. V. 20. Zu dem Hauptgesetze ist V. 14—22 eine authentische Erläuterung, mit seltsamem Hebräisch beginnend. Die Technik des Reinigungsverfahrens war dort als bekannt ge-
448 nommen, diese wird nun hier nachträglich, in einer ausführlichen Wiederholung, genau angegeben. Versteht man nach V. 12, der Unreine solle sich selber sprengen, so sprengt ihn nach V. 19 ein anderer.

Wir kommen nun zurück auf das Hauptthema von Num. 1 sqq. Zuerst die Musterung und Gliederung des Volkes nach 12 Stämmen unter 12 Fürsten und die Anordnung des die Hütte umgebenden, in vier Quartiere geteilten Lagers Kap. 1. 2 (Anrede 1, 1 an Mose, 1, 3 und 2, 1 kommt Aharon hinzu). Der genaue Anschluss an die Stiftshüttengesetzgebung und an den historischen Rahmen ist unverkennbar, daraus folgt die Zugehörigkeit zu Q. Schon der Verfasser von Exod. 30, 11—16 hat unsere Kapitel im engen Zusammenhange mit Exod. 25—29. Lev. 9. 16 vorgefunden. Jedoch scheint es, dass Num. 1, 17—47 secundär sei. Denn 1, 48—54 lässt sich nicht versteheu, wenn die Zählung bereits erfolgt ist, und dass nicht diese Verse auf späterem Nachtrag beruhen, folgt

---

[1]) Teile: 15, 2—16. Neder und Nedaba als die beiden Unterarten des Schlachtopfers wechseln mit Neder und Schelem V. 8. V. 17—21. Darf V. 20 a. E. übersetzt werden: als Abgabe von der Tenne (LXX. Exod. 22, 28) sollt ihr sie erheben? V. 22—31. Dies einen Nachtrag zu Lev. 4 zu nennen, ist ein eigentümliches Deutsch. V. 32—36. V. 37—41.

aus der Rückbeziehung darauf 2, 33 (wie Jahve dem Mose befahl). Ausserdem weicht die Aufzählung der Stämme in 1, 20—43 von der in V. 5—14 ab und richtet sich nach der Anordnung derselben im Lager Kap. 2; dies ist gegen die Natur der Sache und lässt sich nur bei einem Epigonen erklären, dem Kap. 2 schon fertig vorlag. Endlich wird der Inhalt von 1, 20—43 in Kap. 2 noch einmal ganz umständlich wiederholt, daher die Collision von 2, 32 mit 1, 44. 46 und von 2, 33 mit 1, 47. Die Artgleichheit von 1, 17—47 mit Q beweist nichts, da nichts leichter ist, als mit gegebenen Elementen die Weise von Q, wie sie etwa Gen. 5 hervortritt, nachzuahmen.

Es folgt in Kap. 3. 4 die Bestellung der Leviten, ein mit dem vorigen eng zusammengehöriges Thema. Auch hier ist zu dem ursprünglichen Bestande eine jüngere Schicht hinzugekommen. Vergleichen wir Kap. 4 und 3, 14—39. In beiden handelt es sich einmal um den Dienst (עבדה), sodann um die Musterung (פקדה) der drei Levitengeschlechter. Nach Kap. 4 (an Mose und Aharon V. 1. 17. 34, dagegen V. 21) haben die Kehathiten die heiligsten Geräte zu besorgen, Lade, Tisch, Leuchter und die beiden Altäre, unter der speciellsten Aufsicht des Hohenpriesters (Aharon-Eleazar) selber V. 4—20; die Gersoniten das Zeug der Hütte und des Hofes, unter der Aufsicht Ithamar's V. 21—28; die Merariten die Holzgerüste, ebenfalls unter der Aufsicht Ithamar's V. 29—33 — die ersten zählen 2750 Mann im dienstpflichtigen Alter von 30 —50 Jahren, die zweiten 2630, die dritten 3200, alle zusammen 8580 Mann V. 34—49. Nach 3, 14—39 (an Mose in der Wüste 449
Sinai) hat es Gerson zu thun mit dem Zeuge, Kehath mit den heiligsten Geräten, Merari mit dem Holzwerk des Tabernakels; der erste zählt 7500 Mitglieder männlichen Geschlechts, von 1 Monat alten an gerechnet, der zweite 8300, der dritte 6200, insgesamt 22,000 Mitglieder. Es steht noch allerlei anderes in 3, 14—39, aber zugleich der ganze Inhalt von Kap. 4 in vollständiger Analogie. Die Verteilung des Dienstes an die drei Levitengeschlechter ist beiderorts materiell ganz gleich — so sehr, dass die Spannseile nach dem Muster von 3, 26. 37 auch in 4, 26. 32 sowohl Gerson als Merari zugewiesen werden; nur ist die Ausführung 4, 1—33 weitläufiger, kleinlicher, systematischer. Bei der Musterung werden in Kap. 3 sämtliche männliche Leviten, dagegen in Kap. 4 nur die dienstpflichtigen in Anschlag gebracht. Um diesen Unterschied

noch anzubringen, hätte aber doch der originale Autor nicht auch den Dienst in der grössten Ausführlichkeit wiederholt. Vielmehr ist Kap. 4 eine secundäre und fortentwickelnde Ausführung auf Grund von 3, 14—39, die Unterschiede sind Korrekturen. Die Zählung der Leviten wird bloss aus dem Grunde auf das dienstpflichtige Alter beschränkt, um eine vollständige Analogie mit der Zählung des Kriegsvolkes Kap. 1. 2 zu erhalten, wie denn sogar der Ausdruck בא לצבא 4, 3. 35. 39. 43 von dort herüber genommen wird. Gegen die in Kap. 3 eingehaltene natürliche Ordnung wird Kehath vorangestellt, weil Aharon dazu gehört; bis zur Absurdität werden die Vorsichtsmassregeln übertrieben, dass die unglücklichen (4, 18) Leviten ja nicht etwa mit dem Heiligen in direkte Berührung kommen, und zu dem Ende Bundeslade, Tisch, Leuchter, Altäre von Aharon und seinen Söhnen eigenhändig eingewickelt — wobei die Freihaltung der Ringe für die Tragstangen einige Schwierigkeiten verursachen musste.

Zu 3, 14—39 ist V. 40—51 der richtige Schluss. An Stelle des (dadurch abgelösten) Opfers aller männlichen Erstgeborenen wird der Stamm Levi dem Heiligtum und den Priestern als Abgabe von Seiten des Volkes dargebracht. Vergleicht man nun 3, 5—13, so spielt das Verhältnis, welches wir zwischen 3, 14sqq. und Kap. 4 gefunden haben, noch einmal zwischen 3, 5—13 und 3, 14—51. Das erste Stück ist die Grundlage, das zweite die künstliche systematische Ausarbeitung; vergleiche V. 10 mit V. 38, V. 12 mit V. 41. Man beachte: V. 5sqq. und V. 14sqq. verhalten sich nicht einfach wie Befehl und Vollzug, sondern beidemale befiehlt Jahve
450 und zwar ganz das selbe (V. 14sq. V. 40sqq.). Aber während in V. 5—13 nur eben die Idee in schicklicher Allgemeinheit ausgesprochen wird, der Stamm Levi solle dem Heiligtum geschenkt und als Lösung des Opfers der Erstgeburt angesehen werden, folgt in V. 14sqq. die rechnungsmässige Realisation derselben in der Weise, dass sämtliche Leviten und sämtliche Erstgeborene männlichen Geschlechtes (von 1 Monat alten an) nachgezählt, verglichen und für den Ueberschuss der letzteren auf den Kopf fünf Sekel (18, 16) Lösegeld nachbezahlt werden. Eine Steigerung dieser ideenlosen Phantasterei sollte man nicht für möglich halten, sie ist aber dennoch in 8, 5—26 geleistet. Es wird hier zuerst die Reinigung der Leviten befohlen, mehr nach dem Muster der Aussätzigen- als der Priesterweihe, sodann ihre Schwingung. Da sie nämlich

an die Stelle der Erstgeborenen treten, welche Qodashim sind, d. h. Abgaben, die nicht auf den Altar gelangen, sondern den Priestern abgetreten werden, so wird auch der charakteristische Ritus dieser Art von Abgaben mit ihnen vorgenommen, nämlich das scheinbare Werfen auf den Altar, die Thenupha — nach V. 13 von Mose, nach V. 21 von Aharon. In einer so frivolen Weise ist die einfache Idee 3, 5—13 hier auf Grund gesetzlicher Vorstellungen mechanisch vergeschichtlicht, noch einen Schritt über 3, 14—51 hinaus[1]) .Eür den Process des Wachstums, wodurch die Grundschrift Q, mittelst consequenter Fortbildung und Ausreckung ihrer eigenen Elemente und auf dem Boden, in dem sie selbst wurzelte, zum Priestercodex sich erweiterte, sind diese Kapitel in hohem Grade lehrreich.

Kap. 7 hängt sachlich eng mit Kap. 1—4 zusammen und davon ab, fällt aber durch die Angaben 7, 1. 10. 84. 88sq. aus dem chronologischen Faden (1, 1) so gänzlich heraus, dass die Unverträglichkeit zwischen Pragmatismus und Datum unbedingt die Postumität des Stückes beweist, welches im allgemeinen nach dem selben Schema fabriciert ist wie 1, 20—43. Auch hier zeigt sich 451
übrigens vielfach ein weiteres Ausspinnen einfacherer Vorstellungen, z. B. darin, dass den Gersoniten und Merariten für den Transport der Stiftshütte sechs Wagen mit zwölf Rindern geliefert werden, während sie die zerlegbaren Teile derselben sonst einfach tragen (4, 25. 31). — Die drei Stücke 9, 15—10, 28 mögen zu dem ursprünglichen Kern von Q gehören, im dritten (10, 11—28) lenkt diese Schrift wieder in die eigentliche Erzählung ein. Aber die Geschichte von der Rotte Korah (s. oben S. 103sqq.) gab einen passenden Anlass, auf die Leviten und Priester zurückzukommen, ein Anlass, welcher in Kap. 17. 18 (Q) benutzt worden ist. Zuerst 17, 1—5 der Befehl, den Altar mit dem Erz der Pfannen, worauf

[1]) Für die Scheidung der sekundären und tertiären Schichten des Priestercodex von den primären habe ich hier auf diejenigen Merkmale, welche die Untersuchung von Exod. 25—40 an die Hand gegeben hat, mit Absicht verzichtet, um nicht zu viel auf eine Karte zu setzen. Eines anderen höchst wertvollen Kriteriums dagegen, nämlich der verschiedenen Uebersetzungsweisen der LXX, bediene ich mich dagegen bloss deshalb nicht, weil mich die genauere Untersuchung derselben und die Sonderung der verschiedenen Hände zu weit führen würde. — Auf den Widerspruch 8, 23—25 zu 4, 3sqq. aufmerksam zu machen, bin ich durch die glückliche und übereinstimmende Beobachtung desselben von Seiten meiner Vorgänger überhoben. Vgl. 1. Chron. 23, 3. 24. 26.

sich die sacrilegischen Leviten zu räuchern unterfangen hatten, zu überziehen, zum warnenden Andenken an den tragischen Ausgang ihrer Anmassung; man wird an die Haut des ungerechten Satrapen erinnert, womit der Perserkönig den Richtstuhl überziehen liess. Dann 17, 6—15 die Bestrafung der Teilnahme des Volkes für die getöteten Leviten durch die Pest und die Beseitigung der Plage durch das rechtmässige hohepriesterliche Räucheropfer: die Hervorhebung der Kraft und Bedeutung des letzteren ist in diesem Zusammenhange (nach Kap. 16) die Hauptsache und die eigentliche Pointe. Weiter 17, 16—26 die Geschichte von Aharon's grünendem Stabe. Es handelt sich darum, nicht gegen die Leviten, sondern gegen das murrende Volk die göttliche Prärogative Aharon's darzuthun (s. V. 20. 25), und insofern erklärt es sich, dass den elf Mattoth (= Stäbe und Stämme) der Laien gegenüber Aharon durch den Matte (= Stab und Stamm) Levi's vertreten wird. Aber die jetzige Version, die von Q, führt doch beinahe mit Notwendigkeit auf eine ältere und ursprüngliche zurück, worin in der That nicht bloss Aharon, sondern der ganze Stamm Levi auf diese Weise sein Priesterrecht gegenüber den elf übrigen Stämmen bewiesen hat; die Natur der Sache, die innere Anlage dieser Geschichte fordert das. — Das folgende Kapitel fängt an mit 17, 27. 28 und der erste Absatz (18, 1 zu Aharon) erstreckt sich bis 18, 7. Hier wird in Anlass der berechtigten Angst des Volkes vor dem Heiligtum und der Gefahr seiner Berührung eingeschärft, nur die Aharoniden sollten die „Schuld" (Verantwortung und Gefahr) des Heiligtums und des Priestertums tragen, und ihre Brüder, die Leviten, sollten sich als ihre und des Zeltes Wärter ihnen anschliessen, aber nicht mit dem Altar und dem inneren Tempel (Qodesh) in
452 Berührung kommen. Der zweite Absatz V. 8—20 (18, 8 an Aharon) handelt von den Einkünften der Priester. Landesanteil bekommen sie nicht V. 20, dafür aber die geweihten Abgaben V. 8, indem sie gewissermassen Mahl- und Bundesgenossen (ברית מלח V. 19) Gottes sind und darum auch die heiligsten Abgaben vor ihm verzehren müssen. Zu den Therumoth gehören 1) die Qodshe Qodashim, die von den Männern im Heiligtum zu verzehren sind, Speis-, Sünd- und Schuldopfer. 2) Die Thenuphoth, die alle reinen Familienglieder essen dürfen, das sind die Aparchen. Obwohl ראשית das Beste (nur in Q und im spätesten Hebräisch der Anfang) und בכורים das Früheste heisst, so scheint doch V. 12. 13 zwischen

beiden nicht der Unterschied gemacht zu werden, den die Halacha schon bei Philo und Josephus (LXX ἀπαρχαί und πρωτογεννήματα?) macht, um des Guten lieber zu viel als zu wenig zu thun. Mit den Thenuphoth wird V. 14 der Cherem gleichgesetzt, ebenso mit Recht V. 15—18 die Erstgeburten, die hier trotz der scheinbar ein- für allemal gültigen Lösung 3, 5—13 doch auch wieder von den Menschen gefordert werden. Nur ganz beiläufig ist V. 18 noch von der Webebrust und rechten Keule die Rede. Der dritte Absatz (V. 25 an Mose) handelt von den Einkünften der Leviten, die auch kein Landerbe bekommen V. 24, dafür aber den Zehnten V. 21—24[1]), von dem sie aber ihrerseits wiederum den Zehnten als eine den Aparchen der Laien entsprechende Abgabe dem Priester bezahlen müssen V. 25—32. — Bemerkenswert sind 18, 20. 23. 24 17, 25. 18, 23. die Anklänge an das Deuteronomium und besonders an Ezechiel. Der Ausdruck בני מרי, womit 17, 25 die Israeliten bezeichnet werden, ist keineswegs gewöhnliche hebräische Prosa und erinnert sofort an Ezech. 2, 5. 7. 8. 6, 3. 9. 26. 27. 12, 2. 3. 9. 17, 12. 24, 3. 44, 6. Noch auffallender ist die Aehnlichkeit zwischen 18, 23 הם ישאו עונם und Ezech. 44, 10 ונשאו עונם. Beidemale ist damit die selbe Sache gemeint, aber nur im Ezechiel versteht man die Berechtigung des Ausdrucks: die Leviten, d. i. die Priester der abgeschafften Bamoth, haben sich am Dienst der Bamoth beteiligt und sollen *zur Strafe dieser ihrer Schuld* zu Tempeldienern der jerusalemischen Priester degradiert werden und an die Stelle der bisherigen heidnischen Tempelsklaven treten. An gegenseitige Unabhängigkeit der Stellen kann also nicht gedacht werden, auch darum nicht, weil Num. 18, 22 zu V. 23 sich genau so ver- 453
hält wie Ezech. 44, 9 zu V. 10 — nur werden Num. 18 die Leviten bestellt, weil keine *Israeliten*, Ezech. 44 aber, weil keine *Heiden* in den eigentlichen Tempel sich nahen sollen.

2. Mit Num. 20 macht Israel sich auf den Weg zu den Arboth Moab (22, 1), wo der letzte Akt[2]) der Gesetzgebung des Priestercodex Num. 26sqq. spielt, vgl. 26, 3. 63. 33, 50. 35, 1. 36, 13.

---

[1]) Der Zehnte schlechthin ist nach dem Deuteronomium der vom Felde und nicht vom Vieh.

[2]) Der Stiftshüttenkultus (Exodus, Leviticus) ist *auf dem Berge Sinai* geoffenbart, die Gesetze Num. 1—19 *in der Stiftshütte in der Wüste Sinai*. Der Unterschied ist jetzt freilich verwischt, doch tritt das Bewusstsein desselben z. B. Num. 3, 1 gegen 3, 4 hervor.

Zu dem schon oben S. 112sqq. Erörterten trage ich hier noch einige wenige Bemerkungen nach. Absehend von den zu der historischen Situation nicht in Beziehung stehenden Stücken Num. 28—30 und 33, 1—49 habe ich a. O. zu zeigen gesucht, dass der Faden von Q sich darstelle in Kap. 26. 27. 32 (JE abgerechnet). 33, 50—36, 13 (über 33, 50—56 s. S. 115), dass dagegen Kap. 31 secundär sei. Ueber Num. 28—30 kann ich nicht anders urteilen, als über die in der ersten Hälfte unseres Buches eingestreuten Gesetze. Die Zugehörigkeit des Lagerverzeichnisses 33, 1—49 zu Q würde ich, obwohl ich es redlicher Weise nicht kann, doch aus dem Grunde gerne zugeben, weil dadurch die Posteriorität dieser Schrift im Vergleich zu JE klar hervorginge; denn dass hier neben Q jeweilen auch JE benutzt wird, hat Kayser, wenigstens für eine Reihe von Fällen[1]), constatiert. Er hält das Stück übrigens für ein systematisches Elaborat „des Sammlers oder eines noch Späteren" und macht es wahrscheinlich, dass ursprünglich 40 Stationen für die 40 Jahre des Wüstenzuges angenommen wurden. Zu seiner Widerlegung sagt Nöldeke, Jahrbb. für prot. Theol. I, 347: „Aehnlich wie die Genealogien bilden auch die Angaben über die Stationen in der Wüste ein geschlossenes System. Das Hauptverzeichnis Num. 33 weist auch Kayser der Grundschrift (Q) zu; dagegen will er ihr einige der zu dieser stimmenden, im Ausdruck ganz constanten Einzelangaben über die Züge absprechen. Er hätte ebenso gut auch die fingierte chronologische Kette der Grundschrift einiger Glieder berauben können." Die Vorstellung, die sich Nöldeke von Kayser's Ansicht macht, ist damit vielleicht treffend widerlegt, aber sie beruht auf mangelhafter Information. Kayser sagt auf
454 S. 97sqq. so ziemlich das Gegenteil von dem, was Nöldeke gelesen zu haben scheint. — Ausserdem bleibt nur noch übrig, ein paar Fragen zu beantworten, welche sich über das Verhältnis von Kap. 26 zu der und jener Parallele aufdrängen.

Zunächst werden in diesem Kapitel die Leviten anders aufgezählt und gruppiert wie an zwei anderen Stellen des Priestercodex. In Num. 26 wird zwar zuerst V. 57 die gewöhnliche Dreiteilung Levi's gegeben Gerson, Kehath, Merari, dann aber eine derselben beziehungslos coordinierte, ganz selbständige Sechsteilung, worin Kehath noch einmal vorkommt: Libni, Hebroni, Machli,

[1]) Exod. 15, 22sq. 27. Num. 11, 34sq. 21, 10sq.

Muschi[1]), Korah, Kehath (= Amram); von dem letzten Geschlecht werden die Aharoniden abgeleitet. In Num 3, 14sqq. beherrscht die vorangestellte Dreiteilung auch wirklich den folgenden Stoff: Gerson = Libni und Schim'i; Kehath = Amram, Izhar, Hebron, Uzziel; Merari = Machli und Muschi. Damit stimmt Exod. 6, 16sq. genau überein, nur dass hier (V. 21. 22) hinzugefügt wird: Izhar = Korah, Nepheg, Zikri; Uzziel = Mischael, Elsaphan, Sitri. Obwohl die Materialien von Num. 26 auf der einen, von Exod. 6. Num. 3 auf der anderen Seite zum grossen Teil sich decken, so ist doch nicht anzunehmen, sie seien von der selben Hand und in dem selben Buche bald so bald so geordnet. Reine Willkür ist es nicht, ob man z. B. Korah direct oder durch zwei Mittelglieder von Levi ableitet, vielmehr spricht sich darin ein differentes Urteil über seine Bedeutung aus. Wir haben nun bereits Exod. 6, 13—28 und Num. 3, 14sqq. als secundäre Erweiterungen von Q beurteilt und entscheiden uns mithin für die Ursprünglichkeit von Num. 26, 57—62, für welche auch die unentwickelte Einfachheit der Genealogie spricht. — Auch der Vergleich von Num. 26 mit Gen. 46, 8—27 fällt zu Gunsten des ersteren Stückes aus. Nach der Weise späterer Zeit ist der Verfasser von Gen. 46, 8sqq. beflissen, die 70 Seelen, welche nach alter Tradition den ursprünglichen Bestand Israels in Aegypten ausmachen, einzeln und mit Namen nachzuweisen und sich dabei einigermassen in den Grenzen der Möglichkeit zu halten; darum thut er zu dem, was er Num. 26 vorfand, einiges zu, einiges davon ab und modificiert anderes, macht z. B. Benjamin's Enkel in vermehrter Anzahl zu Söhnen und schweigt von Joseph's Enkeln, welche er nicht wohl zu Söhnen machen konnte. — Am schwierigsten ist es, sich das
Verhältnis von Num. 26 und Num. 1. 2 zurecht zu legen. Zwar 455
dass die Israeliten zweimal gezählt werden, einmal zu Anfang und einmal am Ende des 40jährigen Wüstenzuges, ist ganz in der Ordnung, zumal das zweite Mal der Zweck ist, die Zahl und Grösse

[1]) Wie Sichemi 26, 31 von Sichem, so sind offenbar Libni und Hebroni von den jüdischen Städten Libna und Hebron abgeleitet, Muschi dagegen regelrecht von Mose. Die Gentilformen auf î sind zum Teil in ihrer Anwendung auf die Leviten die ursprünglichen, erst später wurden die hebronitischen Leviten einfach Hebron genannt. So wird auch Korchi ursprünglicher sein als Korah, Korah war ein judäisches Geschlecht und dessen Leviten hiessen die korahitischen Leviten.

der Geschlechter festzustellen, um daran einen Massstab für die richtige Verteilung des Landes zu haben 26, 52sqq. Jedoch sehr sonderbar ist es, dass bei der zweiten Zählung auf die erste gar keine Rücksicht genommen wird. Jahve hätte doch V. 2 wenigstens sagen sollen: שובו שאו, und demgemäss V. 3 für וידבר . . . . לאמר stehen sollen ויספר . . . . שנית. Aber nicht die leiseste Andeutung, dass es sich um Wiederholung einer schon früher einmal geschehenen Sache handelt! Erst zum Schluss heisst es: „dies sind die von Mose und Eleazar in den Arboth Moab gemusterten Israeliten, und darunter befand sich keiner der von Mose und Aharon in der Wüste Sinai gemusterten, denn nach dem Worte Jahve's waren sie alle in der Wüste gestorben und nur Kaleb und Josua übrig geblieben.“ Aber das steht leider nicht im Einklang mit V. 4. 5, wo es heisst: „Mose und Eleazar zählten sie in den Arboth Moab, von 20 Jahr alt, wie Jahve befahl; und die Kinder Israel, die aus Aegyptenland ausgezogen waren, sind: Ruben u. s. w.“ Wenn auch hier הי״ מא״ מצרים nicht auf die einzelnen damals lebenden Israeliten sich bezieht, so würde doch nicht so gesagt sein, wenn Nachdruck darauf liegen sollte, dass unter den Gemusterten sich keiner von den aus Aegypten Ausgewanderten befunden hätte. Andererseits ist weder Kap. 26 noch auch Kap. 1. 2 für Q zu entbehren und die Anordnung der einzelnen Stämme scheint Kap. 26 in der That von der Lagerordnung abhängig Kap. 2 zu sein. Ich überlasse anderen die Lösung dieser Schwierigkeiten.

Mit der Untersuchung des Priestercodex sind wir zu Ende. Wir haben gesehen, sein Kern ist Q, aber dieser Kern hat sich vielfach erweitert, gewissermassen in organischer aber hypertrophischer Weise, sofern die Erweiterungen überall an den Kern anknüpfen und dorther ihre Tendenzen, Vorstellungen, Formeln und Manieren haben. Es ist der gleiche Boden des Zeitalters und
456 der Kreise, woraus Q und die sekundären oder tertiären Nachwüchse hervorgegangen sind. Ich füge hinzu, dass Q auch in ihrem erzählenden Teile überarbeitet worden ist, beschränke mich aber hier darauf, dies an Gen. 1 nachzuweisen.

Die Varianten der LXX zu Gen. 1 beurteilt man am besten nach Ilgen's Emendationen, die sich grösstenteils nach jenen richten, aber konsequenter sind. Ilgen setzt das kurze ויהי כן überall hinter jeden Befehl, nicht nur V. 9. 11. 15. 24 (MT.), sondern auch V. 6. 20 (LXX) und V. 26, während er es V. 7 (nach LXX) und

V. 30 streicht. Da ferner gewöhnlich nach ויהי כן trotzdem der ausgeführte Bericht folgt, so restituiert er ihn auch in V. 9, nach LXX. Desgleichen stellt er V. 14. 15, nach Anleitung wenigstens der LXX, die vollkommene Gleichförmigkeit her, indem er die aus V. 15 entnommenen Worte להאיר על־הארץ zwischen השמים und להבדיל V. 14 einsetzt und den Rest des V. 15, bis auf ויהי כן, streicht. Aber wenn auch Ilgen mit einzelnen Emendationen im Recht ist, so ist doch eine so konsequente Conformität nicht das Princip des ursprünglichen Textes. In V. 14—19 werden die Namen Sonne und Mond so auffällig vermieden, dass man unwillkürlich denkt, es geschehe darum, weil die Benennung erst hinterher durch Gott gegeben werden soll. Aber diese folgt nicht und wer hätte den Muth, sie nachzutragen! Also die Varianten der LXX beruhen auf systematischer Ueberarbeitung. Diese aber ist bereits in der hebräischen Vorlage vorgenommen, wie der auf τὸ ὕδωρ (hebräisch Plural) bezügliche Plural αὐτῶν in V. 9 klar beweist. Und aus einer Spur lässt sich erkennen, dass die Conformierung auch in den MT. einzuschleichen drohte; denn das ויהי כן V. 7 muss ursprünglich als Randglosse zu V. 6 bestimmt und dann an falscher Stelle recipiert worden sein. Vielleicht ist auch in V. 30 ein zu V. 26 bestimmtes ויהי כן gerathen.

Eine andere und ältere Ueberarbeitung ist auch im MT. durchgedrungen. Die von Gabler und Ziegler und besonders von Ilgen erhobenen Bedenken gegen die Originalität der Einteilung der Schöpfung in sechs Tagewerke sind gegründet. Sie giebt zwar der Darstellung Halt und ist von unleugbarer ästhetischer Wirkung, verträgt sich jedoch nicht mit der angelegten Natur des Stoffes. Denn 1) wird dadurch das zusammengehörige Scheidungswerk der Wasser V. 6—10 zerrissen und dagegen werden zwei nicht zusammengehörige Werke und zwei Billigungsformeln auf den dritten
und sechsten Tag vereinigt; 2) tritt der Wechsel von Tag und 457
Nacht ein, bevor die Vorsteher desselben V. 14sqq., nämlich Sonne, Mond und Sterne, vorhanden sind. Zwar ist Licht und Finsternis auch nach dem Original das erste Werk, und Licht nennt Gott Tag, Finsternis Nacht, aber erst durch die Tagerechnung entsteht daraus eine empfindliche Schwierigkeit: ohne diese sind Licht und Finsternis nur überhaupt existierende Wesen, der regelmässige Wechsel aber wird erst durch die Gestirne, die sie aus ihren Kammern rufen, eingeleitet. 3) בראשית 1, 1 collidiert mit dem ersten

Tag und auch der Inhalt von V. 2 passt nicht in den Rahmen desselben[1]). M. E. ist dies Bedenken entscheidend.

Mit dem Fachwerk der sechs Tage streicht nun Ilgen auch 2, 2. 3 und gewinnt mit 2, 1 einen passenden Schluss. An dieser Kritik wird uns Exod. 20, 11. 31, 17 nicht irre machen, aber wenn man auf die innere Brüchigkeit von 2, 2 achtet, so ergiebt sich eine andere Lösung. Es ist ein unzweifelhafter Widerspruch, wenn es V. 2a heisst: er machte die Arbeit am 7. Tage fertig[2]) — und V. 2b: er feierte am 7. Tage von der Arbeit. Handgreiflich ist V. 2b das Spätere, aus einem sehr deutlichen Motiv nachgetragen. Mit V. 2b fällt nun aber auch V. 3a, und es bleibt V. 1—3:
458 „also wurden Himmel und Erde und all ihr Heer vollendet und Gott vollendete sein Werk, das er machte, am 7. Tage und Gott segnete den 7. Tag und heiligte ihn.“

Das ist auch eine Schöpfung in Tagen, aber nicht in sechs, sondern in sieben, und es ist etwas anderes, wenn nur am Schluss bemerkt wird, die Schöpfung sei in 7 Tagen fertig geworden, als wenn das nun im Einzelnen von vornherein durchgeführt wird: dabei kommen jene Unzuträglichkeiten nicht vor oder doch nicht zur Empfindung. Vor Ilgen aber haben wir den Vorteil, dass der

---

[1]) „*Im Anfange* schuf“ — vor dem ersten Tag? „Und die Erde war wüste“ — das dauert längere Zeit, liegt vor dem ersten Tag und ist doch im Anfange. Man könnte hiergegen seine Zuflucht zur Konstruktion Raschi's nehmen, aber sie ist nicht probabel. Die Schöpfung des seiner Natur nach ewigen Chaos ist widerspruchsvoll, ja wohl — aber hebraisirtes Heidentum. *Himmel und Erde* bedeutet sonst nicht das Chaos, sondern den Kosmos, aber wie sollten die Hebräer das Chaos nennen? *potentielle* Welt? vielmehr, da sie potentiell nicht hatten, einfach *Welt*: für Abwehr jeglichen Misverständnisses sorgt ja die Beschreibung V. 2. Ganz verfehlt sind die grammatischen Bedenken gegen die absolute Auffassung des status constr. בראשית. Die jüdische Tradition verstand ἐν ἀρχῇ ἔκτισεν κτλ., es stand ihr frei baresith zu sprechen, sie sprach aber b'resith, s. Hieron. Quäst. zu 1, 1. Will man auch im Syrischen die Adverbia in der Form des status constr. corrigieren und z. B. sagen בראשיתא statt בראשית? Das Aramäische herbeizuziehen, hat man um so mehr Recht, da ראשית im älteren Hebräischen nicht den *Anfang*, sondern das Beste bedeutet und Gen. 1 noch manche andere Spuren späterer Sprache und aramäischer Einflüsse aufweist, z. B. ברא, רקיע, מין, כבש, נפש החיה, יום השביעי, את statt des Verbalsuffixes.

[2]) Naiv LXX: am 6. Tage. Je näher man zusieht, je glänzender bewährt sich die relative Reinheit des MT *nicht* von Verderbnissen, aber von Verbesserungen.

Anlass und das Motiv der Eintragung der sechs Tage nun deutlich erhellt. Suchen wir nach Andeutungen, um die Schöpfung in 7 Akte zu zerlegen, so reden die 7 Billigungsformeln וירא א״ כי טוב deutlich genug. Darnach ist der Mensch am Sabbath geschaffen, die Vierfüssler am 6., Fische und Vögel am 5., die Gestirne am 4., die Pflanzen am 3., die Scheidung des Wassers (V. 6—10) am 2., die des Lichtes und der Finsternis am 1. Tage. Vgl. Raschi zu 1, 7.

### Das Buch des Gesetzes. Deut. 1—31.

Dass diese Schrift von einem anderen Verfasser herrührt als der übrige Pentateuch, hat schon Vater[1] zur Anerkennung gebracht. Fraglich ist 1) ob und wie ein Urdeuteronomium ausgeschieden werden muss, 2) ob das Deuteronomium mit JE oder mit dem Pentateuch (JE + Q) verbunden worden ist.

1. Das Deuteronomium ist ursprünglich selbständig als eigene Schrift herausgegeben und erst hernach einem grösseren Ganzen einverleibt. Unter התורה הזאת wird Kap. 1—4. Kap. 27sqq. immer nur das Deuteronomium allein und nicht der ganze Pentateuch verstanden (4, 44), und da mit dem Exemplar dieses Gesetzes 17, 18 auch nichts anderes gemeint sein kann, so existierte folglich das Deuteronomium als besonderes Buch. Nun ist bekanntlich unter Josia das Buch der Thora aufgefunden und feierlich als Gesetz publiciert. Es ist gewiss, bei der religiösen Bewegung, die sich daran knüpft, dass dasselbe nicht wieder verloren gegangen, sondern im jüdischen Kanon, zu dessen Entstehung es den Grund legte, erhalten ist. Das selbstverständlich 459
im Pentateuch zu suchende Buch der Thora kann nun nicht JE sein, denn diese Schrift ist ein Geschichtswerk; auch nicht Q, denn aus Q erklären sich Josia's reformatorische Massregeln nicht: sondern nur entweder das Deuteronomium oder der ganze Pentateuch, und zwar der ganze Pentateuch bloss darum und insofern, als er das Deuteronomium einschliesst, auf welches letztere die Reformation Josia's faktisch allein sich gründen konnte.

---

[1]) Abhandlung über Moses und die Verfasser des Pentateuchs. § 40. (III. S. 493). Auch übrigens verdanke ich Vater für diesen Abschnitt Anregung und Belehrung, s. besonders § 54—60. § 28. — Die de Wette'sche Dissertation (1805) steht bei weitem nicht auf der Höhe der glänzenden Beiträge.

Beinahe zwei Jahrhunderte nach Josia's Regierungsantritt ward abermals das Buch des Gesetzes Mosis in ganz ähnlicher Weise publiciert und durch feierliche Verpflichtung zur Constitution der jüdischen Gemeinde erhoben. Es kann nicht bezweifelt werden, dass dies Gesetz den ganzen Pentateuch umfasste. Wenn dieser aber erst durch Esra publici iuris wurde, so kann er es nicht schon durch Josia geworden sein. Wendet man ein, der spätere Akt sei eine einfache Wiederholung des früheren gewesen und darum nötig geworden, weil das Gesetzbuch Josia's durch das Exil in Vergessenheit geraten, so ignoriert man die 100 Jahre zwischen dem Exil und Esra, und weiss andererseits mehr als der sonst wohl unterrichtete Erzähler von Nehem. 8—10 und als die beteiligten Zeitgenossen — auch mehr als wahr ist, denn was das Deuteronomium angeht, so ist es im Exil nicht latent, sondern recht wirksam gewesen, wie z. B. die Ueberarbeitung der geschichtlichen Bücher bezeugt. Es ist dem nicht zu entgehen, dass der ganze Pentateuch erst durch Esra zum Bundesbuch geworden ist, das Bundesbuch des Josia also nur im Deuteronomium gesucht werden kann. Es wäre auch nicht praktisch gewesen, wenn der Gesetzgeber dieses Buch, worauf es ihm allein ankam und das jedenfalls ursprünglich selbständig existierte, in der Hülle des übrigen Pentateuchs versteckt veröffentlicht hätte, woraus es nur durch Divination als das eigentlich massgebende Gesetz erkannt werden konnte. Ausserdem erklärt es sich wohl durch allerlei geschichtliche Vermittlungen, wie schliesslich der ganze Pentateuch zu dem Namen Thora kam, aber von vornherein konnte er schwerlich als Sepher hatthora bezeichnet werden, und so viel sich aus den Citaten ersehen lässt, versteht das Buch der Könige darunter überall nur das Deuteronomium [1]).

460 Aber so wie es jetzt vorliegt, hat das Deuteronomium nicht schon im Jahre 621 vor Christus existiert, denn die Kapitel 29 und

[1]) Vgl. Corodi bei Vater, S. 592: „Niemals werden Geschichten, die im Pentateuch stehen, mit der Formel erwähnt: es steht im Gesetz oder im Buch des Gesetzes." — Ebendas. S. 595: „Auf diesen Teil des Pentateuchs (= Deuteronomium) führen auf eine auffallende Weise fast alle bestimmten Erwähnungen in anderen Büchern." Daher Du-Pin, dissert. prélim. (Paris 1701) I, 62: Le livre du Deuteronome est plus souvent allegué qu'aucun autre, parce qu'étant un abregé de toute la loi, composé pour l'usage ordinaire du peuple, il était plus naturel de le citer que les autres.

30 können nicht vor dem Exil geschrieben sein. Es gilt hier als selbstverständlich, dass zuerst der Fluch, der auf den Bundesbruch gesetzt ist, sich erfüllt und dass darnach, nachdem dies geschehen ist, auch der Segen folgen wird, der für den Gehorsam gegen Jahve's Stimme verheissen ist. Die vorausgesetzte Verwirklichung des Fluches ist der Standpunkt, von wo aus die Bekehrung und der Segen für die Folgezeit erhofft wird. „Wenn alles dies (der ganze Fluch) bei dir eingetroffen ist, so wirst du dein Herz bekehren unter den Völkern, wohin dich Jahve verstossen hat, und dich zu Jahve bekehren, und er wird deine Gefangenschaft wenden und sich deiner erbarmen und dich sammeln aus der Zerstreuung und dich in das Land bringen, das deine Väter besessen haben, und dich mehren über deine Väter, und dein Herz beschneiden, dass du ihn liebest und lebest. Und er wird diese Flüche auf deine Feinde und Hasser legen, die dich verfolgt haben, und du wirst dich bekehren und der Stimme Jahve's gehorchen, und er wird dir Gedeihen geben in allem Thun, in der Frucht deines Leibes, in der Frucht deines Viehes, in der Frucht deines Feldes, denn er wird sich wieder über dich freuen, wie einst über deine Väter.“ Man sieht, eine Bekehrung zu Jahve *zur Vermeidung des Fluches*, die doch im Jahre 621 das einzig naheliegende war, wird hier gar nicht mehr in Aussicht genommen. Ich weiss wohl, dass man sich durch Verweisung auf die seit 721 exilierten Israeliten hilft; aber das *Du* im Deuteronomium redet die Juden an, und das Solidaritätsbewusstsein zwischen den Juden und den seit 100 Jahren fortgeschleppten Israeliten war nicht so gross, dass jene bei solchen Drohungen an diese denken konnten. Solche Ausflüchte sollte man denen überlassen, denen es auf das, was schön wäre, mehr ankommt als auf das, was wahr ist.

Man ist also zur Ausscheidung eines Urdeuteronomiums genötigt. Schon Vater (§ 28) hat die Aufmerksamkeit auf die Ueberschrift 4, 55—49 und die Schlussformel 28, 69 gerichtet und Graf darin die Marken des ursprünglichen Buches erkannt; beide haben auf die Unvereinbarkeit der Angaben 2, 29 und 23, 5 (4, 41—43 und 19, 9; 2, 14 und 5, 3) hingewiesen. Einen anderen Weg schlägt Hobbes ein[1]). Ea sola scripsit Moses, quae a scriptore 461
Pentateuchi scripsisse dicitur, nempe volumen legis, quae habetur

[1]) Leviathan c. 33. Vgl. die anderen bei Vater S. 563 citierten Schriften und R Simon, liv. I. chap 6, auch Kuenen, Onderzoek I[2] S. 10sq. Corodi

in Deuteronomio a capite undecimo usque ad finem capitis vicesimi septimi et quam in aditu terrae Chananeae lapidibus inscribi iussit deus. Das Resultat seiner Abgrenzung ist unhaltbar, wenn man nicht undecimo für ein blosses Versehen statt duodecimo hält, das Princip derselben aber richtig. In Kap. 28—30 liegen die Gesetze und Rechte, die Mose bis dahin nur geredet, aber nicht aufgeschrieben hat, plötzlich dem Redner selber als ein schriftliches Buch „dieser Thora" vor 28, 58. 61. 30, 10. In 31, 9 wird dann zwar berichtet, Mose habe „diese Thora" aufgeschrieben, aber einmal kann dies zur Motivierung der Ausdrücke in der vorhergehenden Rede Mose's nichts helfen und sodann gehört Kap. 31 sicher dem Deuteronomisten an, d. h. dem Schriftsteller, der das Deuteronomium in das pentateuchische Geschichtswerk einarbeitete. Es bleibt nichts übrig als eine Verwechslung anzunehmen. Was sich 4, 45—26, 19 nur als eine Rede Mose's giebt, das lag dem Verfasser von Kap. 28—30 bereits als abgeschlossenes Buch vor und er hielt es für eine Schrift von Mose's Hand — gegen die Meinung der Einleitung 4, 45—5, 1, wo von ihm in dritter Person erzählt wird und zwar vom Standpunkte Westpalästina's aus (4, 46). In demselben sekundären Verhältnis wie Kap. 28—30 steht aber auch Kap. 27 zu den vorhergehenden Gesetzen. Wenn in Kap. 27 die Erzählung wieder beginnt, so muss die Rede Mose's 26, 19 abgeschlossen sein. Wenn der Befehl gegeben wird, „dieses Gesetz" nach der Ankunft im Lande Kanaan auf 12 Steinen zu verewigen, so kann unter diesem Gesetz nicht auch Kap. 27 selber oder gar das Folgende einbegriffen sein[1]).

hält Deut. 12—28, Vater selbst (S. 462) Kap. 12—26 für das ursprüngliche Gesetzbuch.

[1]) Man wird einwenden, Kap. 27 sei interpoliert. Aber die Sache steht vielmehr so, dass Kap. 28 das 27. Kap. nicht vor sich kennt und duldet und dass Kap. 27 das 28. Kap. nicht hinter sich kennt und duldet, d. h. es sind zwei von einander unabhängige Anhänge zu dem ursprünglichen Deuteronomium aus zwei verschiedenen Ausgaben, die dann zusammengeworfen wurden, obwohl sie sich ausschliessen. Kap. 27 scheint deuteronomistische Ueberarbeitung einer ältern Grundlage. — Man wird ferner einwenden, Kap. 28 sei unentbehrlich, weil es die Flüche enthalte, die auf Josias solchen Eindruck machten. Aber diese Flüche (28, 36) hat Josias schwerlich gehört. Ausserdem ist mit Recht auf die Bemerkungen von J. H. Michaelis zu 2. Reg. 22, 8 und V. 16 aufmerksam gemacht. Praedictio (V. 16) est prophetica non legalis (= kommt im Gesetz nicht vor), ac manifestum satis est in hoc versu, legisse Josiam eiusmodi comminationes, quae non essent condicionatae.

Den Ausdruck *diese Thora* haben Kap. 27 und Kap. 28—30 462
mit einander gemein, sie bezeichnen beide einen Codex damit und nur der Unterschied herrscht, dass Kap. 27 sich selbst nicht mit zu diesem Codex rechnet, dagegen Kap. 28 zwar dazu gerechnet sein will, sich aber unwillkürlich als posthum dadurch verrät, dass es den Mose mitten im Reden seine eigene Rede als Schrift anführen lässt. In Deut. 5—26 kommt der Ausdruck nicht vor, mit einer demnächst zu besprechenden Ausnahme; hier heisst es immer *die Rechte und Satzungen*, und Thora scheint (wie bei den Propheten) die mündliche und lebendige Lehre im Besitz der Priester zu bedeuten 17, 11. 24, 8. Wohl aber findet sich התורה הזאת zweimal in Kap. 1—4, und auch hier wird damit auf ein geschriebenes Buch hingewiesen, dessen Anfang 4, 44 mit וזאת התורה markiert wird. Hiernach würde sich also der eigentliche Codex auf 4, 45 —26, 19 begrenzen.

Nun zerfällt 4, 45 —26, 19 in zwei Hälften. Die Gesetze gehen erst Kap. 12 an, vorher *will* zwar Mose immer zur Sache kommen, kommt aber nicht dazu. Schon 5, 1 kündigt er die Satzungen und Rechte an, die das Volk im Lande Kanaan halten solle, verwickelt sich aber darauf in die historische Darstellung der Gelegenheit, bei der sie ihm selbst einst vor 40 Jahren auf dem Horeb mitgeteilt wurden, da das Volk ihn bat, als Mittler einzutreten. Zu Anfang von Kap. 6 macht er abermals Miene, die Satzungen und Rechte mitzuteilen, statt dessen aber motiviert er vielmehr den Gehorsam gegen sie mit der Liebe zum Gesetzgeber. Und so wird unsere Geduld auch in den folgenden Kapiteln noch weiter auf die Probe gestellt. Immer ist die Rede von den *Satzungen und Rechten, die ich dir heute gebieten werde*, aber man erfährt nicht, welche es sind. In Kap. 7 und 8 werden allerlei drohende Gefahren, wodurch dieselben nach der Eroberung Kanaans leicht in Nichtachtung geraten könnten, zum voraus zu beseitigen gesucht. Jahve's Gnade, der man ausserhalb der Wüste entraten zu können glauben möchte, habe man stets nötig, seinen Zorn stets zu fürchten. Dabei ergiebt sich der Anlass zu einer grossen Digression über das goldene Kalb; erst 10, 12sqq. wird auf die Einschärfung der Gebote zurückgekommen und in Kap. 11 zum Schluss noch einmal hervorgehoben, die bisherige Fürsorge Jahve's für Israel bedinge Dank und Gehorsam gegen ihn, sie werde aber künftig durch den Besitz des Landes nicht überflüssig, da dessen

Fruchtbarkeit von der Gnade des Himmels abhänge. Schwerlich ist diese lange Einleitung Kap. 5—11, diese beständige Aufforderung zum Halten noch gar nicht bekannt gemachter und nur zum Teil inhaltlich antecipierter Gebote sachgemäss, schwerlich gehört sie zum ursprünglichen Bestande des Gesetzbuches. Ihr Verfasser scheint vielmehr nur deshalb stets zum voraus auf „die Befehle, die ich dir heute gebieten werde“, hinweisen zu können, statt sie mitzuteilen, weil sie ihm eben auch schon als Schrift vorlagen, die er nur mit einer Vorrede versah. Ist es sonst zu verstehen, dass er 11, 26sqq. sogar den Segen und den Fluch vorlegt für das Halten oder Uebertreten noch gar nicht gegebener Gesetze? Ich glaube nicht. Dann also umfasst das Urdeuteronomium nur Kap. 12—26 und beginnt direkt mit dem Hauptgesetz über den Ort des Kultus, womit auch das Bundesbuch Exod. 20, 23sqq., die Sammlung Lev. 17—26, Ezechiel Kap. 40sqq. und Q Exod. 25sqq. anfangen. Es fehlt weder die Ueberschrift 12, 1, noch die Unterschrift 26, 16sqq.; der Umfang ist derart, dass er etwa auf den zwölf dem Jordan entnommenen Steinen Platz findet 27, 3. 8[1]).

Ich gehe jedoch noch einen Schritt weiter. Die Thätigkeit der Editoren hat sich nicht bloss auf Hinzufügung von Einleitung und Schluss beschränkt, sondern ist auch zur Ueberarbeitung des eigentlichen Kernes fortgeschritten. Eine Spur davon ist das Königsgesetz 17, 14—20. Dasselbe setzt einen Bericht voraus, der erst Kap. 31, 9. 26 erstattet wird, und gebraucht den Ausdruck „Kopie“ und „Buch der Thora“ in einem Augenblick, wo Mose noch lange nicht mit seiner Rede fertig ist. Auch 16, 21—17, 7 steht mindestens an verkehrter Stelle, denn über den Zusammenhang von 16, 18—20 mit 17, 8sqq. kann kein Zweifel sein, so wenig wie über die beabsichtigte Reihenfolge der Autoritäten: Richter, Priester, Propheten. Allem Anschein nach sind ferner die Verse 15, 4. 5 eine Glosse; dieser unpraktische Idealismus widerspricht dem Gesetze selbst total. Von diesem Gesichtspunkte aus möchte man sogar die Ursprünglichkeit von Kap. 20 bezweifeln, denn nach den 20,
464 5—8 ausgesprochenen Grundsätzen hätte König Josia schwerlich ein Heer aufbieten können, und die Anschauung eines wirklichen

[1]) Ebenso wie Kap. 27 und Kap. 28 schliessen sich auch Kap. 1—4 und Kap. 5—11 aus, sie haben neben anderen Zwecken den gemeinsam, der deuteronomischen Gesetzgebung eine historische Situation anzuweisen; es sind eigentlich zwei verschiedene Vorreden zweier verschiedener Ausgaben.

jüdischen Reiches scheint hier schon gänzlich zu fehlen. Indessen wird sich nur in wenigen Fällen die Ueberarbeitung positiv nachweisen lassen, meist wird sie in nicht weiter störenden Motivierungen bestehen. Die specifisch „deuteronomischen" Phrasen[1]) finden sich im eigentlichen Deuteronomium (Kap. 12—26) verhältnismässig am wenigsten, und wo sie sich finden, scheinen sie teilweise von der überarbeitenden Hand des Verf. von Kap. 5—11 herzurühren. Auch z. B. 23, 5—7 ist wohl von diesem eingewoben. Denn es heisst 26, 17. 18: „dem Jahve hast du heute sagen lassen, er solle dir Gott sein und du wollest auf seine Stimme hören, und Jahve hat dir heute sagen lassen, du sollest sein Eigentumsvolk sein, wie er dir verheissen." Das führt auf keine andere Situation als auf Exod. 19 und Exod. 24. Das Deuteronomium betrachet sich demnach wohl ursprünglich als eine erweiterte Ausgabe des alten Bundesbuches und lässt den Mose die Gesetze und Rechte, die er auf dem Horeb empfangen hat, nicht 40 Jahre mit sich herumtragen, sondern sie sogleich dem Volke publicieren. — Einiges von dem ursprünglichen Bestande muss endlich durch die Veränderungen der späteren Ausgaben verloren gegangen sein, z. B. die Flüche in ihrer echten Gestalt.

Ich nehme also drei Stadien für den literarischen Entstehungsprocess des 5. Buches Mosis an: 1) das Urdeuteronomium (Kap. 12—26), 2) zwei von einander unabhängige vermehrte Ausgaben (Kap. 1—4, Kap. 12—26, Kap. 27 und Kap. 5—11, Kap. 12—26, Kap. 28—30), 3) Vereinigung der beiden Ausgaben und Einsetzung des so entstandenen Werkes in das hexateuchische Gesetzbuch. Die letztere Operation ist nur nach hinten durch äusserlich hervortretende Bindemittel (Kap. 31) erfolgt, nach vorn sind solche nicht sichtbar. Denn Kap. 1—4 hat offenbar nicht den Zweck, an die vorhergehende Erzählung anzuknüpfen, vielmehr sie ausführlich zu recapitulieren, d. h. zu ersetzen. Auf das dritte Stadium ist vielleicht Jos. 24, 26 zu beziehen, s. Simon (Rotterd. 1685) S. 20.

---

[1]) Die Vorhaut und Beschneidung des Herzens 10, 16. 30, 6 ist wohl bei Jeremias ursprünglich, denn bei ihm sieht man den Ausdruck entstehen, der im Deuteronomium bereits fertig ist. So mögen noch andere „deuteronomische" Phrasen mit dem color Hieremianus aus Jeremias entlehnt sein und um so sicherer der Bearbeitung angehören. — Zu der üblichen Charakteristik des Deuteronomium sind die Materialien gewöhnlich nicht aus Kap. 12—26 hergenommen.

465 2. Ist nun das Deuteronomium, als ihm in einem grösseren Geschichtswerk eine Stelle angewiesen wurde, mit JE oder mit JE+Q verbunden? denn nur um diese Alternative kann es sich handeln. Zur Entscheidung derselben können zunächst die Untersuchungen dienen, die man angestellt hat, um zu sehen, welche Gestalt der historischen und legislativen Tradition das Deuteronomium voraussetze. Natürlich das Deuteronomium in seiner gegenwärtigen Gestalt, in welcher es zu einem Teil des Pentateuchs geworden ist.

Was zuerst die (zumeist aus Kap. 1—11 zu eruierenden) historischen Voraussetzungen anlangt, so sagt Kuenen, Godsdienst II 98, das Deuteronomium kenne die Erzählungen von Q nicht, und während durchgehends von älteren, speciell von den jehovistischen Berichten Gebrauch gemacht werde, so schimmere die eigenartige priesterliche Auffassung der Tradition nirgends durch. Dies sei erwiesen von W. H. Kosters, De historie-beschouwing van den Deuteronomist met de berichten in Genesis — Numeri vergeleken, Leiden 1868. Aehnliches behauptet und sucht zu zeigen Kayser a. O. S. 141—146. Die Thesis ist richtig, JE, nicht Q und nicht JE+Q, ist für die geschichtliche Anschauung des Deuteronomiums massgebend.

Die Situation in Kap. 1—11 ist die nach der Niederlassung im Reiche Sihon's, kurz vor dem Uebergange in das eigentliche Kanaan; da veröffentlicht Mose die Gesetze, die nach der Ansiedlung im heil. Lande Geltung haben sollen. Für unseren Zweck kommen zunächst Kap. 5 und Kap. 9. 10 in Betracht. Bisher, heisst es hier, ist nur das unter allen Verhältnissen gültige und darum von Gott selbst am Horeb verkündigte Grundgesetz der zehn Gebote gegeben worden. Damals verbat sich das Volk weitere direkte Mitteilungen von Jahve und beauftragte Mose mit der Vermittlung, der sich demgemäss auf den heil. Berg begab, dort 40 Tage und Nächte verweilte und von ihm die zwei Tafeln empfing, ausserdem aber die Satzungen und Rechte, welche er erst jetzt nach 40 Jahren zn publicieren in Begriff steht, da sie erst jetzt praktisch werden. So etwa muss man sich die bald vorgreifende, bald zurückspringende und weniger nach pragmatischen als nach paränetischen Gesichtspunkten geordnete Erzählung zurechtlegen, vgl. 5, 19. 28 mit 9, 9. 10. Nachdem inzwischen unten das goldene Kalb gegossen worden, steigt Mose vom Berge herab, zerschmettert im Zorn die Tafeln und zerstört das Idol. Darauf begiebt er sich zum zweiten

Male wieder 40 Tage und 40 Nächte auf den Berg, bittet um 466
Gnade für das Volk und für Aharon, und nachdem er nach göttlichem Geheiss zwei neue Tafeln und eine hölzerne Lade für sie gemacht hat, schreibt Jahve den Wortlaut der zerbrochenen noch einmal auf. Bei jener Gelegenheit, wird 10, 8sq. Anlass genommen zu bemerken, seien auch die Leviten zu Priestern bestellt. Aus 10, 10 (vgl. 9, 18. 25. 10, 1) geht hervor, dass nicht ein dreimaliger, sondern nur ein zweimaliger 40tägiger Aufenthalt Mose's bei Jahve angenommen wird, und dass das Flehen für das abtrünnige Volk und die Restituierung der Tafeln beides in die zweiten 40 Tage fällt, welche nur durch das Herabsteigen 10, 1 einmal unterbrochen werden. Nicht bloss der Darstellung, sondern auch der Anschauung fehlt es an Einheit; hier jedoch weniger durch die Schuld des Deuteronomiums, als seiner Quelle.

Dass die Quelle Exod. 19. 20. 24. 32—34, d. h. also JE ist, liegt auf der Hand[1]). Hingegen wird Q vollkommen ignoriert. Nur zwei Gesetze kennt das Deuteronomium, den Dekalog, den das Volk, die Satzungen und Rechte, die Mose am Horeb empfing; beide sind zu gleicher Zeit unmittelbar hinter einander offenbart, aber nur der Dekalog bisher publiciert. Wo bleibt der gesamte Priestercodex von Anfang bis zu Ende? wo insonderheit die Gesetzgebung von der Stiftshütte aus in der Wüste Sinai und in den Arboth Moab? Eine wohl aufzuwerfende Frage. Kann der deuteronomische Erzähler zwischen Exod. 24 und Kap. 32 das gelesen haben, was wir jetzt lesen? richtet sich etwa seine Vorstellung von der Bestellung der Leviten zu Priestern (10, 8) nach Exod. 29? Aber Nöldeke (Jahrb. für protest. Theologie I 350) findet in der Lade von Akazienholz Deut. 10 eine Reminiscenz aus Q. Nun kommt die Lade dort in einem Zusammenhange vor, der eine reine Reproduction von JE Exod. 32. 33 ist und der Vorstellung

[1]) Ein Unterschied gegen JE macht sich bemerklich. Nach Exod. 24 werden die Worte und Rechte, die Mose (nach dem Dekalog) auf dem Berge empfangen hat, alsbald nach seiner Herabkunft feierlich publiciert; nach dem Deuteronomium geschieht das erst 40 Jahre später. Dieser Unterschied ist aber bewusst und beabsichtigt. Dass der Verf. von Deut. 5—11 das alte Bundesbuch sehr wohl kennt, erhellt aus Kap. 7 vgl. mit Exod. 23. So sehr benutzt er jene Quelle, dass ihm in 7, 22 sogar von dort her (23, 29 sq.) etwas in die Feder geflossen ist, was seiner eigenen Anschauung total widerspricht, vgl. 9, 3 מחר.

von Q, wonach dies Heiligtum nicht erst nach der Erwählung des
467 falschen Idols, sondern gleich zu Anfang als der Grundstein der Theokratie gestiftet wird, durchaus widerspricht. Es ist wahr, wir finden gegenwärtig in Exod. 33sq. die Lade nicht erwähnt, aber in dem nächsten Stück von JE (Num. 10, 33) ist sie plötzlich da, und es musste doch ursprünglich gesagt sein, woher? Auch lässt sich ohne sie der Gegensatz von Symbol (מלאך) Jahve's und Jahve selbst, der in Kap. 33 solche Bedeutung hat, nicht verstehen, so wenig wie der Zweck des Zeltes, dessen Stiftung in dem selben Kapitel berichtet wird. Ohne all und jede Rücksicht auf das Deuteronomium, wie vielleicht nicht überflüssig ist zu versichern, habe ich darum bereits früher (oben S. 93sqq.) angenommen, dass die Herrichtung der Lade einst zwischen Exod. 33, 6 und V. 7 erzählt und vom Redaktor des Pentateuchs aus Rücksicht auf Q Exod. 25 ausgelassen worden sei. Mussten nicht — trotz aller Weitherzigkeit von R — manche Wiederholungen, die zu arg collidierten, der Zusammenstellung von JE und Q zum Opfer fallen? Kann das der Evidenz, dass der deuteronomische Erzähler JE und nicht JE+Q reproduciert, entgegenstehen, dass er JE vor der Verarbeitung mit Q noch vollständiger vorgefunden hat, als diese Schrift uns nach der Verarbeitung vorliegt? ist diese Annahme so schwierig, dass man lieber zu den allerunmöglichsten greift? Nach Nöldeke nämlich hat der Verf. von Deut. 5—11 entweder den jetzigen Pentateuch vor sich gehabt und es dann rätselhaft gut verstanden, JE herauszudestillieren, oder er hat zwar JE als selbständige Schrift benutzt, aber doch auch Q gelesen, so aber, dass seine Anschauung nicht im mindesten von der priesterlichen beeinflusst ist, sondern derselben total und (wohlgemerkt!) unbewusst widerspricht, da sie für eine ausser dem Dekalog erfolgte Kultusgesetzgebung, d. h. für den ganzen wesentlichen Inhalt von Q, keinen Platz offen lässt. Zu diesem Dilemma sollte man sich deshalb verstehen, weil eine oder die andere Anekdote der deuteronomischen Darstellung, die gegenwärtig in JE nicht nachweisbar ist, ebenso in Q vorkommt? ist denn, unter diesen Umständen, damit bewiesen, dass sie dorther stamme? muss man nicht billigerweise einige Rücksicht auf das Ensemble nehmen? Vollends nun 10, 6 für eine Reminiscenz aus Q zu erklären, dazu liegt auch nicht der Schatten eines Grundes vor, zumal 10, 8 folgt. Aharon der Levit ist auch in E der Priester

neben Mose (Exod. 4, 14. Kap. 32), und Eleazar ben Aharon auch in E der Priester neben Josua (Josua 24, 33). Uebrigens steht Deut. 10, 6. 7 sehr lose im Zusammenhang, viel loser als z. B. 9, 468
22—24[1]), denn 10, 8 sind wir wieder am Horeb.

Der historische Faden, der Kap. 5. 9. 10 angesponnen wird, lässt sich in Kap. 1—4 weiter verfolgen. Vom Horeb aufbrechend kommen die Israeliten direkt (nach der Glosse 1, 2 in elf Tagen?) nach Kades Barnea und schicken von hier, bevor sie den befohlenen Einfall in das Bergland der Amoriter wagen, aus eigener von Mose gebilligter Vorsicht zwölf Kundschafter zur Recognoscierung aus, unter ihnen Kaleb, aber nicht Josua. Nachdem diese bis zum Bache Eskol vorgedrungen sind, kehren sie zurück, und obwohl sie die Güte des Landes preisen, wird doch das Volk durch ihren Bericht so entmutigt, dass es murrt und nicht angreifen mag. Zornig darüber heisst sie Jahve wieder umkehren in die Wüste, da sollen sie sich so lange umhertreiben, bis die alte Generation ausgestorben und eine neue herangewachsen sei. Als sie nun doch aus falscher Scham nachträglich vordringen, werden sie mit blutigen Köpfen heimgeschickt. Nunmehr wenden sie sich zurück zur Wüste, wo sie lange Jahre in der Gegend des Gebirges Seir hin und her ziehen, bis sie endlich, 38 Jahre nach dem Aufbruch von Kades (2, 14), Befehl erhalten, nach Norden vorzugehen, jedoch der Moabiter und Ammoniter als verwandter Völker zu schonen. Sie erobern das Land der Amoriterkönige Sihon von Hesbon und Og von Basan, Mose giebt es den Stämmen Ruben, Gad und

---

[1]) Mit Absicht habe ich oben die Uebereinstimmung von Deut. 10, 1. 3 (Lade) und Deut. 10, 6. 7 (Aharon Eleazar) mit den betreffenden Angaben in Q gelten lassen, weil auch sie nicht für Nöldeke beweist. Sie ist aber in der That nicht vorhanden. Es gehört viel guter Wille dazu, in dem Befehl, „mach' dir eine Lade von Holz" eine Erinnerung an die Anweisung der Exod. 25 beschriebenen Lade zu sehen, die nach Analogie des goldenen Tisches und Altars viel eher eine goldene als so einfach eine hölzerne Lade zu nennen war. Noch mehr Voreingenommenheit für die Originalität von Q gehört jedoch dazu, das Grab Aharon's in Mosera auf dasjenige in Hor zurückzuführen. Allerdings ist in JE jetzt der Tod und das Begräbnis Aharon's nicht erhalten. Billigerweise aber kann man von R nicht verlangen, dass er einen zweimal sterben lässt, einmal nach Q und einmal nach JE. Das soll gerne zugestanden werden, dass R, wenn er etwas auslassen muss, lieber Q schont als JE, und dass seine Anschauung sich überhaupt in Widerspruchsfällen nach Q richtet. Vgl. Gen. 7, 8. 9.

Halb-Manasse, mit der Massgabe, dass ihr Heerbann noch ferner am Krieg teilnehmen müsse. Mit der Designierung Josua's zum künftigen Führer des Volkes wird der fortlaufende Bericht abgeschlossen.

469 Man kann denselben, wenn man die hie und da im Deuteronomium zerstreuten Einzelheiten hinzunimmt[1]), gradezu als Leitfaden zur Ermittlung von JE benutzen. Allerdings hat der Erzähler von Deut. 1—4 den jehovistischen Bericht nicht bloss mit seinen Motiven durchwoben und gefärbt, sondern ihn auch, was den Stoff betrifft, ziemlich frei behandelt. Z. B. lässt er den Einfall in's Ostjordanland nicht von Kades aus erfolgen, sondern wahrscheinlich von der östlichen Grenze Seir's aus, 38 Jahre nach dem Aufbruch von Kades; Edom liegt darum bei ihm dem Heere nicht mehr im Wege, sondern nur Moab und Ammon. Aber die Abhängigkeit von JE zeigt sich hier trotzdem in stehen gebliebenen Einzelheiten, die sich der Veränderung nicht angepasst haben. Ein solcher nicht aufgegangener Rest ist 1. 46, wo es nach dem vergeblichen Angriff auf den Negeb heisst: und ihr bliebet in Kades lange Tage. Nach J verbringen freilich die Israeliten an 40 Jahre in Kades, die deuteronomische Vorstellung ist dies aber gar nicht, und nur aus der Abhängigkeit von JE ist die Inconsequenz zu erklären. Nicht ganz so, doch ähnlich steht es mit 2, 1: wir wandten uns zur Wüste und umzogen das Gebirge Seir lange Tage. Ursprünglich hat diese Umziehung nur in JE ihren Platz, wo die Israeliten von Kades gegen Osten aufbrechen und, weil der Edomiterkönig ihnen den Durchzug verweigert, sein Land umgehen müssen. Der deuteronomische Erzähler hat der Sache einen ganz anderen Sinn gegeben, in Anlehnung an Edom verbringt bei ihm das Volk die 38 Jahre (2, 14) mit Nomadisieren um das Gebirge Seir herum. Eine gewisse formelle Incongruenz ferner des Stoffes zu der Auffassung, welche ebenfalls die Benutzung fremder Elemente lehrt, zeigt sich 2, 17sqq. 26sqq., und zwar darin, dass das Du

[1]) Einsetzung von Richtern und Pflegern 1, 9—18. Tabeera, Massa, Kibroth Thaawa 9, 22. Dathan und Abiram 11, 6. Bileam 23, 5. Baal Peor 4, 3. Bloss auf die jehovistische Erzählung Num. 12 scheint nirgends Bezug genommen zu sein. Deut. 1, 9—18 spielt noch am Horeb wie Exod. 18, lässt aber auch Bekanntschaft mit Num. 11 durchblicken und benutzt beide Versionen zu einer neuen und etwas andersartigen. Vgl. R. Simon (Rotterdam 1685), S. 36.

und Ich, welches nach JE und nach der Natur der Sache auf Israel geht, V. 17. V. 26 auf Mose bezogen wird.

Was Q und überhaupt der Priestercodex vor JE voraus hat, wird auch hier mit tiefem Stillschweigen übergangen und von Exod. 34 direct auf Num. 10 übergesprungen. Während nicht wenige Geschichten, auf die im Deuteronomium zurückgekommen oder angespielt wird, sich bloss in JE und nicht in Q finden, 470
kommt der umgekehrte Fall nicht vor. Und bei den Erzählungen, welche sowohl in JE als auch in Q vorhanden sind, befolgt das Deuteronomium in allen Fällen, wo man eine deutliche Differenz zwischen JE und Q constatieren kann, immer die Version von JE. Die Kundschafter gehen von Kades aus, nicht von der Wüste Pharan, sie gelangen bis nach Hebron, nicht bis beinah nach Hamath, Kaleb gehört zu ihnen, nicht aber Josua. Die Meuterer von Num. 16 sind die Rubeniten Dathan und Abiram, nicht Korah und die Leviten. Nach der Niederlassung im Ostjordanland hat das Volk es mit Moab und Ammon, aber nicht mit Midian zu thun; mit jenen und nicht mit diesem steht Bileam in Verbindung und ebenso auch Baal Peor, denn 4, 3 stimmt mit Num. 25, 1—5 und nicht mit der Anschauung von Q. Da die Sachen so stehen, so kann man nicht mit Nöldeke in der Zwölfzahl der Kundschafter 1, 23 eine Spur des Einflusses von Q (Num. 13, 2) sehen. Hätte der Verf. die Erzählung so gelesen, wie sie uns jetzt Num. 13. 14 vorliegt, so wäre es unverständlich, dass, wie wir soeben gesehen haben, nur der Bericht von JE auf ihn Eindruck gemacht hat. Er müsste also Q als besondere Schrift gekannt haben, aber es ist doch überhaupt höchst bedenklich, aus einem solchen einzelnen Zuge auf die Benutzung einer Quelle zu schliessen, deren Einflusslosigkeit und Unbekanntschaft übrigens eine vollständige ist, zumal die Priorität dieser Quelle keineswegs an sich fest steht, sondern erst aus dieser Benutzung bewiesen wird. Wäre eine Differenz zwischen JE und Q in diesem Punkte nachweisbar, könnte man sagen, nur Q lässt zwölf, JE dagegen drei Männer aussenden, so stünde es schon anders; aber der Anfang des Berichtes von JE ist Num. 13 durch den von Q ersetzt und uns also unbekannt, man weiss nicht, wie und ob sie die Zahl angab. In diesem Falle ist es doch das einzig Rationelle, aus dem Deuteronomium, welches sonst lediglich JE reproduciert, das Verlorene zu ergänzen und zu schliessen, dass auch in JE der Kundschafter zwölf gewesen sind.

Leider ist damit die Sache nicht abgemacht. Denn Nöldeke hat Gründe, die Ursprünglichkeit der Zwölfzahl für Q in Anspruch zu nehmen. „Die grundschriftliche Erzählung nennt die 12 Männer mit Namen.“ Das ausschliessliche Besitzrecht auf diese *Namen* soll ihr in keiner Weise streitig gemacht werden. Aber es ist gewiss, dass die Summe der Männer der grossen Synagoge eher fest stand, als man die Posten namhaft machte, und dass die 70
471 Seelen, mit denen Israel nach Aegypten kam, eher da waren, als man sie — wahrlich mit Mühe und Not — einzeln herzuzählen wusste. So sind auch Num. 13 die zwölf *Namen* jedenfalls das Späteste und Künstlichste an der ganzen Geschichte, wie Nöldeke selber nicht leugnen wird. Sein eigentlicher Grund, den Verfasser von Q für den *Erfinder* der Zwölfe anzusehen, ist darum wohl ein anderer. Er verwertet solche Zahlen wie 12 und 70 manchmal so, als kämen sie ausschliesslich in Q vor. Aber ein ausschliessliches Eigentum von Q ist bloss die von der Schöpfung der Welt an fortgeführte Chronologie und die Benutzung der Patriarchenjahre zu diesem Zweck[1]. Sonst kann man wohl sagen, dass in Q *mehr* Zahlensystematik herrscht, als in JE, aber unmöglich etwas anderes. Wie Q im Anfang der Genesis nach der Zehn, so gruppiert JE nach der Sieben; die Zwölf und die Vierzig kommt in JE ebenso oft, wenn nicht öfter vor als in Q, die Siebzig nicht minder. Es ist darum wunderlich, wie Nöldeke die Erzählung von den 12 Wasserquellen und 70 Palmbäumen zu Elim (Exod. 17, 25) bloss wegen 12 und 70 zu Q rechnen kann. Nicht einmal die Angaben über das Alter der Patriarchen — soweit sie nicht dem chronologischen Systeme dienen — sind ein exklusives Merkmal von Q. Nöldeke selbst rechnet die Zahlen Gen. 31, 18. 37, 2. 41, 26. 50, 26 nicht zu seiner Grundschrift. Ebenso wenig aber wie die 110 Jahre Joseph's darf man die 120 Jahre Mose's Deut. 34, 7 und die 110 Josua's Jos. 24, 29 aus ihrem jehovistischen Zusammenhange herausreissen und zu Q weisen. Sogar in Gen. 5, einem unzweifelhaft zu Q gehörigen Kapitel, scheinen die *Gesamtsummen* des Lebensalters zum Teil von dem Verfasser schon vorgefunden zu sein; denn die 777 Jahre Lamech's sind für Kap. 5, wo er die 9. Stelle einnimmt, nicht motiviert, sondern er-

[1] Dies nachgewiesen zu haben, ist ein Hauptverdienst von Nöldeke's Untersuchungen. Vorher war schon Ilgen (S. 400. 436 sq.) auf gutem Wege. Das Buch des alten Rektors ist zu sehr in Vergessenheit geraten.

wachsen auf Grund der jehovistischen Genealogie, wo Lamech der 7. Erzvater ist und sagt: siebenmal rächt sich Kain und Lamech siebenundsiebzigmal. Auch darin kann ich Nöldeke nicht Recht geben, dass die latente Zahlensystematik, welche hinter den ethnogenealogischen und anderen Aufzählungen versteckt ist, ein so sicheres Kennzeichen von Q ist, dass dagegen alle anderen Bedenken schweigen müssen. „Es kann doch kein Zufall sein, dass die Zahl 70, welche bei der Einwanderung in Aegypten ausdrücklich genannt wird, auch bei den Kindern Noah's und ebenso durch 472
Summierung aller übrigen Genealogien der Abrahamiden herauskommt.“ Gewiss nicht; ich glaube auch, dass Kayser Recht hat, das Mass der Stationenzahl Num. 33 in den 40 (42 nach LXX Jos. 5, 5) Jahren des Wüstenzuges zu sehen. „Ist das aber beabsichtigt, so muss alles aus einer Quelle stammen, und da einige dieser Genealogien notwendig zur Grundschrift gehören, so scheint mir ihrer aller Abkunft aus dieser gesichert zu sein.“ Dieser constructiven Logik vermag ich nicht zu folgen, da ihr philologische Indicien bestimmt widersprechen. Gen. 10 ist eine Composition von Q und JE, und erst der Component, also R, hat es darauf angelegt, die Zahl 70 herauszubringen; er hat dabei auch die Philister mitgezählt, die nur in einer alten Glosse vorkommen. Ebenso gehören, nach philologischen Merkmalen, die Genealogien der Abrahamiden teils zu Q, teils zu JE; ich weiss nicht, was darin Widersinniges liegen soll, dass der Redaktor (vielleicht allerdings bewogen durch die 70 Seelen Exod. 1) sie so zusammengestellt hat, dass die Summe der Glieder 70 beträgt. Derjenige, der zuerst in unserer Zeit die runde Zahl als Mass dieser Aufzählungen erkannt hat, ist nicht Fürst, wie Nöldeke glaubt, sondern Bertheau, und zwar im Kommentar zur Chronik. Das ist ganz bezeichnend; es sind eben die Späteren, welche das von überall zusammengeholte Material heimlich auf so künstliche Einheit zu bringen lieben.

Mit dem meisten Rechte lässt sich noch die Bekanntschaft des Deuteronomiums mit der Erzählung von Q aus 10, 22 beweisen. Denn die 70 Seelen, die den Bestand Israels bei der Einwanderung in Aegypten ausmachen, werden in JE nicht erwähnt und eine Lücke in der jehovistischen Tradition ist in dieser Beziehung nicht fühlbar. Aber sie widersprechen ihr doch keineswegs und ich halte Deut. 10, 22 für einen Beweis, dass sie ursprünglich auch

in dieser ihre Stelle hatten [1]). Will man die Mücke seigen, so wird man den Elephanten verschlucken müssen. Es muss feststehen, 1) dass das Deuteronomium ausführlich die ältere Geschichte von Exod. 19 an reproduciert, 2) dass es dabei ausschliesslich der jehovistischen Anschauung folgt und bei allen
473 Differenzen die priesterliche vollkommen ignoriert, 3) dass diese völlige Einflusslosigkeit von Q auf das Ganze der Anschauung nur aus Unbekanntschaft mit dieser Schrift zu erklären ist, und 4) dass eine mit Q sich berührende Einzelheit, die nicht der jehovistischen Tradition widerspricht, sondern in den uns vorliegenden Fragmenten derselben nur nicht direkt nachweisbar ist, unter diesen Umständen nichts beweist.

Was nun zweitens die legislativen Voraussetzungen des Deuteronomiums (Kap. 12—26) betrifft, so scheint schon aus Kap. 5—11, wonach Mose im Begriff ist, die ihm einst nach der Verkündigung des Dekalogs auf dem Horeb mitgeteilten Gesetze jetzt zu publicieren, zu erhellen, dass das Bundesbuch (Exod. 20, 22—23, 33) zu Grunde liegen muss, an dessen Stelle das Deuteronomium treten will. Dass dem wirklich so sei, hat Graf (S. 21—25) zu zeigen gesucht. In der That gründet sich die Ansicht, dass die deuteronomische Gesetzgebung ein Ersatz für die nicht mehr beobachtete der Bücher Leviticus und Numeri sei, auf apriorische Mutmassung; eine beobachtende Vergleichung ergiebt, dass sie vielmehr ein Ersatz der jehovistischen Gesetzgebung ist. Das Deuteronomium richtet sich wie JE [2]) bloss an das Volk und enthält nur Verordnungen, welche dieses zu wissen nötig hat, nicht auch Anweisungen an die Priester über die Technik des Kultus — während Q sich wesentlich an die Priester richtet und eine Menge Stoff enthält, der für die Laien keine praktische Bedeutung hat. Das Deuteronomium verzeichnet wie JE Satzungen und Rechte, nicht aber Thora [3]), welche es vielmehr im mündlichen Besitz der

[1]) Man könnte denken, dass Gen. 46, 8—27 und Exod. 1, 1—5 nahe bei einander in der selben Quelle sich stossen. An Exod. 1, 1—5 = Q ist nicht zu zweifeln und daran auch nicht, dass Gen. 46, 8—27 auf Q beruht und nur vielleicht von R noch weiter ausgeführt ist. Aber R könnte mit seiner Ausführung eine ältere einfache Angabe von JE verdrängt haben, dann würde sich die Wiederholung Gen. 46 und Exod. 1 und die Wahl der Stelle Gen. 46 erklären.

[2]) Der Kürze wegen bezeichne ich hier mit JE die jehovistische Gesetzgebung und mit Q den Priestercodex.

[3]) Darüber, dass das eigentliche Deuteronomium sich selber nie התורה

Priester belässt, die Fragenden auf sie verweisend (17, 11. 24, 8); während Q wesentlich Codification der Thora ist. Es hängt damit zusammen, dass der Kultus im Deuteronomium lange nicht so in den Vordergrund tritt wie in Q. Israel ist im Deuteronomium wie in JE zwar ein frommes Volk, aber doch ein Volk, ein bürgerliches Gemeinwesen — in Q ist es eine Kirche, eine Gemeinde, die rein aufgeht in den geistlichen Angelegenheiten. Nichts ist dafür charakteristischer als der Gebrauch von עֵדָה (קָהָל) in Q, welches nicht die Versamlung bedeutet, sondern immer für das ganze Volk steht, dasselbe aber nicht als ein natürliches, sondern 474
als ein geistliches Gemeinwesen bezeichnet, ganz dem Begriffe der ecclesia entsprechend. In JE und im Deuteronomium kommt dieser Gebrauch nicht vor, hier bedeuten die Worte einfach die wirkliche Panegyris, z. B. Deut. 23, 4. Von selbst versteht sich endlich, dass das Deuteronomium (wie JE) einen viel praktischeren und realistischeren Zug hat als Q; die weltlichen Dinge werden (abgesehen von Kap. 20) sachgemäss behandelt und nicht so aus der Vogelperspektive wie in Q. Ganz bezeichnend ist es in dieser Hinsicht, dass Q eine Gesetzgebung nicht bloss in der Wüste, sondern auch für die Wüste sein will. das Deuteronomium dagegen so wenig wie das alte Bundesbuch zu verleugnen sucht, dass seine Verordnungen sich auf die späteren realen Verhältnisse des ansässigen Lebens im Lande Kanaan beziehen.

Dies genügt, um die Gleichartigkeit von Deut. 12—26 mit JE und die Ungleichartigkeit mit Q erkennen zu lassen. In eine Vergleichung der einzelnen Gesetze kann ich mich hier nur oberflächlich einlassen[2]). Deut. 12 polemisiert gegen den durch Exod. 20, 24

nennt, s. das S. 191 Gesagte. Im Priestercodex ist der Name Thora vorzugsweise für die Reinheitsgesetze gebraucht.

[2]) Uebersicht von Deut. 12—26: a) Die Sacra 12, 1—16, 17. Monolatrie zu Jerusalem geboten Kap. 12, fremder Dienst verboten Kap. 13. Heiligkeit der Laien 14, 1—21. Die Abgaben und die Feste 14, 22—16, 17. b) Die theokratischen Autoritäten 16, 18—18, 22. Richter 16, 18—17, 20, Priester 18, 1—8, Propheten 18, 9—22. c) Criminaljustiz 19, 1—21, 9. Unfreiwillige Tödtung 19, 1—10. Mord V. 11—13. Grenzverrückung V. 14. Falsche Anklage 19, 15—21. Sühne nicht zu rächenden Blutes 21, 1—9. d) Familienrecht 21, 10—23, 1. Kriegsgefangene Beischläferin 21, 10—14. Kinder der vorgezogenen und zurückgesetzten Frau 21, 15—17. Widerspenstiger Sohn 21, 18—21. Beweis der Jungfrauschaft 22, 13—21. Ehebruch 22, 22. Schändung einer verlobten Jungfrau 22, 23—27, einer unverlobten V. 28. 29. Verbot der Heirat mit des Vaters Weibe 23, 1. e) Heiligkeit der gottesdienst-

sanktionierten Zustand und hat von der Stifthütte, als dem alleinigen Fundament des Kultus seit dem Bunde am Sinai, keine Ahnung. „Ihr sollt nicht so tun, wie wir heute zu tun pflegen, jeder nach seinem Belieben; denn ihr seid noch nicht zur Ruhe und in das Erbe gekommen.“ Während in Q die durch einen tragbaren Tempel auch in der Wüste ermöglichte Herstellung des einheitlichen Centralkultus mit der Gründung der Theokratie selber
475 zusammenfällt, ist sie hier von zukünftigen Verhältnissen abhängig gemacht, von fester Ansiedlung und einem festen Gotteshause: kein Gedanke an die Möglichkeit, dass es auch anders und früher ginge. Deut. 13 bekämpft den Götzendienst — im Priestercodex wird dies für überflüssig gehalten. Deut. 14, 1—21 ist die Aufzeichnung eines für das tägliche Leben ausnahmsweise wichtigen Stückes der Thora, der Hauptsache nach mit Lev. 11 beinahe identisch. Welches das Original sei, kann nur durch allgemeine Gründe und nicht durch eine specielle Vergleichung entschieden werden. Deut. 14, 22 —16, 17 enthält die positiven kultischen Verpflichtungen des Volkes, in deren Erfüllung wesentlich die Religion des gemeinen Mannes bestand. Die Abgaben werden verbunden mit den Festen, man soll dreimal nach Jerusalem kommen und sie dort in Freude vor Jahve verzehren, zu Ostern die Erstgeburten, zu Pfingsten wahrscheinlich den Getreidezehnten, zum Herbstfest wahrscheinlich den Zehnten von Most und Oel. Der Zusammenhang der Feste mit dem Ackerbau und dass sie eigentlich weiter nichts sind als der Dank für den Segen des Landes und die Fruchtbarkeit des Viehes, schimmert hier noch ebenso deutlich durch wie in JE. In Q hat sich die Darbringung gänzlich von den Festen abgelöst, sie sind gewissermassen auch Wüstenfeste mit abstrakt religiösem Charakter, während höchstens ein stehen gebliebener Ritus an die Naturbedeutung erinnert. Rein als Modification von JE erscheinen die Verordnungen 15, 1—6 und V. 12—18. In Deut. 16, 18—18, 22 wird die Ordnung des Gemeinwesens auf drei Grundpfeilern aufgebaut, Richter, Priester, Propheten. Das Nebeneinander dieser

---

lichen Versamlung 23, 2—9 und (V. 15) des Kriegslagers 23, 10—15. f) Humanitätsgesetze 23, 16—25, 4. g) Nachträge 25, 5—19 und Kap. 26. — Die Titel der Abteilungen verstehen sich zum Teil a potiori, einige heterogene Elemente mögen übrigens erst nachträglich eingesetzt sein, z. B. Kap. 20 und 16, 21—17, 7. Denn dass 17, 8 fortfährt, wo 16, 20 aufhört, ist nicht zu leugnen.

drei Autoritäten wäre in JE wenigstens denkbar, in Q weicht es der Alleinherrschaft der Priester. Q weiss nichts von Propheten und hält nicht ihr lebendiges und nie versiegendes Wort, sondern den Kultus und die Thora für den göttlichen Lebensodem in Israel. Wie anders ist die Auffassung Mose's in Deut. 18, 18, als in Q! Aber auch die Priester haben hier andere Bedeutung, andere Einkünfte, andere Namen (Bne Levi, nicht Bne Aharon). Deut. 19, 1—21, 9 enthält Kriminalrecht und ist durch die Art des Inhalts mit JE verwandt. Aber eine Einzelheit berührt sich mit Q, nämlich das Gesetz über die Asylstädte 19, 1—10 mit dem ähnlichen Num. 35. Jos. 20. Nöldeke hält das letztere für das Original. „Es ist doch viel wahrscheinlicher, dass die ausgeführte, in der umständlichen Gesetzessprache, wie wir sie in der Grundschrift kennen, abgefasste Darstellung der Grundschrift das Original ist, als die gelegentlichen Worte des Deuteronomiums.“ Gelegentlich sind die
Worte des Deuteronomiums nicht[1]), und was die Sache betrifft, so 47.6
hat sie sogar nur im Deuteronomium ihre Wurzeln. Bis dahin waren die Altäre die Asyle (Exod. 21, 14. 1. Regum 2, 28), das Deuteronomium schaffte sie ab, wollte aber nicht zugleich die Asyle abschaffen und griff nun zu diesem Ersatze. Hier sieht man also in die Genesis der Einrichtung, die mit dem Hauptgesetz des Deuteronomiums enge zusammenhängt. Von dem Gesetz in Q kann man keineswegs das Gleiche sagen, da ist die Sache von ihren Gründen abgetrennt und auf sich selbst gestellt. Ueber den Grundsatz aber, dass das Ausgeführtere die Präsumtion der Priorität für sich habe, lässt sich rechten, während hingegen feststeht, dass das Deuteronomium nicht von Num. 35 als Prämisse ausgehen kann. — Das Familienrecht 21, 10—23, 1 ist dem Deuteronomium eigentümlich, hat aber, als bürgerliche Gesetzgebung, jedenfalls zu JE nähere Beziehungen als zu Q. Von Deut. 23, 2—15 gilt allerdings eher das Umgekehrte, obwohl der Begriff sowohl der Versammlung als auch des Lagers hier bestimmt und nicht so abgeblasst ist wie in

[1]) Es scheint, dass Nöldeke so urteilt im Hinblick auf Deut. 4, 41—43. Jedenfalls aber haben diese Verse mit dem eigentlichen Gesetze Deut. 19 nichts zu thun. Dort überlässt Mose die Wahl der bestimmten Städte der Zukunft und stellt anheim, ob zu den drei westjordanischen vielleicht irgend wann einmal noch drei andere kommen sollen. Dagegen bestimmt er Deut. 4 gerade diese letzteren drei nominatim, in vollem Widerspruch zu Kap. 19. Uebrigens stehen die Verse 4, 41—43 so vollkommen verloren und zusammenhangslos, dass es an sich unerlaubt ist, sie so zu benutzen, wie Nöldeke thut.

Q. Dagegen stehen die Humanitätsgesetze 23, 16 —25, 4 wiederum vollkommen mit denen in JE gleich[1]).

3. Grader als auf dem soebcn eingeschlagenen Wege lässt sich die Frage, ob das Deuteronomium mit JE oder mit JE + Q verbunden wurde, auf einem andern Wege entscheiden. Der Deuteronomist, d. h. der Schriftsteller, der das Deuteronomium in das hexateuchische Geschichtsbuch eingesetzt hat, hat zugleich das letztere in deuteronomischem Sinne überarbeitet; von dieser Ueberarbeitung ist nun aber nicht Q, sondern vielmehr JE betroffen. Schon Gen. 26, 5 findet sich eine Spur derselben, wie
477 Delitzsch erkennt, der zugleich richtig den Unterschied dieser
Redensarten von denen des eigentlichen Deuteronomiums hervorhebt. Stärker werden die Spuren im Exodus seit dem Auszuge aus Aegypten Exod. 13. Kap. 16. Kap. 19—24. Kap. 32—34; s. die Erörterungen S. 74sq. 79. 86. 89sq. 91sq. Am stärksten hat der Deuteronomist die jehovistische Erzählung im Buche Numeri und im Josua beeinflusst und vermehrt[2]). Ein sicheres Beispiel, dass er auch auf Q eingewirkt habe, ist nicht aufzutreiben, weder im Pentateuch noch auch — wo man es am ehesten zu finden erwarten sollte — im Josua. Nach Nöldeke zwar (a. O. S. 350sq.) ist „der deuteronomistische Bericht über den Tod Mose's Deut. 32, 48sqq. Kap. 34 nicht anders aufzufassen, als wie eine Erweiterung des fast noch im genauen Wortlaut erhaltenen Berichts der Grundschrift", aber Deut. 34, 1b—7 enthält nichts von Q und 32, 48—52 ist nicht deuteronomisch überarbeitet, sondern rein = Q. Zu Jos. 9, 27 verweise ich auf das oben S. 125 Bemerkte: לעדה ו ist eine (mit der Anschauung von Q übereinstimmende) Korrektur von R. Nach Ezech. 44 sollten nicht mehr heidnische

[1]) Dass die dem Priestercodex einverleibte Gesetzsammlung Lev. 17 – 26 eine mittlere Stellung zwischen Deuteronomium und Q einnimmt, ist oben zu zeigen gesucht. Die Heiligkeit Israels als Motiv der Gesetze tritt beim Deuteronomium lange nicht so stark hervor; die Heirat mit den Weibern des Vaters scheint einfach aus dem sehr praktischen Grunde verboten zu werden, weil diese im Orient vielfach zur Erbschaft gehörten.

[2]) Wenn Stähelin den Jehovisten mit dem Deuteronomisten identificiert hat, so ist das — namentlich wenn man den Jehovisten in unserem Sinne versteht — nicht aus der Luft gegriffen, freilich auch nicht richtig, denn das Deuteronomium setzt schon J + E = JE voraus. Ueber JE hinaus hat sich die deuteronomische Bearbeitung auf die mit JE gleichartigen Bücher Jud., Sam., Regum erstreckt, während dagegen in der Chronik die Geschichte nach den Voraussetzungen von Q dargestellt wird.

Kriegsgefangene die Hierodulendienste im Tempel verrichten, sondern die Leviten; aus diesem Grunde nahm man späterhin Anstoss daran, dass Josua die Gibeoniten dem Altare und Hause Jahve's zuweist, und machte sie vielmehr zu Knechten der Gemeinde. Der Ausdruck Holzhauer und Wasserschöpfer kommt in JE (V. 23) so gut vor wie in Q (V. 21); wo er ursprünglich ist, das ist die Frage, aber wenn der Deuteronomist ihn gebraucht, so hat er ihn aus JE. Ueber Jos. 18, 3sqq., worin Nöldeke ebenfalls einen deuteronomistischen Zusatz zu dem Bericht der Grundschrift erblickt, habe ich meine Ansicht oben S. 128sqq. entwickelt; wenn die Meinung, dass Josua grade 7 Stämmen erst später ihr Land zugeteilt habe, überhaupt die Meinung von Q ist, so ist sie ein Erbteil von JE, wo sie allein ihre Wurzeln hat. Ueber Jos. 20. 22 vgl. oben S. 132sq. Gesetzt übrigens, es liessen sich wirklich einige scheinbare Spuren deuteronomistischer Bearbeitung in Q nachweisen, so muss doch die Erscheinung erklärt werden, dass sie so
unverhältnismässig viel mehr in JE vorkommen — warum z. B. 478
überhaupt nicht in der Gesetzesmasse von Q, sondern immer in dem geschichtlichen Stoffe des Hexateuchs? Diese sichere und durchgehende Erscheinung muss gegen einzelne Gegeninstanzen von vornherein mistrauisch machen, um so mehr, da Jos. 20 zeigt, dass die späteren Retouchen des kanonischen Textes manchmal den Ton des Deuteronomisten nachahmen[1]).

Das soll nicht geleugnet werden, dass sowohl die Gesetze als die Erzählungen des Deuteronomiums von JE aus einen Schritt weiter thun in der Richtung nach Q zu. Bei den Gesetzen ist dies am deutlichsten, namentlich bei Kap. 12. 19, 1—10. Kap. 20. 23, 1—15. Hinsichtlich der Erzählung möchte ich auf 1, 37. 38 verweisen, woraus man den Uebergang zu der Version in Q versteht, dass nicht bloss Kaleb, sondern auch Josua sich unter den Kundschaftern befunden habe. Ausserdem kommt die Sprache des Deuteronomiums der von Q schon näher, z. B. קצף, Kades Barnea, Pesah, Sukkoth. Auf diese oberflächlichen Andeutungen muss ich mich hier beschränken. Ich füge noch hinzu, dass bei der Zusammensetzung von JE+Dt mit Q der Redaktor auch im Deuteronomium irgendwie thätig gewesen sein muss. So z. B. Deut.

[1]) Dass auch Deut. 1, 39 (vgl. LXX) eine solche Retouche des MT. sei und darum nichts für die Herkunft von Num. 14, 31 (s. oben S. 101) beweist, bin ich von Leiden aus freundlichst belehrt worden.

1, 3. Das Deuteronomium kennt nicht die durchgeführte Jahresrechnung von der Epoche des Auszugs an und nennt die Monate 16, 1 noch mit ihren althebräischen Namen.

Am Schluss meiner Untersuchungen angelangt, fasse ich ihre Ergebnisse noch einmal kurz zusammen. Aus J und E ist JE zusammengeflossen und mit JE das Deuteronomium verbunden; ein selbständiges Werk daneben ist Q. Erweitert zum Priestercodex ist Q mit JE + Dt vereinigt und daraus der Hexateuch entstanden. Der Einfachheit wegen abstrahiere ich meistens davon, dass der literarische Process in Wirksamkeit complicierter gewesen ist und die sogenannte Ergänzungshypothese in untergeordneter Weise doch ihre Anwendung findet. J und E haben wohl erst mehrere vermehrte Ausgaben ($J^1$ $J^2$ $J^3$, $E^1$ $E^2$ $E^3$) erlebt und sind nicht als $J^1$ und $E^1$, sondern als $J^3$ und $E^3$ zusammengearbeitet; ähnliches gilt von JE, Dt und Q, bevor sie mit den betreffenden grösseren Ganzen vereinigt wurden. Doch bin ich davon überzeugt, dass abgesehen vom Deuteronomium nur drei selbständige und den Zu-
479 sammenhang vollständig darstellende Schriften anzunehmen sind, J und E und Q. Freilich ist es mir nicht gelungen, den Faden von J und E durch das Ganze zu verfolgen. In der zweiten Hälfte des Buches Numeri und im Buche Josua tritt ein Element auf, das unentschieden zwischen JE und Q schwebt und sich nicht recht bestimmen lässt. Den Bericht Nr. 2, den ich in Num. 16 und öfters ausgeschieden habe, kennt das Deuteronomium nicht (11, 6), welches hingegen E sehr gut kennt, wie die Reproduktion von Exod. 19—24. 32—34 zeigt.

Ich bin vielfach unbetretene Bahnen gewandelt und fern von der Einbildung, überall zu gesicherten Zielen gelangt zu sein. Meinen groben Untersuchungen müssen viel feinere und in's Detail gehende folgen, die ihre Ergebnisse bestätigen, berichtigen und umstossen werden. Zur Zeit fehlt es durchaus an solchen, z. B. ist man in Betreff der sprachlichen Kriterien von JE und Q über das oberflächlichste Lexikalische nicht herausgekommen. Zu einiger Beruhigung gereicht es mir, dass ich von Hupfeld in jeder Beziehung ausgegangen bin, aber nicht bloss von ihm, sondern von all meinen Vorgängern gelernt habe. Wenn ich für die langwierige und undankbare Arbeit einen Lohn hoffe, so ist es Diskussion und Widerspruch.

FSC
www.fsc.org
MIX
Papier | Fördert gute Waldnutzung
FSC® C083411

Kolibri 360 GmbH
Ferdinand-Jühlke-Straße 7
99095 Erfurt, Deutschland
produktsicherheit@kolibri360.de